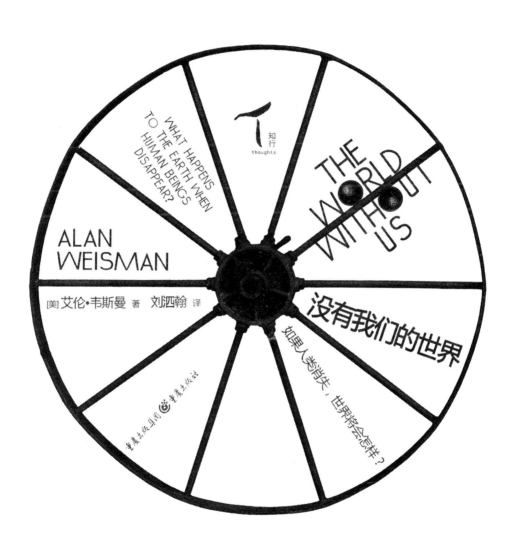

丁 知行 thoughts

WHAT HAPPENS TO THE EARTH WHEN HUMAN BEINGS DISAPPEAR?

THE WORLD WITHOUT US

ALAN WEISMAN

[美] 艾伦·韦斯曼 著 刘泗翰 译

没有我们的世界

如果人类消失，世界将会怎样？

重庆出版集团 重庆出版社

GENERAL PREFACE

知行书系总序

洞察世界
寻路中国

PERCEIVING THE WORLD
QUESTING IN CHINA

陆建德 ｜ 知行书系编委会主编

知行书系缘起于我们对当下中青年知识阶层精神需求的关注。

当下中国的中青年知识阶层敏感于自身正处在多重维度的过渡与转型中，对于外部世界和自我的关照角度也随之变得多维和复杂化：从世界格局来说，全球化浪潮席卷了整个世界，我们身处的社会不是一座孤岛，而是地球村中与其他部分紧密相连的一员。不同国家与地区的人们，所面临的问题越来越具有共通性。世界的热点与难题，大多也是中国急需解决的课题。如何打破地域与时代的界限，关照宏大至地球的未来、人类的续存、世界的和平、生态平衡、国家发展和人性完善，重新审视人与自然、国与国、人与人之间的关系，是时代的趋势与必然。从个体角度说，外部世界的每一个变动都深入个人生活与选择中，我们所经历的发展变化，无论从程度上还是从速度上来说，都是前所未有的。

价值多元化，选择多元化，困惑与迷茫在所难免。如何辨识自己的身份认同，寻找到归宿感；如何以自我的小革命为社会添加向上的力量，在世俗和精神上都找到信仰和自在？

这些"如何"令我们寻找洞察世界的窗口。我们发现，当下急需探讨的种种问题很多曾被欧美思想家深入研究过，他们为后世留存了不少传世的著作，给当今中国的读者以重要启示；当今国内思想文化界也活跃着不少积极的学者，他们探讨的范围涵盖了从社会现状分析到个人精神重建的方法和方向，提出的问题切中社会与个体之关键，不少作者与作品都值得我们参照。

知行书系正是基于上述缘由而生，我们将尽量保有大人文的视野，从国内外学者纷繁复杂的著作中探察真知灼见；我们将不拘学科和作者身份，深入经典与前沿，寻找契合当代中国社会及个体处境的著作。知行书系集思想性和可读性于一身。它们经典，但绝不会面目严肃、高高在上，也许深奥但绝不枯燥；它们不是对历史与文化的简单描述，而有着更深远的探索；它们会满足追求文明与自由的阅读者对各种根本问题和时代动向的追问，也可满足对创新和人生意义的探索。

基于上述的多重维度，我们通过三个子系列建构知行书系：

"经典"系列包含中外不同时期重要学人与文化大家的著作；

"视界"系列包含思想学术界紧扣现实意义的各种学术观点的著作，特别是中西方思想文化前沿著作；

"问道"系列遵循不拘于作者专业和身份的原则，无论哲学、历史、宗教甚至自然科学，只要观点和内容本身对当今社会在宏观和微观上有重要意义即可，它涵盖了国内外知名学者的论著和小品。

身为编者和深度阅读者，我们能做的是不断发现和深入地阅读，将能够深刻影响和指引我们的好书集结起来，建构成洞察世界的窗口，给予你我以启发和思考。

这或许能现出知与行的真义吧。

序曲

A Monkey Koan

一 只 猴 子 的 公 案

2004年6月的一个早晨，安娜·玛丽亚·桑蒂坐在一个巨大的棕榈叶搭盖的棚子下，她靠在一根柱子上皱着眉头看着族人在马萨拉卡的聚会。这里是他们在柯南布河（The Río Conambu）沿岸的小村落，位于亚马孙河流域厄瓜多尔境内。安娜·玛丽亚已经年逾七旬，除了仍然乌黑浓密的头发，整个人看起来就像是干枯的豆荚，黯淡的眼眸活似黑洞里的两条苍白游鱼。她正用克丘亚语中一种几近消失的方言扎巴拉语骂她的侄女和孙女，因为拂晓后没过一个小时，她们就跟村子里所有的人一样喝得酩酊烂醉，唯有安娜·玛丽亚还是清醒的。

　　这种聚会被称为"明加"（minga），是一种亚马孙流域的土著部落集全村之力合建谷仓的活动。四十个赤脚的扎巴拉印第安人挨坐在围成一圈的原木上，许多人脸上都画着油彩。他们要到森林里砍树焚林，替安娜·玛丽亚的弟弟开辟一块种植树薯的空地，准备工作就是喝奇恰（Chicha）酒，一喝就是好几加仑，连小孩子也捧起装满乳白色酒浆的陶碗，咕噜咕噜地畅饮。每天扎巴拉族的女性把树薯咀嚼成泥，利用口腔内的唾液发酵，酿造出这种酸啤酒。两名用青草绑着发辫的女孩在人群里穿梭，替空酒碗斟满奇恰酒，也端上鲶鱼粥。她们把大块大块巧克力颜色的熟肉，端给族里的老人与宾客，但现场年纪最长的安娜·玛丽亚一口也没动。

虽然其他人类都已迈进新世纪，扎巴拉族却还没进入石器时代。他们相信自己是蜘蛛猿的后裔，也跟老祖宗一样，仍然以树居为主，他们用藤蔓把树干绑在一起，以支撑由大片棕榈叶编织而成的屋顶。在树薯传入之前，他们的主要蔬菜是棕榈芯。至于人体所需的蛋白质，则倚赖用竹镖和吹箭猎杀的鱼类、南美貘、猪、林鹑和凤冠雉等动物。

他们至今仍从事渔猎，但是猎物的数量已所剩不多。安娜·玛丽亚说，在她祖父母还年轻的时候，扎巴拉族是亚马孙地区最庞大的部落之一，有二十万人住在河边附近的村落里，光是这座森林就足以养活他们。后来，在远方发生的一件事，使得他们的世界，毋宁说是每个人的世界，从此大变。

此事正是亨利·福特发明了批量生产汽车的方法。对充气管和轮胎的需求，很快便使野心勃勃的欧洲人沿着每一条可以航行的亚马孙河的溪流探险，沿途霸占长满橡胶树的土地，捕捉劳工来采集橡胶。在厄瓜多尔，早年在西班牙教士影响下皈依基督的高地克丘亚印第安人，乐于协助这些欧洲人，将未开化的低地扎巴拉族男人用铁链锁在树上，逼他们工作直到死去。至于扎巴拉族的女性，则沦为生育机器或性奴隶，有些人因惨遭强暴而亡。

到了20世纪20年代，东南亚大量栽种橡胶树，严重侵蚀了南美野生橡胶市场。数百名躲过这场橡胶屠杀的扎巴拉族人依然没有现身，有些伪装成克丘亚印第安人，混居在侵占土地的敌人之间，有些则逃往秘鲁。厄瓜多尔的扎巴拉族正式宣告灭亡。到了1999年，秘鲁和厄瓜多尔两国解决了长久以来的边界纠纷，有人在厄瓜多尔的丛林中发现一名秘鲁的扎巴拉族巫医，他说，他是来看亲戚的。

厄瓜多尔的扎巴拉族人重新现身，是轰动人类学界的一件大事。厄瓜多尔政府承认了他们的土地所有权，虽然只是他们祖先传下来的土地中的一小块而已。联合国教科文组织也下拨经费复兴他们的文化、拯救他们的语言。那个时候，扎巴拉族里仅有四个人会讲母语，安娜·玛丽亚就是其中之一。曾经熟悉的树林，如今已有大半不复见了。他们从占据土地的克丘亚印第安人那里学会了用弯刀砍树，然后放火烧掉树桩，种植树薯。可是每块土地收成一次之后，就要休耕好几年，于是不管从哪个方向望去，高耸的森林树冠都已然消失，取而代之的是月桂、木兰和美洲棕榈等细长的次生林。此时，树薯已经成为他们的主要粮食，他们每天都会消耗大量以树薯制成的奇恰酒。扎巴拉族人终于幸存下来，走进了21世纪，不过脚步有点蹒跚，而且还会一直维持这种微醺的模样。

他们仍然狩猎，可是现在，外出打猎的男人常常好几天也找不到一只南美貘或林鹑。最后，他们不得不猎杀蜘蛛猿，以前吃蜘蛛猿肉可是一种禁忌呢。安娜·玛丽亚再一次推开孙女送上来的碗，里面装着巧克力色的肉，还有一只翘起的小猴掌。她对着煮熟的猴子抬起皱皮纠结的下巴。

"如果沦落到吃自己的祖先，"她问，"那我们还剩下些什么？"

远离了生命源起的森林与大草原，绝少会有人想起我们的动物先祖。自从人类在另一个大陆上跟其他灵长类分道扬镳之后，这么多年来，扎巴拉族人还对自己的动物先祖念念不忘，确实令人赞叹。然而，安娜·玛丽亚这番话，听起来却有种令人不寒而栗的感觉。就算不至于沦落到人吃人的地步，但在悄悄踏进未来之际，我们会不会也面临着同样可怕的抉择呢？

一个世代（约三十年）之前，人类逃过了核爆的危机，如果运气够好，也许还能继续躲过核危机和其他大规模的恐怖威胁。可是现在，我们得不断地问自己："我们是否毒害这个星球到了无可复原的地步，连星球上的人类都要一起烹煮呢？"我们滥用地球上的水和土壤，导致二者愈来愈少，也蹂躏了数以千计的物种，也许再也无法复原。一些权威人士曾警告说，有朝一日，我们的世界可能会退化成一片混沌空白，届时只有乌鸦、老鼠在杂草丛里仓皇逃窜，彼此猎杀。如果真的到了这步田地，就算人类拥有自吹自擂的超级智慧，又何以知道人类一定能成为顽强的幸存者？

事实上，我们真的不知道。我们固执地不愿承认最坏的情况确实可能发生，因此也从未认真思考过对未来的种种猜想。历经亿万年磨炼的求生本能，让我们否认、蔑视甚至忽略灾难性的预兆，唯恐因为害怕预兆，反受其害。

如果任由这种本能继续蒙骗我们，直到一切都为时已晚，那就不妙了。反之，如果这种本能能让我们在面临这些不断增加的预兆时，强化我们的抵抗力，倒是一桩好事。疯狂、顽固的希望不止一次启发了我们创造性的举动，拯救了人类。所以我们就来做个有创意的思想实验吧。假设最坏的情况发生，人类灭绝已成既定事实，但不是因为核灾难、行星撞击，或什么足以引发生物大规模灭亡的毁灭性事件，让残存的一切发生根本性的改变，也不是因为什么残酷的生态变迁，导致人类不仅自己灭亡，也拖累绝大多数的物种跟着我们一起消失。

只要想象一下，明天人类会突然灭亡。也许不太可能，但为了继续讨论下去，我们必须假设这种情况并非完全不可能。比方说，有某种专门针对人类的病毒，也许原本就存在于自然界，或经由纳米技术制造出来的恶毒病菌，将人类一扫而空，但是地球上的其他一切生物却完全不受影响。又或是某个厌世的邪恶巫师，不知怎么改变了人类异于黑猩猩的那3.9%的DNA，或让我们的精子失去生育能力。又或是耶稣，或外星人把人类全部捉走，让我们进入荣耀的天堂或把我们全部关进银河系某处动物园中。

看看周遭的今日世界，你的房子，你的城市，你身边的土地、脚下的人行道及土壤，将所有东西都保留在原地，只把人类抽离，看看留下来的是什么。如果人类不断施加于大自然和其他有机生物的压力骤然消失，大自然会有什么样的反应？气候要多久才会恢复到人类启动汽车引擎之前的状态？有可能恢复吗？

失去的土地要多久才会复原，何时才能让伊甸园的光芒与气味回到亚当或能人（homo habilis）出现之前的那一天？大自然能够完全抹去人类的痕迹吗？要如何才能消除我们不朽的城市与公共建筑，让无数个塑料袋和有毒合成物恢复到无害的基本元素？会不会有些物质实在违背自然生态，无法被大自然同化呢？

人类的建筑、艺术和许多宣示精神的作品，那些人类最美好的创作，又会怎么样呢？有没有真正的永恒，至少得以维持到太阳膨胀，将地球烤成灰烬为止？

到了那个时候，人类还会在宇宙中留下任何微弱的、持久的印记吗？也许是人类从地球发出的一道光芒或回声，也许是某个星际符号，能证明我们曾经存在过？

为了知道没有我们的世界会变成什么样子，首先要看看人类出现之前的世界。但我们无法穿越时空，回到过去，而化石记录的又只是支离破碎的历史片段。就算有完整的记录，未来也不一定完全是过去的倒影，我们已经让某些物种彻底灭绝，这些物种或它们的DNA都不可能复原。因为做了一些无法改变的事情，因此未来没有人类的世界，也不会是人类还没进化之前的那个星球。

然而，也不尽然会如此不同。大自然曾经遭遇过更惨重的损失，但空出来的生态席次总是能够填满。即使是现在，地球上也还有一些地方可以让我们感受到一种活生生的记忆，一窥这个伊甸园在人类出现之前的模样。当然这也不禁让我们揣测，如果有机会的话，大自然会蓬勃发展成什么样子？

既然一切纯属想象，我们何不梦想一个无须人类灭亡也可以让大自然蓬勃发展的方式呢？毕竟我们也是一种动物，而每个生命形态都会替这场自然盛会添加一分光彩。如果没有了人类，这个星球会不会因为少了我们的贡献而变得有些贫乏呢？

人类退出之后，地球是如释重负，还是会怀念我们？

CONTENTS

目录

第一篇

Part I

第二篇

Part II

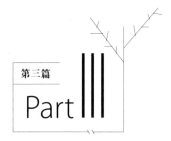

第三篇

Part III

第四篇

Part **IV**

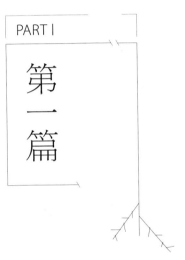

PART I

第一篇

一 伊甸园余香缭绕

A Lingering Scent of Eden

也许你从未听说过"比亚沃维耶扎原始森林"（The Bialowieia Puszcza），如果你成长的地方是在横跨北美地区、日本、韩国、俄罗斯、苏联加盟共和国的周边地区、中国部分区域、土耳其、东欧及西欧（含大不列颠群岛）等地的温带气候地区，那么你一定会记得这座森林。就算你是出生在苔原或沙漠、亚热带或热带、无树草原或稀树草原，那里类似这座原始森林的地方，也同样会勾起你的回忆。

"Puszcza"是古老的波兰文，原意就是"原始森林"。面积达二十公顷的比亚沃维耶扎原始森林保护区，横跨了波兰与白俄罗斯的边界，保存着欧洲仅有的野生老林低地。想一想小时候读的格林童话，闭上眼睛，脑海中浮现的那座迷蒙阴郁的森林就是这个样子。在这里，榉树与椴树可以长到将近四十五米高，茂密的枝叶荫庇着潮湿纠结的下层林木，包括铁树、蕨类植物、沼泽桤木以及跟陶碗一样大的蕈类。橡树的身上披挂着无数的苔藓，巨大的树干上有七厘米宽的树皮沟畦，足以让大斑啄木鸟收藏云杉球果。这里的空气浓郁清凉，偶尔传来星鸦嘶鸣、三寸丁猫头鹰的低沉呼啸或几声狼嗥，打破森林里的静谧，但很快又恢复沉寂。

森林的核心地带长年累积了许多覆盖层，它们发出的香气飘浮在空中，向肥沃的源头致敬。比亚沃维耶扎原始森林里富饶的生命，绝大多数必须感谢那些已经死亡的东西。地面上众多的有机物质，几乎有四分之一处于不同的腐烂阶段。每公顷林地上约有八十立方米的腐烂树干与落叶残枝，滋养着成千上万种蘑菇、苔藓、小蠹虫、蛆和微生物等。在那些同样号称森林却井然有序的人造林地里，是找不到这些生物的。

这些生物共同形成一座巨大的森林储藏室，供养着鼬鼠、松貂、浣熊、水獭、狐狸、山猫、狼、獐子、麋鹿、老鹰等。这里的生命物种比欧洲大陆上其他地方都要多，然而此地却没有群山环绕或峡谷荫庇等特有物种生存的独特环境。往昔，这里一度是自西伯利亚向西延伸至爱尔兰的大片林地，如今，比亚沃维耶扎原始森林不过是硕果仅存的遗迹罢了。

说来一点也不奇怪，在欧洲还能保存这么一块不曾遭到人为破坏的生物古迹，全都是"特权阶级"的功劳。14世纪时，有位名为瓦迪斯瓦夫·雅盖沃的立陶宛大公，跟波兰王国结盟，宣布这块林地为皇室狩猎保留区，于是几百年来它一直保持原状。在波兰—立陶宛联盟遭俄国并吞之后，比亚沃维耶扎又成了沙皇的私有领地。尽管在一战期间，德国人曾经在这里砍伐林木与狩猎，但原始的核心林地仍被完整保存下来，直到1921年成为波兰的国家公园。在苏联时期，虽然又短暂出现了掠夺林木的情况，不过在纳粹入侵之后，热爱自然的狂热分子赫尔曼·戈林下令，将整块保留区划为仅供他自己游玩的禁地。

二战结束之后，据说一天晚上斯大林喝醉了酒，在华沙同意将五分之二的林地交给波兰。其间，这里几乎没什么变化，只盖了几间供精英分子使用的狩猎别墅。1991年，苏联解体的协议就是在其中一间名为域斯格里的别墅里签署的。结果证明，这个古老的圣域在波兰民主政体和白俄罗斯独立统治下所受到的威胁，远比七百年来的君主专政与独裁统治更大。

两国的林业部门竞相强化对原始森林的管理，然而所谓的管理，到头来都只是美化砍伐及贩卖成熟硬木的代名词。这些林木如果没有遭到砍伐的话，有朝一日都会倒落在地，化作春泥，成为滋养森林的养分。

想到全欧洲一度都如同这座原始森林，令人相当震惊。走进这里，大部分的人会发现原来我们生活的世界，都只是模仿自然风貌却没有生命的仿冒品。看着那些两米多宽的树干，或走在巨大高耸的挪威云杉树群之间——这种云杉跟《圣经·创世纪》里的长寿老人玛士撒拉一样毛茸茸的——对有些生长在北半球、一辈子只看过相对弱小的次生林地的人来说，这里应该跟亚马孙或南极一样陌生才对。其实不然，因为这里给我们的感觉原始又熟悉，而且从某种细微的层次上来说，有种完整的感觉。

安德烈·波比奇立刻就有这样的感觉。他原本在克拉科夫攻读林业专业，受的训练都是如何管理森林以达到最高的产能，其中包括除掉"多余的"有机垃圾，以免滋生像小蠹虫之类的寄生虫。可是，当他走进这座原始森林，却发现这里的生物多样性比他见过的任何森林都要高出十倍。

只有在这里才能看到全部九种欧洲啄木鸟，因为有些啄木鸟只在垂死的中空树干里筑巢。"它们在管理良好的森林里无法存活，"他和林业教授争辩道，"一千年来，比亚沃维耶扎原始森林自己就把这里管理得十全十美了。"

于是这位身材壮硕、满脸胡子的年轻林业学家摇身一变，成了森林生态学者，进入波兰国家公园管理处工作，后因抗议一份管理计划而遭到解聘，因为计划中要砍掉的树木距离森林的原生核心太近了。他在许多国际期刊上撰文，痛斥主管机关的政策，因为这些政策断言："如果没有周全的设想，森林会死亡。"他们甚至还替在比亚沃维耶扎周遭缓冲区的砍伐找借口，说是要"重建树群的原始风貌"。他指责说，唯有对野生森林毫无记忆的欧洲人才会有如此错综复杂的思维。

为了让自己的记忆与野生林地保持联系，多年来他每天都穿着皮靴，徒步穿过深爱的原始森林。尽管他态度强硬地捍卫着森林里尚未受到人类侵扰的地区，自己却无法抵抗人类天性的诱惑。

独自在森林里，波比奇可以穿越时代跟智人同伴沟通，因为如此纯粹的野生环境正是记录人类足迹的空白石板，而他也学会了阅读这些记录。土壤里的木炭层告诉他，哪里曾经有人用火清掉部分的林地，让新芽冒出来。桦树群和颤抖的白杨木证实雅盖沃大公的后裔一度放弃狩猎生活，也许是因为战争，而且时间还不算短，才足以让这种喜爱阳光的物种在空地上重建殖民地。在它们的树荫下长出了硬木的小树苗，这些树苗会渐渐长成大树，超越桦树和白杨木，茂盛得好像从未消失过。

每当波比奇巧遇像山楂这类的灌木丛或一株老苹果树，他就知道这里有原木小屋的幽灵，很久以前的木屋跟森林里的大树命运相同，都曾遭到微生物的蚕食，化为土壤。他还知道，只要看到一株巨大的橡树孤零零生长在满覆低矮的三叶草的山丘上，就表示这里曾是火葬场。九百年前，白俄罗斯人的斯拉夫祖先从东方迁徙过来，他们的骨灰就是滋养这些橡树的养分。在森林的西北角，邻近五个犹太村社的居民也都埋骨于此，自19世纪50年代以来，他们的砂岩与花岗岩墓碑已经长满了青苔，并被树根顶翻在地。这些石碑表面被磨得十分光滑，几乎跟前来致哀的亲属所留下来的鹅卵石不分轩轾，而这些亲属也早已辞世。

在距离白俄罗斯边界不到两公里远的地方，有一片欧洲赤松的蓝绿树荫。在10月午后的静寂中，波比奇几乎可以听见雪花飘落的声音。蓦然间，林下灌木丛里传出一阵窸窣声响，十几只欧洲野牛从找寻新芽嫩枝的藏身处冲了出来。它们怒气冲天、前蹄搔刮着地面，巨大的黑眼睛瞪着波比奇好一会儿，但最后决定效法先祖，在遇到这种看似很脆弱的两脚动物时，一定要采取的行动：逃之夭夭。

世界上大约还有六百只野生的欧洲野牛，几乎全都在这里，或说只有一半在这里，这取决于所谓的"这里"指的是哪里。1980年，苏联政府沿着边界竖起一道铁幕，遏止变节叛逃的人民前往波兰参加"团结工会运动"，也将这座天堂一分为二。尽管狼群可以从围篱底下挖洞钻过边界，獐子与麋鹿也可以跳过围篱，但这群欧洲体形最大的哺乳类动物仍然分居铁幕两侧，它们的基因库也因此分成两半，缩小到近乎消失，这个现象让某些动物学家感到恐惧不安。一战之后，动物园里豢养的欧洲野牛一度被带到这里野放，希望复兴这个在战争中几乎被饥饿士兵吃光的物种。如今，冷战又再度威胁到它们的生存。

苏联解体后，白俄罗斯似乎没有要拆除围篱的意思，尤其是跟波兰之间的国界，也是他们跟欧盟之间的界线。虽然两国的公园管理处相距不过十四公里，但是访客如果要去看"比亚沃维耶扎国家保留区"（这是在白俄罗斯的名称），却得开车往南走一百六十公里后，搭火车越过边界到达布雷斯特，经过毫无意义地询问盘查，然后再租车往北走。在白俄罗斯也有一位跟波比奇一样的激进分子，名为赫里卡祖加。他是一位脸色苍白、气色不佳的无脊椎生物学家，原本是白俄罗斯原始森林管理处的副主任，因为反对在国家公园新建锯木厂而被解聘。他不能让别人看到自己跟围篱西边的人在一起，因此只能在森林边缘的住处，一间勃列日涅夫时代兴建的房子里接待访客。他满是歉意地奉上茶，谈论起他成立国际和平公园的梦想：一个让野牛、麋鹿可以自由穿梭、徘徊和繁殖的地方。

白俄罗斯这边的大树跟波兰的完全一样，也同样有金凤花、苔藓与巨大的红色橡树叶，白尾鹰在空中盘旋，无视地面上铁丝纠结的围篱。事实上，两边的森林都在扩张，因为两国的农民都离开了萎缩的农村到都市求发展。在这种湿润的气候中，桦树与白杨木很快就占据了停耕的马铃薯田，短短二十年，农田就成了林地。在先驱树种荫庇之下，橡树、枫树、椴树、榆树、云杉也纷纷重生。如果再经过五百年没有人类的岁月，一座真正的森林就会诞生。

想到欧洲乡村有朝一日能够重返原始森林，确实令人振奋。不过，地球上的最后一个人类得记得先把白俄罗斯的铁幕拆除，否则森林里的野牛也将随着铁丝网一起凋零。

二 夷平我们的家园
Unbuilding Our Home

"如果你想毁掉一座谷仓，"曾经有位农夫告诉我，"只要在屋顶挖个零点零一平方米的洞，然后等着就行了。"

——建筑师克利斯·瑞德，马萨诸塞州阿姆赫斯特

人类消失的那一天，大自然会立刻接手，开始拆除房舍，让这些房子从地球表面消失，毫无例外。

如果你有房子，那么你就应该知道这种事情早晚会发生，只不过一直拒绝承认罢了。从你刚开始存钱买房子起，侵蚀的无情攻击便随之展开。你买房子的时候，只知道房价多少，却没人告诉你要付出多大的代价才能阻止大自然在银行之前占有这栋房子。

就算你住在完全变质的后现代主义建筑群落里，地面的一切物种都用重型机具铲除，以平整的草坪及整齐划一的树苗取代难以驾驭的原生植物，以消灭蚊虫的名义，正大光明填平湿地。即便如此，你还是知道大自然并不会就此消失。不论室内是如何密不透风，也不论温度是如何调节持平，不受室外气候影响，肉眼看不见的芽孢仍可穿越重重包围，在屋子里骤然爆裂出霉菌孢子。如果你看得见这个过程，会觉得可怕，但看不见更糟，因为它们藏身在油漆粉刷的墙壁中，蚕食石膏板里层层粘贴的纸张，腐蚀铁钉与地板托梁。你的家里也可能会被白蚁、木蚁、

蟑螂、黄蜂，乃至于小型哺乳类动物占据。

　　不过，困扰你的却是证实生命得以存在的物质：水。水总是一心想侵入你的房子里。

　　人类消失之后，大自然便开始对我们自以为是的机能化住所展开反击，复仇行动就是跟着水一起来的。攻势会从文明世界里最广泛采用的住宅建筑技术，即木质结构下手，一般是从屋顶开始，可能是沥青板，也可能是石板瓦，通常是保用二三十年的产品。不过保修并不包括烟囱的周围，因为屋顶漏水都是从这里开始的。在雨水无情地不断冲刷之下，遮雨板开始分家，水渗入屋顶，流过了一百二十厘米乘二百四十厘米大小的屋顶衬板，或许是胶合板，如果是新一点的房子，可能会用七厘米至十厘米厚、以树脂黏合的碎木夹板。

　　新的未必就是好的。发展美国太空计划的德国科学家沃纳·冯·布劳恩曾经讲过一个故事，跟第一位绕行地球的美国航天员约翰·葛兰上校有关。"在升空前几秒钟，葛兰被绑在我们制造的火箭上，全人类的努力都集中在那一刻，你猜他对自己说了什么？'我的天哪！我竟然坐在低价竞标来的东西上头。'"

　　在你的新房子里，你也是坐在低价竞标的屋顶下。从某个角度来说，这未必不是一件好事。用便宜而轻巧的方式盖房子，耗费的资源较少。从另外一个角度来说，古老大树所制造出来的大梁巨柱，虽然仍在欧洲、日本、美国各地支撑着中古世纪建造的房舍墙壁，如今这样的材料毕竟太珍贵、太稀有，所以我们只好把小块木板和碎木屑粘起来将就着用。

　　屋顶用的便宜胶合板中的树脂是一种主要成分为酚醛聚合物的防水黏合剂，也涂在木板外露的边缘。但是防水功能终究会失效，因为水会从铁钉的周围渗入，不久铁钉就开始生锈，逐渐松脱，非但会导致屋内漏水，整体结构也会开始崩坏。此外在屋顶底下，木制覆板与桁架固定在一起（桁架是预铸好的支架，连接处以角铁固定，其作用是避免屋顶散落）。所以，一旦木制覆板损坏，整个房屋结构的完整性也就不复存在。

原本用六毫米长的铁钉固定在桁架上的角铁已经锈蚀，随着重力加重了桁架的负担，铁钉会脱离湿透的木制桁架，木头表面也附着上一层毛茸茸的绿色霉菌。在这层霉菌之下，线状的菌丝正分泌出各种酶，将纤维素与木质素分解成蕈类的养分。室内的地板也是如此。如果你住在会结冰的地方，一旦没有暖气，水管就会冻结爆裂。窗户的玻璃可能会因为鸟类撞击或因受墙壁变形挤压而破裂，雨水也会从裂缝中渗进室内。就算玻璃仍然完好无缺，雨水还是会不可思议地从窗棂缝隙中渗进来。木材不断被腐蚀，桁架一个接着一个崩坏，最后所有的墙都倾倒，屋顶也随之塌落。挖了零点零一平方米大洞的谷仓屋顶会在十年内坍塌，而你的房子可以维持五十年，最多也就一百年罢了。

就在这场灾难逐渐进行之际，松鼠、浣熊、蜥蜴可能早就进驻室内，在石膏板墙上钻洞筑巢，甚至还有啄木鸟从外面啄穿进来。即使你的房子有号称坚不可摧、以铝及乙烯基制成的墙板，或用上被称为"高能厚壁板"、无须保养的波特兰水泥纤维隔板，也只能暂时阻挡这些动物的入侵。只要等个一百年，这些人工材料就会纷纷塌落，工厂涂装的颜料几近消失，水分也无可避免地从锯子的切口缝隙或板条上的钉子洞渗透进来，在这个过程中，细菌会吃掉这些建材内的木质部分，留下金属矿物。倒塌的乙烯基外墙板，颜色早已剥落，而且随着塑化剂的变质，如今也变得脆弱易碎。铝板的情况则稍好一些，但是积在表面含有盐分的雨水，会慢慢地侵蚀它，并在表面留下坑坑洼洼的白色表皮。

几十年来，你的冷暖气管即使暴露在外，受风吹雨淋，只要外表有镀锌的保护，就不会受损。然而，水和空气却连手密谋使镀锌氧化，一旦镀锌消耗殆尽，只要短短几年间，失去保护的薄钢管就会解体。在此之前，石膏板内的石膏早就溶到水里并被冲刷到地上了。于是，你的房子就只剩下烟囱——所有麻烦的开端。一个世纪过去了，烟囱依然屹立未倒，但石灰浆会因为气温变化而逐渐碎成粉末，烟囱上的砖块也一个个脱落、破裂。

如果你有游泳池的话，现在也已成了一个大型树苗箱，里面不是塞满了开发商所带来的观赏树苗的后裔，就是那些曾被放逐的原生树种。这些原生树种依然在住宅区的外围留守，等候时机以夺回原有的领地。如果房子里有地下室的话，里面同样会积满了土壤与植物。荆棘与野生葡萄藤会沿着钢制瓦斯管攀爬，而这些管子也会在不到一百年间就锈蚀殆尽。至于白色的塑料水管，向阳的那一面会变黄变薄，其中的氯化物会在风吹日晒下转变成盐酸，侵蚀掉本身及周围的聚乙烯制品。唯有浴室里的瓷砖是经过烧烤的陶土，其化学性质与化石类似，几乎没有什么变化，只不过现在成了跟树叶堆在一起的垃圾。

五百年后，这个世界会变成什么样子，端视你住在世界的角落而定。如果是在温带，森林会取代都市，除了几座小山丘，这里看起来就开始像是开发商，或被开发商征用土地的农民，初次看到这片土地时的样子。在树丛中，有一些铝制的洗碗机零件和不锈钢锅具半隐半藏在下层林木之间，塑料把手虽然断裂了，但质地仍然坚硬。在接下来的几个世纪，尽管没有冶金学家的观测，但铝的蚀孔与腐化的步调终将渐渐显露，毕竟铝还是一种相对新的物质，早期人类不认识铝，因为铝矿必须经过电化提炼才能变成金属。

然而，使不锈钢具有韧性的铬合金却可以维持几千年都不会变，如果这些锅碗瓢盆深埋在氧气所不及之处，就更能几千年不变。十万年之后，不管是什么生物再把这些东西挖掘出来，他们的智力可能会因为发现这些现成的工具而突飞猛进，进化到另外一个层次。可是，不知道如何复制这些器皿也可能会让他们的士气饱受挫折，或是制造出某种神秘的氛围，触发某种宗教意识。

如果你住在沙漠地区，现代生活中的塑料成分风化剥落的速度会快些，因为每天在紫外线的照射下，聚合物链会裂解。至于木料，则因为缺乏水分，维持得时间比较久，而金属接触到含盐分较高的沙漠土壤，会锈蚀得比较快。话虽如此，从古罗马遗迹来判断，我们可以推测，粗重的铸铁应该会在未来的考古学里留下记录。也许有朝一日，会在仙人掌丛生之地挖出消防栓的喷水口，成为人类曾经在此居住的线索之一。尽管砖坯墙和石膏墙都会因受到侵蚀而不见，但曾经装在墙上的锻铁阳台和窗框依稀可辨，侵蚀作用在蚕食铁质的过程中，终究会遇到难以腐蚀的玻璃碴儿。

我们一度使用最耐用的物质当作建材，例如花岗岩块，成果至今依然可见，受人景仰。现在的我们不会再仿效这种做法，因为采石、切割、运送、安装的过程旷日持久，我们已经没有耐性等待。自从1880年，安东尼·高迪在巴塞罗那开始兴建至今仍未完工的圣家族大教堂（Sagrada Familia）以来，再也没有人考虑投资兴建一座得在两百五十年后由我们玄孙的孙子来完成的建筑物。除了没有几千名奴隶可用之外，要是跟罗马人另外一项发明——混凝土相比，这样的工程更是耗费不赀。

如今，混凝土这种混合了陶土、沙石，再加上古老贝壳的钙质所制造出来的黏糊，硬化后成为一种人造岩石，逐渐成为兴建现代城市最廉价的选择。那么，这些有一半人类居住的水泥城市，最后会变成什么样呢？

在思考这个问题之前，必须先说一个跟气候相关的事实。假设人类在明天会全部消失，我们已经启动的某种力量和动能并不会立刻消失，必须经过好几世纪的重力、化学作用和熵，才能逐渐缓和这种动能，达成平衡状态，或许是部分类似人类出现之前的平衡状态。早先的平衡必须仰赖被锁在地壳底下的大量碳元素，但我们已经把大部分的碳元素释放到大气之中，因此我们房子的木材框架或许不会腐烂，反而会像西班牙的古帆船一样，任由上升的海水将它们腌制浸泡，保存下来。

在气候比较暖和的世界里，沙漠也许会愈来愈干燥，但是人类居住过的地区，或许又会出现最早吸引人类前往的东西：流动的水源。从开罗到凤凰城，所有的沙漠城市都是因为河流让不毛之地变得适宜居住，才得以兴起。随着人口增长，人类控制了这些水源动脉，调整支流让人口得以继续增长。一旦人类消失，这些支流也会跟着消失。更干燥、更炎热的沙漠气候，会跟更潮湿、更多暴风雨的山区气候系统形成互补，这种气候会导致洪水往下流奔腾，冲垮水坝，淹没原本冲积而成的冲积平原，每年冲刷而下的淤泥会一层一层堆积，掩埋地上所有的建筑物。在这些淤泥中，或许会留有消防栓、卡车轮胎、碎玻璃、公寓房舍、办公大楼，并永远存在，但就跟石炭纪的形成一样，没有任何人看到。

没有任何纪念碑标示它们埋身于此，只有棉白杨、柳树和棕榈树的树根偶尔会发现它们的存在。要等到亿万年之后，古山脉被侵蚀殆尽，新山脉隆起，新生的河流切割出全新的峡谷，切穿了地层，才能短暂披露曾经存在这里的生命。

三 没有我们的城市
The City Without Us

　　实在很难想象，现代城市这般用混凝土浇铸成的庞然大物，有朝一日会整个被大自然吞噬。巨大的纽约市巍然屹立，很难想象出这整座城市完全消失的景象。2001年的"9·11"事件，只能呈现出人类毁灭性武器的摧毁能力，并未显示出侵蚀或腐坏的残酷过程。世贸中心大厦在众人的惊骇中瞬间倒塌，不只让人联想到攻击者的意图，更突显出我们的基础建设是如何脆弱且不堪一击。这种过去无从想象的灾难，还只是局限在几栋建筑物而已。然而，大自然消灭人类城市所成就的一切，所需的时间可能要比我们想象的要短得多。

　　1939年，世界博览会在纽约举行。波兰政府送来雅盖沃大公的雕像参与展出，过去从未有雕像纪念这位比亚沃维耶扎原始森林的创始人，表彰他在六个世纪前保存了一大片原始森林。立陶宛大公雅盖沃娶了波兰女王，将波兰王国与立陶宛大公国结合成一股欧洲的新兴势力。这座雕像展现出他在1410年打赢了格隆瓦尔德战役之后骑在马上的英姿，手上高举着两把从十字军条顿骑士团手中夺来的佩剑。

　　然而在1939年，波兰人对抗条顿骑士团的部分后裔时，就没那么幸运了。纽约的世界博览会还没有结束，希特勒的纳粹政府就已经接收了波兰，而这座雕像也无法回归故土了。六年后，波兰政府把它作为不屈不挠的幸存者的象征送给纽约市。于是雅盖沃大公的雕像就被安置在中央公园，俯看着如今称为龟池的水潭。

当艾瑞克·桑德森博士带着导览团参观中央公园时，他和团员都直接走过雅盖沃大公的雕像，停都不停，因为他们完全沉迷在另外一个年代：17世纪。桑德森博士脸上挂着眼镜，头戴宽边毡帽，下颌一圈修剪整齐的白胡髭，背包里则塞了一台笔记本电脑。他是野生动植物保护协会的景观生态学家，这支由全球研究人员组成的战斗部队正试图拯救这个世界，使其不受自身反噬。协会的总部设在布朗克斯动物园，桑德森就在这里指挥"曼哈顿计划"的，以虚拟方式重建曼哈顿岛，恢复到亨利·哈得逊及其船员在1609年首次见到这个岛屿时的风貌，即纽约都市化之前的景观，也据以推测它在后人类时期可能出现的模样。

他所在的研究小组找到了原始的荷兰文档案文件、殖民时期的英军地图、地形勘测数据以及城里好几个世纪的各种档案。他们彻底研究了地质沉淀物、分析花粉化石，并将大量的生物信息输入成像软件，在计算机上呈现立体全景，茂密的野生林地与现代大都市同时并存。每当他们证实历史上曾有某种青草或树木出现在这座城市的角落，就输入一笔新的数据，计算机影像会自动填补更多细节，看起来更真实，也更令人震惊。他们的目标是以纽约市的街区为单位，完成整座幽灵森林的导览，甚至当桑德森在闪躲第五大道上繁忙穿梭的公交车时，还能在脑海中浏览这份导览地图。

当桑德森漫游在中央公园时，他的视线可以越过公园里三十八万立方米的外来土壤。当初是设计公园的建筑师弗雷德里克·劳·奥姆斯特德与卡尔弗特·沃克斯运来这批土壤，填补了这块大部分是沼泽、四周还有毒橡树与漆树环绕的湿地。他可以找到那个狭长湖泊的湖岸线，就在广场酒店的北边，沿着现今的五十九街潮汐渠道迂回穿过盐水沼泽，直入东河。从西边看过来，可以看到两条小溪沿着曼哈顿岛上的斜坡流下来，注入湖泊，在如今百老汇大道的所在地甚至还能看到鹿和山狮在漫步。

桑德森还看见城里到处都是水，很多从地底涌出，春街（Spring Street）的名字就是这么来的。他已经发现有四十多条溪流，流过这个曾是山丘起伏、地势崎岖的岛屿。最早在此居住的人类是德拉瓦族的印第安原住民，在他们的阿尔冈昆语中，"曼哈顿"一词意味着如今已然消失的山丘。19世纪的纽约城市规划将格林尼治村以北的区域全都画成方格棋盘，仿佛地形地景完全无关紧要，因为以南的地区，原始街道已是一塌糊涂，根本无从整顿起。除了在中央公园和岛屿北端一些露出地面的大型页岩无法搬迁以外，整个曼哈顿岛上粗糙崎岖的地表全被夷为平地，多余的泥土则被丢到河里，填实了河床，铺平了地势，等着迎接发达先进的城市。

随后，城市的新轮廓出现了。这一次是以直线与直角的形态呈现的，当初曾塑造岛上地形的水力现转入了地下，渠道成了格子状的水管。桑德森的"曼哈顿计划"发现，现代下水道系统跟原本的水路非常接近，可是人造的下水道管线无法像大自然那么有效引导地表流水。他发现，在一个把溪流都埋起来的城市里，"下雨是家常便饭，但雨水也得有地方可去才行"。

如果大自然要拆除这座城市，这恰巧就是拆解曼哈顿防护盾的关键，只要找到最脆弱的地方下手，整座城市很快就会开始瓦解。

在纽约交通局工作的保罗·舒伯和彼特·布里法最清楚个中缘由。他们分别是水力处的督察长以及水力突发事件应变小组的一级维修主管，每天的工作就是阻止五万立方米的水淹没纽约地铁的隧道。

"那都是已经在地下的水。"舒伯说，"一旦下雨，那水量……"布里法双手一举，做出投降状："根本无从估算。"

或许并不是真的无从估算，不过现在的雨量不会比兴建这座城市之前少。曼哈顿曾有约七千公顷渗水性良好的土地，再加上树根的虹吸作用，每年可以吸取一点二米的降雨量，树木和草地吸饱水之后，又将其余的水分吐到大气之中。举凡树根无法吸收的水分，就成了岛上的地下水，在某些地方，这些水会浮出地表，形成湖泊或沼泽，多余的水则经由那四十几条溪流泄入海洋，不过这些溪流如今全都埋在水泥与沥青之下。

都市里已经没什么土壤可以吸收雨水，也没什么植物可以散发水蒸气，再加上建筑物阻挡阳光蒸发雨水，因此雨水都成了地面积水或随着地心引力流进下水道或者地铁的通风管，让地下水量增多。比方说，在纽约131街与莱诺克斯大道的下方，日益上升的地下水位正逐渐侵蚀地铁A、B、C、D四条路线的地基，因此跟舒伯与布里法一样穿着反光背心与牛仔工作服的工人，经常要在城市的地下爬来爬去，处理纽约市地下水位上升的问题。

只要暴雨一来，下水道就会被暴雨留下来的垃圾堵塞——在世界各个城市漂流的塑料垃圾袋可能真的无从估计。一定得找到出路的水，只好沿着地铁的阶梯倾泻而下，再加上强大的东北风以及持续上涨的大西洋，不断冲击着纽约的地下水位，于是在曼哈顿下城的水街和布朗克斯的洋基球场等地区，无处宣泄的积水涌入地铁隧道，所有交通因此中断，直到积水退却为止。如果气候持续变暖，海平面上升的速度超过了目前每十年二点五厘米，那么总有一天，积水将永远不会消退，舒伯和布里法完全无法想象届时会发生什么事情。

除此之外，从20世纪30年代沿用至今的古董级输水主管道经常爆裂，让情况雪上加霜。唯一让纽约市到现在还没被淹没的原因，就是地铁工作人员的警觉心和七百五十三台抽水泵。纽约的地铁系统在1903年堪称工程界的奇迹，这个系统埋在当时已经存在并且正蓬勃发展的城市之下，由于城市地下已有下水道管线，因此唯一可以让地铁通行的地方就是这些水管之下。

"所以，"舒伯解释道，"我们必须把水往上抽。"这样做的城市并非纽约一个，像伦敦、莫斯科、华盛顿等地，它们的地铁系统都更深入地下，通常也兼具防空洞的功能，因此潜在的危机也更大。

舒伯用白色安全帽遮着眼睛，低头看着布鲁克林区范西克伦大道车站底下的一个方洞，每分钟有约二百五十立方米的地下水从岩床涌出，然后从这个方洞中冒出来。在奔腾水流的怒吼之中，有四台可以在水下工作的铸铁抽水泵，正轮流上阵对抗地心引力。这种抽水泵完全仰赖电力，一旦停电，情况立刻会变得很棘手。于是在世贸中心遭到攻击之后，他们引进了一辆应急抽水车，车上备有一台庞大的便携式柴油发电机，它能抽出的水量是希尔体育馆容量的二十七倍。然而，如果连接纽约地铁与新泽西捷运的河底隧道爆裂（有一次真的差点就发生了），哈得逊河水大量涌入隧道，那么这辆抽水车和纽约市的大部分，恐怕都将不保。

在废弃的城市里，就没有像舒伯和布里法这样的人——只要一看到降雨量超过五厘米就立刻冲进进水的车站里，不巧的是最近车站进水愈来愈频繁，他们有时拉着水管将积水抽到地底的下水道，有时搭乘充气艇巡视隧道。一旦城市里没有人，也就不会有电，这些抽水泵也就无法发挥任何作用。"一旦这些抽水设施停摆，"舒伯说，"只要半个小时，积水就会上升到列车完全无法通行的程度。"

布里法脱掉护目镜，揉揉眼睛。"如果有一区被水淹，就会把积水推挤到其他区域。三十六小时之内，整个城市将会变成一片汪洋。"

即使没有下雨，他们估计，只要地铁抽水泵停止运转，地铁隧道没有几天就会被完全淹没。然后水会冲刷掉人行道底下的土壤，不久，街道就会变得坑洼不平，再加上没人清理下水道，地面上会出现新的渠道。另外，随着浸满了水的地铁隧道顶部的坍塌，也会有其他的新兴渠道出现。二十年之内，原本在东城支撑着四号、五号、六号线三条地铁隧道及路面的钢梁，也会因为泡在水里太久而被侵蚀、变形，最终坍塌。一旦莱辛顿大道完全坍塌，街道就成了河流。

然而，全城的人行道可能早就问题丛生。纽约库柏学院土木工程系主任贾米尔·阿曼德博士说，一旦人类撤离曼哈顿，城里的一切会在第一个3月来临时就开始败坏。每年3月，气温在摄氏零度左右徘徊，来回次数高达四十次（以目前的气候变化来看，这个时间可能提前至2月），重复结冰、解冻的过程（称为冻融作用）会导致沥青与水泥间出现裂缝。当积雪开始融化，雪水就会渗入这些新出现的缝隙中，如果渗入缝隙的水分再次结冰，就会进一步扩大路面的裂痕。

姑且将之称为水的复仇吧，谁叫人类把水赶出了都市空间呢。自然界中，几乎所有的化合物在结冰时体积都会收缩，唯独氢氧结合的水分子正好相反，结冰时，水分子组成精致的六角形结晶体，其所占用的空间比其液态形状下要多出百分之九。美丽的六角形结晶体让人想到轻飘飘的雪花，实在很难想象这种东西竟然能够推开人行道上的大块地砖。同样的，我们恐怕更难想象能够抵抗每平方厘米高达一千零四十七克压力的碳钢水管，竟会在结冰时爆裂。然而事实确是如此。

一旦人行道地砖出现裂缝，从中央公园吹来的杂草种子，如芥菜、三叶草、牛筋草等，就会趁机钻进去，进一步扩大缝隙。在目前的世界里，在这些杂草还没长到不可收拾的地步时，市政的维护工人就会将杂草拔掉，填补缝隙。然而，在后人类的世界里，再也没有人修补纽约市的破洞了。紧随杂草而来的，是这个城市里最多产的外来物种，亚洲臭椿。即使周围有八百万人，亚洲臭椿仍然毫不留情地侵占这座城市，它还有另一个听起来纯洁无邪的名字——"天堂树"。它在地铁隧道里的小裂缝里扎根，开枝散叶，直到它们的树叶从人行道的缝隙中撑开小伞，才会有人注意到它们的存在。如果没人拔除这些小树苗，五年之内这些力大无穷的臭椿树根就会把人行道整个掀翻，破坏下水道系统。此时，所有的塑料袋和无人清理的旧报纸纸浆，已经把下水道压得喘不过气了，原本压在人行道下的土壤终于能接触到阳光和雨水，其他物种纷纷落地生根，不久之后，落叶就会加入愈来愈多的垃圾行列，一起堵塞下水道。

这些先驱物种甚至不必等到人行道完全遭到破坏就已破土而出。从排水沟里的污泥堆积开始，纽约市防护严密的水泥柏油外壳上会出现一层土壤，各种树苗也在此萌芽。不过，除了风吹来的灰尘和都市烟尘之外，并没什么有机物质堪用。位于曼哈顿西区、纽约中央铁路废弃的高架铁轨就是这样。从1980年火车停驶以来，这里除了无处不在的臭椿树之外，还有厚厚的一层洋葱草与毛茸茸的绵毛水苏，最引人瞩目的是丛生的秋麒麟草。在某些地方，铁轨从过去行经的工厂二楼冒出来，驶入架高的花草巷，两侧有野生番红花、鸢尾草、月见草、紫苑草、野胡萝卜的夹道欢迎。许多纽约客从切尔西艺术区楼上的窗口往下望，看到这一片无心插柳却茂盛繁荣的绿色缎带，都大受感动，于是非常有远见地当机立断，将城市里这一片已经死亡的市景保存下来，命名为"高线"（High Line），并正式将其改为公园。

失去热能的寒冷城市在最初几年，水管会全部爆裂，冻融作用也将转移到室内，情况严重恶化。由于内部热胀冷缩，建筑物开始呻吟，墙壁与屋顶之间的接合也开始分家，雨水从此处渗入，铁钉生锈，墙面剥落，露出墙内的隔热层。如果这座城市到现在还没有烧毁的话，也是时候了。

整体而言，纽约市的建筑物不像某些城市的那么易燃，例如旧金山有成排的维多利亚式木制建筑，几乎是遇火即燃。但是，不再有消防队，只要一个闪电点燃了十年间堆积在中央公园里的枯枝败叶，就会引发大火，沿着街道延烧全市。二十年内，避雷针已经生锈折毁，屋顶燃起的大火会蔓延到建筑内部，烧进贴满饰板的办公室，里面的纸张更会助长火势。这时候，一旦火舌舔舐到瓦斯管线，轰然巨响便震碎了所有的玻璃窗，雨水和雪花从破窗口吹进屋内，冻融作用也开始发生在留有积水的混凝土地板上，不久后弯曲碎裂。烧焦的隔热板和碳化的木材，替曼哈顿愈来愈厚的土壤层提供了丰富的养分，本土的弗吉尼亚爬山虎和毒常春藤爬上了长满苔藓的墙壁，因为没有空气污染，这些苔藓长得格外浓密。红尾鹰与游隼则在日渐变成骷髅的大厦顶层筑巢。

布鲁克林植物园副园长史蒂芬·克雷门预估，在两百年内，拓殖树种就会完全取代起先落地生根的杂草，排水沟里堆积了成吨的树叶垃圾，为来自市内公园的本土橡树、枫树提供了崭新、肥沃的生长环境。新来的洋槐和秋橄榄灌木丛可以固定氮气，让向日葵、须芒草和白蛇根草跟着苹果树一起移入，它们的种子则随着快速繁殖的鸟类扩散出去。

纽约库伯学院土木工程系主任阿曼德预测，生物多样性会发展得更快，因为随着建筑物一栋栋倒塌，把彼此压垮在地，碎混凝土里的石灰会增加土壤的酸碱值，吸引一些不太喜欢酸性环境的树种，如沙棘、桦树等。满头银发、和蔼可亲的阿曼德，边讲话边用手比画着，他相信这个过程远比人类所预期的要快得多。他来自巴基斯坦的拉合尔，那是个有许多镶嵌着马赛克的古清真寺的城市。现在，他教导学生如何设计和改造建筑物，以抵抗恐怖分子的攻击，因此对建筑结构上的弱点了如指掌。

"即使建筑于曼哈顿片岩层上的建筑物，例如纽约市大多数的摩天大楼，"他说，"当初设计时都没有想过它们的钢骨地基会泡在水里。"他说，下水道堵塞、地铁隧道里洪水泛滥、街道变成河流等，都会弱化地下结构，破坏整体的稳固。未来，可以预期有更强烈、更频繁的飓风侵袭北美洲的大西洋海岸，狂风会重击不稳固的高楼结构，有些会不支倒地，顺带压垮周遭的房子。就像森林里的巨树倒塌之后，会腾出一块空地一样，新的物种将迫不及待地抢占地盘，于是水泥丛林逐渐消失，取而代之的是一座真正的森林。

纽约植物园位于布朗克斯动物园的对面，占地约一百公顷，拥有欧洲以外规模最大的植物标本馆。馆藏包括库克船长在1769年前往太平洋探险航行途中采集的野花标本，还有少许来自南美洲火地岛的苔藓标本，连同原采集人达尔文亲笔撰写并签名的笔记，上面有点晕染的黑色墨水依然清晰可见。然而，纽约植物园里最令人啧啧称奇的，却是十六公顷从未砍伐过的原生古处女林。

虽然未经砍伐，林貌却有剧烈的变化。这座森林向来被称为铁杉林，以浓荫遮天、林相优美的针叶林闻名，不过这个名称近来已经名不副实了，因为铁杉几乎都死掉了，凶手是一种体型比句子的句点还要小、在20世纪80年代中期抵达纽约的日本昆虫。森林中最古老、最高大的橡树可以追溯到英国殖民时代，但土壤受到酸雨以及汽车、工厂废气中如铅等重金属的侵蚀，使得这些老树的生命力遭到侵害，纷纷不支倒地，可能永远都不会在这里复活，因为大部分的遮阴树木在很久之前就不再生长了。现在，每一个本土原生的物种都带有病原体，有些真菌、昆虫或疾病趁火打劫，侵袭这些遭受化学荼毒而体弱多病的树木。可是，纽约植物园的厄运还不仅于此，这座树林仿佛一座绿色孤岛，被数万公顷的灰色都市丛林团团包围，也成了布朗克斯区内松鼠的主要避难所。这些松鼠没有天敌，市区内也不准打猎，没有任何人或事可以阻止它们吃掉每一颗尚未发芽的橡实或胡桃。

如今，这座古老森林里的下层林木，出现了八十年的断层，没有新生的本土橡树、枫树、白蜡树、桦树、槭树和鹅掌楸，主要的树木都是外来的观赏树种，种子多半是从布朗克斯区其他地方吹进来的。土壤样本显示有两千多万个臭椿树的种子在这里发芽。纽约植物园经济植物研究所所长恰克·彼得斯说，像来自中国的臭椿树和软木树这样的外来物种，已经占据了这座森林的四分之一。

"有些人希望让这座森林恢复到两百年前的风貌，"他说，"但是我跟他们说，要做到这一点，必须让布朗克斯回到两百年前才行。"

人类学会了如何游走全世界，随身携带活的生物出游，也带回其他的东西。来自美洲的植物不但改变了欧洲国家的生态体系，也改变了这些国家的特性，想想在输入马铃薯之前的爱尔兰，或引进番茄之前的意大利就知道了。反过来说，来自旧大陆的入侵者征服了这块土地之后，非但降祸在那些不幸的女子身上，还散播了其他物种的种子，引进了小麦、大麦与黑麦。美国地理学家阿尔弗雷德·克劳斯比为此创造了一个新的名词，指称这种"生态殖民主义"帮助欧洲的征服者在殖民地上永远烙上了他们的印记。

但有些结果却滑稽可笑，像是在英属印度殖民地的花园里，风信子与水仙花永远都长不好。在纽约，最早是有人突发奇想，认为如果能在中央公园里看到莎士比亚剧中提到的每一种鸟类，这座城市就会更具文化气息，于是引进欧洲的椋鸟，如今却成了鸟类公害。从阿拉斯加到墨西哥，它们无所不在。紧接着，又在中央公园里开辟了一座花园，里面种满了莎翁剧中提及的每一种植物，充满了诗情画意，月见草、艾草、飞燕草、野蔷薇、樱草(报春花)，只差没有把《麦克白》剧中的勃南森林整座搬过来。

"曼哈顿计划"中虚拟的过去跟未来的曼哈顿森林会相像到什么程度呢？这完全取决于北美洲土壤未来跟环境抗争的结果，因为饱受踩躏的土壤在人类消失很久之后还得继续抗争。纽约植物园的标本馆里也保存着美国最早的一种薰衣草的茎部，这种紫色的草本植物外表看起来很可爱，其实不然。薰衣草原本生长在英国至芬兰的北海岸河口地带，可能是商船在欧洲滩涂地区挖湿沙做成横越大西洋时的压舱沙包，也把种子夹带到了美国。随着殖民地贸易的蓬勃发展，愈来愈多的商船在装货前弃置沙包，也就有愈来愈多的薰衣草种子被丢弃在美国沿岸。它们一旦在这里落地生根，就会溯溪逆流而上，它们的种子会粘在泥泞的鸟类羽毛或任何与之接触的动物皮毛上。在哈得逊河的湿地上，原本为各种水鸟及麝香鼠提供食物与荫庇的香蒲、柳树、芦苇等植物群落，现在都被一片坚固的紫色屏障取代，连野生动物都无法穿越。在21世纪之前，连阿拉斯加都出现了大量的薰衣草，让该州的生态学家大为恐慌，担心薰衣草会占据整片沼泽湿地，赶走野鸭、大雁、燕鸥与天鹅。

其实，早在兴建莎士比亚花园之前，中央公园的设计师奥姆斯特德与沃克斯，不但运来五十万吨的土方填平湿地，也引进了五十万棵树，完成他们心目中改良过的大自然，让这里增添一分异国色彩，如波斯铁木、亚洲桂花树、黎巴嫩香柏、中国泡桐与银杏等。在人类消失之后，剩下的本土植物品种还得跟顽强的外来品种大军竞争，才能争回原本与生俱来的生存权利，不过届时它们就有本土优势了。

许多外来的观赏植物，如重瓣玫瑰，会跟随引进它们的文明一起凋零。因为这些品种是杂交配种出来的没有繁殖能力的植物，不会结果，必须依靠嫁接技术才能繁殖，一旦培育它们的园丁不在了，它们自然也就消失了。其他备受人类呵护的殖民品种，如英国常春藤，任其自生自灭的话，自然是敌不过其美国表亲弗吉尼亚爬山虎与毒常春藤。

还有些经过高度选择性繁殖的变种植物会幸存，但就算如此，其外形和存在也会大打折扣。尽管美国流传着苹果籽约翰尼的传奇故事，事实上，苹果是从俄罗斯及哈萨克引进的外来物种，这种无人照料的水果，最后都是以其强健耐寒的体质受到上天的青睐，而不是外观或口味。没有喷洒农药的苹果园，除了极少能存活之外，其他都会因为无法抵御如苹果蛆及潜叶虫等天敌，终被本土硬木所取代。引进到花园苗圃的蔬菜，也会回归朴实的原生品种。纽约植物园副园长丹尼斯·史蒂文森说，原产自亚洲的甜胡萝卜很快就会把园圃让给难以下咽的野胡萝卜，因为人类种植的这种橘色胡萝卜会被动物吃个精光。花椰菜、包心菜、抱子甘蓝、白花菜等，都会丧失自己的特色，并退化成最原始的花椰菜。多米尼加移民在华盛顿高地公园大道中央的分隔岛上种下了玉米种子，或许其后裔还可以将它们的DNA追溯到最原始的墨西哥玉米，其穗轴极细，几乎跟小麦秆没有什么两样。

另外一些跟本土物种勾勾搭搭的外来入侵者，如铅、汞、镉之类的金属，就没有这么容易被从土壤中冲刷掉了，因为它们都是货真价实的重分子。但可以确定的是，只要车辆永远消失，工厂熄灯停产且永不复工，这些重金属就不会再继续沉积。然而，在人类消失后的前一百年内，侵蚀作用会定期引爆那些留在汽油槽、化工厂、发电厂和数百家干洗工厂内的定时炸弹。接着，细菌会逐渐吃掉燃料、干洗溶剂和润滑剂的残余物，把它们变成比较无害的碳水化合物。不过各种人造的新奇产品，从某些杀虫剂到塑化剂乃至绝缘材料，都还会残存几千年，直到微生物演化出足以消化这些物质的能力为止。

话虽如此，只要每下一次无酸的新雨甘霖，存在树木体内的污染就会减少，因为雨水会逐渐冲刷掉化学物质。几百年后，植物体内的重金属含量会愈来愈少，最后，植物将体内的重金属完全吸收，进一步再利用、再沉积或是稀释这些物质。随着植物死亡、腐化、倾倒，土壤会一层层加厚，工业残余的有毒物质愈埋愈深，后继的植物也将持续和深化这个过程。

纽约的原生树种即便不是真的死光，也都已濒临灭绝，但严格说来，只有极少数物种算是真的绝种了。就连备受关注的美洲栗树，也还在纽约植物园的老树林里苦撑着，真的是在靠自己的树根苦撑。在1900年左右，一船来自亚洲的树苗带来栗树枝枯病，使得这种北美原生树种饱受摧残。它们小小的新芽一长成六十厘米高的细瘦树苗，就会被枝枯病打倒，然后又重新来过。也许有一天，没有来自人类的压力，说不定具有抗病性的树种就会出现。栗树原本是北美东部森林里最高大的硬木，重获新生之后，却得跟其他同样顽强存活的非本土树种共存，例如小檗、南蛇藤，当然还有臭椿树。这个生态是一个人造的系统，即使人类消失了，系统还在。像这样一个世界植物混合的体系，若没有人类，是绝对不会诞生的。

纽约植物园的彼得斯认为，这并不一定是件坏事。"现在的纽约之所以伟大，就在于文化多元，每个人都贡献一点。不过就植物来说，我们还是有外来恐惧症的。我们喜欢本土物种，希望那些侵略性强的外国植物都能回自己的老家。"

他把慢跑鞋抵在一株中国黄蘖树白花花的树皮上（这棵树生长在硕果仅存的铁杉林里），说道："这话听起来或许有点儿甘冒大不韪的感觉，但比起维持本土多样性，更重要的是要维持一个功能正常的生态体系。最要紧的是，土壤要受到保护，水要干净，树木要能够过滤空气，参天大树要能繁殖出新的枝苗，才能避免养分被冲刷到布朗克斯河里。"

彼得斯吸了一大口过滤后的布朗克斯空气，虽然他已经五十出头，身材依然瘦削，看起来也很年轻。他几乎一辈子都在与森林为伍。他的田野研究证实，不论是在亚马孙雨林深处出现一片野生的棕榈果仁树，或是在婆罗洲的处女地里长出一片榴梿树，乃至于在缅甸丛林里出现一片茶树林，都不是意外。这表示人类来过这里。尽管野生丛林吞噬了这些人及其记忆，但大自然仍保留了他们的痕迹。纽约就是个例子。

事实上，自从"智人"在地球上出现后不久，大自然就已经开始着手记录了。桑德森的"曼哈顿计划"企图重建荷兰人发现这座岛屿时的模样，而不是什么洪荒时代从未有人涉足过的曼哈顿森林，因为这样的森林并不存在。"在德拉瓦族人到来之前，"桑德森解释道，"这里除了一点六千米厚的冰层之外，什么也没有。"

大约在一万一千年前，最后一次冰河时期从曼哈顿岛向北方消退时，也把云杉和落叶松等针叶林地一起带到了现在的加拿大苔原以南地区。取而代之的是我们现在熟悉的北美东部的温带森林，有橡树、山胡桃、栗树、胡桃树、铁杉、榆树、桦树、枫树、枫香树、美洲擦木、野生榛树等。在林间空地，则长出一些灌木丛，如美国稠李、香漆树、野杜鹃、忍冬木和各种蕨类与开花植物，至于大米草和蜀葵则生长在盐沼地带。当这些绿叶植物填满了这个温带的生态区位，恒温动物也接踵而至，人类也是其中之一。

尽管考古资料匮乏，我们仍能判断第一批纽约客并没有在此定居，而是随着季节变换，四处扎营，采集浆果、栗子和野生葡萄。此外，他们也捕猎火鸡、黑琴鸡、鸭子、白尾鹿等，不过主要还是靠捕鱼为生。

环绕四周的水域盛产胡瓜鱼、西鲱、青鱼等，曼哈顿岛上的溪流里也有河鳟，至于牡蛎、蛤蜊、帘蛤、螃蟹、龙虾更是充裕，捉起来几乎不费吹灰之力。遭到丢弃的软体动物壳在沿岸地区形成大型的贝冢，是此地的第一个人造物。亨利·哈得逊首次看到这座岛屿时，上哈林区与格林尼治村这一带早就是一片茫茫草原，一再遭到德拉瓦族人的焚烧，清理出空地以便耕作。"曼哈顿计划"的研究人员在古哈林区的火坑里灌水，想看看有什么东西浮出来，结果发现德拉瓦族人曾在此地种植玉米、大豆、南瓜和向日葵。当时，岛上大部分地区跟比亚沃维耶扎原始森林一样，都是一片青翠茂密的树林。不过早在这块土地被以六十荷兰盾的价格出售，从印第安耕地蜕变成殖民房地产之前，"智人"的痕迹就已经留在曼哈顿岛上了。

2000年，有只美洲草原狼来到中央公园，堪称是可能使过往复活的未来前锋。之后又有另外两只接踵而至，还有一只野生火鸡也来了。纽约市似乎等不及人类离开，就要展开重返荒野的历程。

担任斥候先锋的第一只草原狼是经由乔治·华盛顿大桥过来的。这座桥由纽约与新泽西州港务局的杰瑞·戴杜佛负责管理，后来他又接管斯塔滕岛与本土、长岛之间的桥梁。这位结构工程师才四十出头，他觉得桥梁是人类发明中最动人的一个，因为桥梁以优雅的姿态跨越天然的鸿沟，让两边的人们得以聚首。

戴杜佛自己也兼具大洋两岸的特征。橄榄色的面孔透露出他西西里的血统，但说话的腔调却是纯粹的新泽西都市腔。他这辈子都在照顾这些钢铁结构及其路面，但是每年游隼幼鸟在乔治·华盛顿桥塔顶端孵化的奇迹，依旧让他啧啧称奇。他对野草、杂草、臭椿树等植物的胆大妄为，也感到万分诧异，因为这些植物远离地表，躲在高悬水面的金属壁龛里，依然顽强地迎风绽放。他所管理的桥梁常年受到大自然的游击突袭，虽然它们的武器与部队和桥梁的钢骨装甲比起来，看似微不足道，但如果忽略了这种从不间断且无所不在的鸟粪攻击，却会带来致命打击。因为这些鸟粪会挟带种子，鸟粪在促使种子萌芽的同时，也会溶解桥梁上的油漆。戴杜佛的敌人原始又冷酷无情，它们最大的力量就是拥有比对手更持久的耐力，连戴杜佛都不得不承认，大自然终究会赢得最后的胜利。

但只要戴杜佛坚守岗位一天，就不会让大自然轻易得逞。首先，他要向他与其他工作人员所继承的遗产致敬。当年设计这些桥梁的那一代工程师，绝对不会料想到每天会有三十多万辆车子经过，且在八十多年后，这些桥梁还能使用。"我们的工作，"他对手下的工作人员说，"就是将这些宝藏好好地交给下一代，而且维持在比我们接收时更好的状态。"

在某个2月的午后，他冒着风雪走到巴约纳大桥，一边通过无线电跟工作人员交谈。这座桥在斯塔滕岛这侧的引道下有坚实的拱形钢骨，拱形钢骨的一端连接着一大块混凝土，深埋在基盘上。这个桥墩承担了巴约纳大桥主桥面的一半载重。抬头正视钢骨工字梁与支撑构材所组成的有如迷宫一般的载重结构，看着约一厘米厚的钢板、凸缘与数百万枚约一厘米长的螺丝铆钉犬牙交错，不禁让人想起朝圣信徒在梵蒂冈，仰望圣彼得大教堂那高耸入云的圆顶时肃然起敬的心情。这些桥梁同样让人感到自身的渺小卑微，如此崇高而大无畏的建筑将永世屹立。然而，戴杜佛却很清楚，一旦没有人类的保护，它们最后将会如何坍塌。

坍塌不会立即发生，因为对桥梁最直接、最迅速的威胁将跟随人类一起消失。但戴杜佛说，不断冲击桥梁的往来车辆，并不是最大的威胁。

"这些桥梁在兴建时都是超额设计，车辆走在桥上，就跟蚂蚁在大象身上走路一样。"20世纪30年代还没有计算机精确计算建材的承重限度，于是谨慎为上的工程师只好超额使用材料。"当年过剩的负载量就是我们现在的本钱。以乔治·华盛顿桥为例，直径七厘米左右的悬吊缆索里使用的镀锌钢丝，足以绕地球四周。就算只剩这一条缆索，这座桥也不会垮。"

大桥的头号敌人是公路部门每年冬天撒在桥上的盐，这种饥渴贪婪的物质一旦与冰结合之后，就会不断啃噬钢筋。汽油、防冻剂和车上滴下来的融冰，会把盐带进集水槽与桥上的缝隙里，而维护人员必须用水把盐分冲掉。如果没有人类，自然也就不会有盐，却会有铁锈，而且为数不少，因为再也没有人替桥梁上漆了。

刚开始的时候，氧化作用会为钢板带来一层铁锈，厚度可能是金属本身的两倍甚至更多，这层铁锈会减缓化学侵袭的脚步。可能要等到好几个世纪之后，钢铁才会完全锈蚀裂解，但是纽约的桥梁不必等那么久，就会开始崩塌，其原因是冻融作用的老戏码在大桥身上重演。金属不像混凝土会龟裂，反而会随着温度热胀冷缩，因此钢骨结构的桥梁在夏天会变得比较长，所以需要伸缩缝缓冲。

到了冬天，桥梁缩短，伸缩缝里的空隙会变大，会有很多东西被风吹进来。一旦有杂物堆积，等到天变暖，桥梁可以扩张的空间就相对减少。如果没有人替桥梁上漆，伸缩缝里除了杂物堆积之外，还会塞满铁锈，铁锈膨胀后所占的空间，会比金属本身占用的更多。

"到了夏天，"戴杜佛说，"不管你喜不喜欢，桥梁都会变得比较大。如果伸缩缝堵塞了，桥梁就会向最脆弱的地方扩张，比如两种不同材料的连接处。"他指着四条钢缆与混凝土桥墩的接合之处说："比方说这里。混凝土会从桥柱与桥墩的铆接处开始龟裂，或螺栓在经过几次季节轮换之后断裂，最后桥柱就会分裂坠落。"

戴杜佛说，每一个接合处都很脆弱。两块钢板在接合缝隙间形成的铁锈会产生极大的力量，足以扭曲钢板或导致铆钉脱落。像巴约纳大桥这样的拱桥，或是曼哈顿东河上用来通行火车的地狱门大桥，都是最超额设计兴建的桥梁，可能再过一千年也能屹立不摇，不过若有经过桥下沿岸的某个地质断层的地震波，可能会缩短这些桥梁的使用年限。它们可能比东河河底那十四座以不锈钢为内衬、由混凝土建成的地铁隧道还要坚固，其中一条通往布鲁克林的隧道甚至可以追溯到马车时代。如果有任何一段隧道松脱，大西洋的海水就会灌进来。然而，通行汽车的吊桥与桁架桥却只能维持两三百年，然后螺丝铆钉就会失效，整座坍塌的桥梁就会被在桥下守候已久的河水所吞噬。

在此之前，会有更多的美洲草原狼追随大无畏的前辈，来到中央公园。接着是鹿和熊，最后，从加拿大重返新英格兰的野狼也依次抵达。在大多数桥梁倾圮之前，曼哈顿岛上较新的建筑物会被破坏殆尽，渗水深入混凝土里的强化钢筋，钢筋开始生锈、膨胀，并最终从混凝土里爆裂突出。至于老一点儿的石砌建筑，如中央车站，会比所有闪闪发亮的现代建筑维持得更久，尤其是再也没有酸雨在大理石建材上留下凹痕。

摩天大楼的废墟里回荡着青蛙的情歌，它们生长在曼哈顿岛上重现的溪流里，这里也充斥着海鸥带来的灰西鲱和淡菜。青鱼与西鲱也回到了哈得逊河，不过它们要经过好几个世纪，才能逐渐适应河水里的辐射线污染。时报广场北边五十六千米处有一座印第安核电站，核电站外的强化混凝土墙倒塌之后，辐射线就涓涓地流入河水里。完全适应人类生活的动物却彻底消失了。看似打不死的蟑螂，是来自热带的移民，早就冻死在没有暖气的建筑物里。没有垃圾可吃的老鼠也纷纷成了饿殍，或被筑巢在摩天大楼废墟顶上的猛禽当成午餐抓走。

上升的海水、潮汐与盐分侵蚀，取代了人造的海岸线，纽约的五个行政区边缘都会变成港湾与小海滩。因为没有人疏浚并清除淤泥，中央公园里的池塘与蓄水池都变成了沼泽湿地。没有动物啃草，中央公园里的草地也随之消失，除非拉着双轮马车或公园骑警所使用的马匹恢复野性，就地繁殖后代。日渐成熟的树林取代草地，并扩展到原本的街道上，树根也入侵空旷的建筑地基。美洲草原狼、野狼、红狐狸、美洲山猫让松鼠的数目趋向平衡，那些遭受人类铅污染还能侥幸存活下来的橡树，也得以与松鼠和平共处。五百年后，在愈来愈暖化的气候中，橡树、桦树和热爱潮湿的物种，如白蜡树等，将成为这块土地上的主要树种。

在此之前，野生的掠食动物早就将最后一只宠物狗的后代赶尽杀绝，但有些家猫会恢复野性，诡诈狡猾的猫会靠着捕食椋鸟存活。随着桥梁断裂、隧道积水，曼哈顿又成了一座货真价实的岛屿，麋鹿与熊会涉水游过变宽的哈林河，到对岸采食德拉瓦人曾经采集过的浆果。

曼哈顿的金融机构，此时完全崩盘。在碎石瓦砾之中，还有少数银行的地窖金库依然完整，里面的钱虽然一文不值又发霉生苔了，但至少安全无虞。博物馆地窖里的艺术品就没有这么幸运了，因为博物馆的建筑不是以坚固见长，而主要还是以控制气候为主。一旦没有电力，所有的保护措施就完全停摆，博物馆的屋顶开始漏水，通常从天窗开始，地下室也会囤满积水。受野生环境中湿度与温度的剧烈变化影响，储藏室里所有的东西都会遭到霉菌和细菌的侵袭，当然还有最恶名昭彰的博物馆瘟疫——黑色鲣节虫，在馆内四处留下什么都能吞噬的虫蛆。随着疫情向其他楼层蔓延，真菌会导致大都市艺术博物馆里的绘画作品褪色、颜料溶解。不过陶制品倒还好，因为它们的化学性质近似化石，除非有什么东西砸在头上，否则它们会被埋进土堆里，等着被下一批考古学家再度挖掘出土。腐蚀作用会让铜像上的铜绿增厚，但是不会影响它们的形状。"所以我们才能够了解铜器时代。"曼哈顿的艺术管理员芭芭拉·阿佩尔鲍姆说。

　　阿佩尔鲍姆还说，即使自由女神像最后沉进港湾底，外形还是会永远不变，不过化学性质会有些变化，表面可能也爬满藤壶之类的海洋生物。或许那是最安全的藏身之地，因为几千年后，任何还屹立的石墙终将倒塌，世贸中心对面、1766年以曼哈顿当地硬质页岩兴建的圣保罗教堂或许便是其中之一。过去十万年间，冰河曾经三度铲平纽约，除非人类将自己的灵魂彻底出卖给碳燃料，导致大气层受到永远无法复原的伤害，失控的全球暖化会将地球变成金星，否则在未来某个无法预测的时刻，冰河期一定会重返地球，桦树、橡树、白蜡树、臭椿树形成的老熟林将应声倒地。斯塔滕岛上清凉溪垃圾掩埋场里四座硕大无朋的垃圾山也会夷为平地，垃圾山里大量堆积、冥顽不化的塑料制品以及人类发明中最坚固耐久的玻璃产品，也会在冰河的压力下被磨成粉末。

　　等到冰河退却，深埋在众多地层之下的冰碛层里，会有一堆非天然的红色金属集中在一起，这些金属曾短暂地以铁丝或铅管的形状出现，后来被拖运到垃圾场里，回到土壤之中。等到下一批会使用工具的生物再度来到这个星球或经由演化出现，他们会发现这些金属制品，并且妥善运用。不过到了那个时候，已经没有任何迹象显示，是人类将这些金属留在那里的。

四　人类出现之前的世界
The World Just Before Us

1　冰河期之间的中场休息
An Interglacial Interlude

十余亿年来，南北两极的冰棚都曾来来回回地远离过极点，有时还真的在赤道相逢。个中原因牵涉到大陆板块漂移、地球的椭圆轨道、偏斜的地球轴心，以及大气层里二氧化碳的变动，等等。在过去这几百万年间，大陆板块已经基本固定在我们现如今熟悉的位置，平均每一万两千年到两万八千年，冰河期就会重现，时间相当规律，最多维持十万年左右。

最后一个冰河期于一万一千年前离开纽约，正常情况下，曼哈顿随时有可能再度被冰河铲平，不过我们愈来愈怀疑，冰河期会不会如约而至。许多科学家都猜测，在下一次酷寒冻结大地之前，现在这中场休息时间会持续更久，因为我们在大气层这条棉被里多塞了一片隔热层，延缓了这个不可避免的情况发生。探测南极冰核中古老的气泡，并与现今的空气成分相比，过去六十五万年空气中的二氧化碳含量从没这么高过。如果人类从明天起全部消失，再也不会将任何一个含碳分子送进空气里，我们引起的事端也必然会消逝。

尽管我们的标准在不断变化，但即使根据我们的标准来看，这种情况也不会立刻发生，因为现代人没必要干等着变成化石进入地质时期的那一天。作为自然界中一股真实的力量，我们也是这样做的。在人类消失之后，还有很多人造物会继续流传很长一段时间，其中之一就是我们重新设计建构的大气层。因此，泰勒·沃克一点儿也不觉得身为建筑师的自己，却在纽约大学生物系里教授大气物理与海洋化学有什么奇怪之处，他发现必须借助这些领域的知识，才能解释人类如何将大气层、生物圈和深海，变成了到目前为止唯有火山爆发和大陆板块撞击才能成就的现况。

沃克身材瘦高，一头深色卷发，眼睛在思考的时候会眯成半月形。他靠在椅子上，看着一张几乎盖过办公室布告栏的海报，海报上描绘着大气层与海洋融合成一片密度渐增的液体。大约在两百年前，大气层里的二氧化碳会以稳定的速率溶入下面的海洋，让这个世界保持平衡。如今，大气中的二氧化碳浓度太高，海洋必须重新调适。不过他说，因为海洋很大，需要一些时间才能恢复平衡。

"假设再也没有人使用燃料，起初海洋表面会迅速吸收大气中的二氧化碳，饱和之后，速度就会趋缓。实行光合作用的有机体也会吸收部分二氧化碳。然后，饱和的海水会下沉，古老、不饱和的海水从深处上升，慢慢取而代之。"

大概需要一千年，上下层的海水才能完全翻转过来，这并不表示地球就可以恢复到工业时代之前的纯净。尽管海洋与大气层那时已经较为平衡，可是二者的二氧化碳含量仍然超标。陆地也是一样，陆地上过剩的碳会经由土壤和各种生命形态循环。这些生命形态固然会吸收碳，终究还是会释放出来，那么，多余的碳去哪儿了呢？"通常，"沃克说，"生物圈就像一个倒立的玻璃罐，上面基本上是密封的，除了少数陨石之外，不会让外界的物质进来；底部的瓶盖则稍微开启，也就是火山。"

问题是，我们一直在抽取石炭纪岩层里的资源，并喷向空中，成了一座自18世纪以来从未停止爆发的火山。

因此，在火山将太多碳元素喷到大气系统中之后，地球就只能如此响应："岩石周期循环开始启动，不过费时更长。"长石和石英这样的硅酸盐是地壳的主要成分，受到雨水和二氧化碳所形成的碳酸影响，会逐渐变成碳酸盐。碳酸也会溶解土壤与矿物质，释放出钙质渗入地下水，然后再经由河流进入海洋，接着钙质会辗转成为贝壳的一部分。这是非常缓慢的过程。不过超载的大气层里剧烈的天候变化，会稍微加速这个过程。

"最后，"沃克下结论道，"地质循环会将二氧化碳浓度恢复到人类出现以前的程度，这大约需要十万年。"

或许还要更久。令人担心的是，就算是极小的海洋生物，也会将碳元素锁在它们的"铠甲"里，因此海洋上层的二氧化碳浓度增加，可能会导致它们的甲壳溶解。另一个问题是，海洋的温度愈高，吸收二氧化碳的能力就愈低，因为高温会抑制呼吸二氧化碳的浮游生物的生长。话虽如此，只要人类彻底消失，海水在开始的一千年间彻底转换，就足以吸收高达百分之九十的多余的二氧化碳，让大气中的二氧化碳浓度只比工业时代之前的百万分之二百八十高出十到二十个点。

花费十年时间在南极大陆勘探冰核的科学家可以明确告诉我们，这个数字与目前百万分之三百八十之间的差别，这也意味着至少在未来的一万五千年内，都不会有冰河来袭。在海洋缓慢吸收大气中过多碳元素的这段时间，美洲蒲葵与木兰在纽约市繁殖的速度，会比橡树、桦树更快。曼哈顿岛会忙着接纳像犰狳和猪这类从南方迁徙过来的动物，而麋鹿也得在加拿大的纽芬兰与拉布拉多省继续寻找醋栗果和接骨木果来果腹。

有些持续关注北极的知名科学家表示，除非格陵兰岛上冰雪融化，导致湾流冷却、对流停止，使得负责全球暖流循环的大洋输送带完全停滞，北美东岸和欧洲才会回到冰河时代。

也许这还不至于引发大型冰床的诞生，但没有树木的苔原与永久冻土会取代原有的温带森林，浆果树丛也会蜕变成地面上发育不全、色彩缤纷的小斑点，夹杂在驯鹿苔之间，吸引着南来的驯鹿。

第三种比较乐观的情况是，或许两种太过极端的现象互相抵消了对方的力道，使温度介于二者之间。不论冷、热，抑或是在冷暖之间，只要人类继续将大气中的二氧化碳浓度推升到百万分之五百或六百，如果我们不改变目前的生活形态，到2100年，甚至会高达百万分之九百，而格陵兰岛上曾经的冰冻层，一定会飞溅坠入膨胀的大西洋。端视融冰分量的多寡，曼哈顿很有可能只剩下两座崎岖的小岛浮在海面：一个是中央公园里的大山丘（Great Hill），另一个是华盛顿高地凸起的一块片岩。往南数公里处的建筑群，会像是浮出海面的潜望镜，无助地看着周遭的一片水域，要不了多久，不断冲击的海浪也终会把它们摺倒。

2 冰雪伊甸园
Ice Eden

如果人类从未演化，这个星球会是怎样的一番光景？或者，人类演化是无可避免的结果？如果我们消失了，我们或是跟人类一样复杂的生命，还会不会、能不能再一次出现？

远离南北两极的东非有座坦噶尼喀湖，坐落在一条从一千五百万年前便开始将非洲大陆一分为二的裂谷之中。非洲大裂谷是地壳结构上的一条大裂缝。裂缝最早从现今的黎巴嫩贝卡谷地开始，向南延伸，形成约旦河与死海；接着谷口加宽，变成了红海；如今它分成两条平行的地堑，分裂着非洲东部的地壳。坦噶尼喀湖就在大裂谷西边的分叉谷地中，纵贯南北，长达六百七十多公里，是世界上最狭长的湖泊。

从湖面到湖底，水深近两公里，约形成于一千万年前，是世界上第二深、也是第二古老的湖泊。坦噶尼喀湖仅次于西伯利亚的贝加尔湖，因此引起了科学家的高度兴趣，要从湖底沉积中采取矿样进行研究。如同冰河期每年的降雪可以保存气候史料一样，四周植物的花粉粒沉入淡水湖底之后，也会层次分明，清晰可辨。雨季溢流的土层颜色较深，旱季开花的藻类则形成颜色较淡的线条。在古老的坦噶尼喀湖里，矿样不只能指出植物的种类，也显示了丛林如何逐渐变成耐热的阔叶林地，即覆盖着现今非洲大片地域的干燥性疏林植被。干燥性疏林植被也是人为产物，因为旧石器时代的人类发现焚烧树木制造出的草原与空旷林地，可以吸引羚羊并加以豢养。

花粉夹在厚厚的木炭层里，这表明伴随铁器时代而来的是更大规模的焚林与砍伐。因为当时的人类已经学会了冶炼矿石，后来还学会了制造锄头。他们种植的龙爪稷类的作物，也留下了痕迹。后来的作物，如豆子、玉米等，则因为花粉粒太小或谷粒太大漂流得不够远，并没有留下记录。不过在翻动过的土壤里，蕨类孢子的数目显著增加，就足以证明了农业的拓展。

这些信息以及其他更多的数据，都来自一根十米长的钢管挖掘出来的泥土中。研究人员用绳索将这根钢管垂直放进湖水里，利用一具振动马达，借着钢管本身重量所产生的动力，插入湖底，探索十万年的花粉沉积层。亚利桑那大学的古湖沼学家安迪·柯恩在坦噶尼喀湖东岸的基戈马区主持研究计划。他说，下一步就是找到一个能够穿透五百万，甚至一千万年沉积物的钻探设备。

这种设备的价格可能会很昂贵，还必须加购一艘小型的钻油船。因为湖水太深，钻探平台无法用锚固定在湖底，因此钻探机还得连上全球定位系统，不断调整位置才能对准湖底的洞。不过柯恩说，这一切都将值回票价，因为这是地球上时间最长、最丰富的气候史料。

"长久以来，我们都认定地球的气候变化是受到极地冰层的前进与后退影响，但我们有充分的理由相信，热带地区的环流也牵涉在内。我们对两极的气候变化了解很多，但对于这个星球的温热核心，也就是人们居住的地区，却知之甚少。"柯恩说，从地层中取样可以采集到"多出冰河十倍的气候史料，而且也更精确。说不定里面有一百种不同的东西可供分析"。

它们保留着人类进化的历史。因为岩心记录所涵盖的年份，不但包括了灵长类首次以两脚站立，跨出第一步的时间，也持续记录了人科动物的进化阶段：从南方古猿到能人、直立人，最后到智人。我们祖先可能也呼吸过这些花粉，甚至还替他们碰过或吃过的植物传递花粉，因为它们全都曾出现在这座裂谷里。

在坦噶尼喀湖东边，非洲大裂谷的另外一个分叉谷地里，还有一个比较浅的盐水湖。它在过去两百万年间，有时蒸发干涸，有时又重新出现。如今，这里是一片草原，不过草地已经被马赛族牧人饲养的牛群与山羊啃食殆尽，火山玄武岩床上堆积了一层又一层的砂岩、陶土、凝灰岩与灰尘。一条溪涧从东边的坦桑尼亚火山高地流淌而来，切穿这些岩层，形成百米深的峡谷。20世纪，考古学家路易·利基与玛丽·利基夫妇就在这里发现了一百七十五万年前留下来的原始人类头盖骨化石。现在已经变成半沙漠、剑麻丛生的奥杜威峡谷里保存着数以百计的原始石器工具，以及利用底下的玄武岩制成的石刀。这些工具有些甚至可以追溯到两百万年前。

1978年，玛丽的研究小组在奥杜威峡谷西南方四十公里处，发现了湿灰结冻后留下来的足迹。那是一组三只南方古猿的脚印，很可能是父母带着孩子或走或跑，逃离附近的萨迪曼火山爆发后所引起的大雨所留下的。这一发现把直立行走的原始人类的存在时间，推到了三百五十万年前。从这里和肯尼亚、埃塞俄比亚等地相关的考古遗址中，浮现出人类种族孕育的模式。我们已经知道，人类靠双脚走路，走了几十万年之后才想到要用石块彼此敲击，制作出边缘锐利的工具。从人科动物的牙齿以及附近的其他化石，我们知道人类是杂食性动物，有臼齿可以咬碎坚果。此外，人类从寻找像斧头形状的石块进步到自己制作工具，拥有了更有效率的手段去捕杀和猎食动物。

奥杜威峡谷和其他人类化石遗址共同形成了一个半月形的区块，从埃塞俄比亚开始向南延伸，与非洲大陆的东海岸平行，也毫无疑义地证实了我们都是非洲人。我们在这里呼吸到的由西风吹来的灰尘，不但让奥杜威峡谷里的剑麻与刺槐都蒙上了一层灰色的凝灰岩粉末，里面还有包含人类的钙化DNA组织。人类从这里出发，扩展到每块大陆，占据整个星球，最后又回到原点，完成整个循环。然而我们对自己的根却是如此疏离，甚至还奴役那些血源相近的表亲，完全无视他们留在这里替我们守护与生俱来的权利。

这些地方挖掘出的动物骨骸，有助于我们从其他哺乳类动物的演化了解人类之前的世界。这些动物包括河马、犀牛、马、大象等物种，但是随着人类数目倍增，这些物种都一一绝迹。其中很多骨骸都被我们的祖先磨成了尖锐的工具和武器。然而，这些骨骸却无从显示，是什么因素促使我们这样做。不过，在坦噶尼喀湖里却有迹可循，这些线索都要追溯到冰河时代。

有许多河流从数公里高的裂谷陡坡流下，注入坦噶尼喀湖。这些山坡上曾经是一片浓密的热带雨林，后来变成干燥性疏林植被，现在大部分的陡坡连一棵树都没有，全都成了种植树薯的田地，而且坡度之陡，足以让人不小心就会从斜坡上滚下来。

唯一的例外是坦噶尼喀湖东边靠近坦桑尼亚边界的冈贝河。利基在奥杜威峡谷的一名助手、灵长类动物学家珍古德（Jane Goodall），从1960年开始，就在这里研究黑猩猩。在全球有关单一物种在野生环境中的行为研究里，她的田野调查是历时最久的一个，而她的研究总部位于一个必须搭船才能抵达的营地。营地周边的国家公园，是坦桑尼亚国内面积最小的一个，只有一百三十五平方千米。珍古德初来乍到时，四周的山上都是一片片丛林，开阔的林地与草原有狮子和非洲水牛定居。如今，这个国家公园的周围三面是树薯田、油棕榈种植林和山地部落，湖岸上上下下也有好几个村落，居民超过五千人。至于著名的黑猩猩，数目一直岌岌可危地维持在九十只左右。

在冈贝地区，受到最密集研究的动物是黑猩猩，但这片雨林里也有很多犬狒狒和许多不同品种的猴子，如绿长尾猴、红疣猴、红尾猴、蓝猴等。2005年间，纽约大学人类起源研究中心一位名叫凯特·戴特威勒的博士生，在这里花了几个月的时间，研究一个跟红尾猴及蓝猴有关的怪异现象。

红尾猴有一张黑色小脸，鼻子上有白色斑点，两颊也是白色的，还有一条鲜明的栗色尾巴。蓝猴则是一身蓝毛，但是三角的脸上几乎完全赤裸，只有两道明显突出的眉毛。二者的颜色、体形和声音都不同，在野生环境中，没有人会弄混蓝猴与红尾猴。然而在冈贝地区，这个错误却发生了，因为它们开始异种交配。到目前为止，戴特威勒已经确认，尽管这两种猴子有几组染色体不同，但不论是公的蓝猴与母的红尾猴或反过来所进行的异种交配，其后代有一些还是拥有生育能力的。她从森林地表刮取它们的粪便样本，从中采集肠道剥落的内膜碎片，研究证实这种混合的DNA已经形成一种新的混血物种。

她觉得事情还不仅于此。基因研究指出，在三百万到五百万年前，这两种猴子拥有共同的祖先，后来被分为两群各据一方，为了适应不同的环境，它们各自朝不同的方向演化。加拉帕戈斯群岛中分居不同岛屿的雀科鸟类也有类似的经历，达尔文也因此归纳出演化的过程。在这个案例中，不同岛上的雀科鸟类依各地食材差异，演化出十三种不同的物种，拥有功能不同的鸟喙，有的可以嗑碎种子，有的适合吃昆虫，有的专门啄食仙人掌的果肉，有的甚至可以吸食海鸟的血。

在冈贝，显然是发生了相反的情况。因为不知道从什么时候起，原本分隔这两个品种的屏障处长出了一片新的森林，它们发现彼此可以共享同一块生态区位。后来，随着冈贝国家公园周边的林地逐渐变成树薯田，它们又一起被孤立在同一块栖息地里。"当它们自身物种内可以交配的对象日渐减少，"戴特威勒揣测道，"这些动物被逼上梁山，为了求生存只好采取孤注一掷的手段，或者说是自创生路。"

她的假设是，两个不同物种间的异种交配可能也是一种演化，就像同一物种内的自然选择一样。"也许刚开始的时候，杂交的后代都不像父母亲那么健康，但不知道什么原因，或许是栖息地受到限制，或族群数目减少，这种实验一直反复发生，最后终于诞生了跟父母一样有生育能力的杂交后代。或许它们比父母辈更具优势，因为栖息地的环境已经发生了变化。"

如此一来，这些猴子的后代就成了人为产物。它们的父母受到农耕智人的压迫，因为人类的农田零星分割了非洲东部，迫使猴子不得不与伯劳、鹟鸟等物种异种交配、杂交、灭绝，或是做出一些有创造力的事情，如演化。

这里可能还发生过类似的事情。裂谷刚刚开始形成的时候，非洲的热带雨林贯穿整个大陆，从印度洋海岸一直延伸到大西洋沿岸。当时非洲巨猿已经出现，其中也包括在很多方面都类似黑猩猩的物种，不过从来没有人发现它们的残骸，因为在热带森林里，在任何东西都还来不及变成化石之前，大雨就已经滤掉了地表的矿物质，所以骨骼很快就开始腐烂。黑猩猩的骨骼很少见，也正是因为如此。不过科学家知道巨猿确实存在，因为基因研究显示，我们跟黑猩猩都是同一个祖先的直属后裔。美国体质人类学家理查德·兰厄姆将这种从未被人发现的巨猿，取名为"前猩猩"（Pan Prior）。

所谓的"前"，当然是指在今日的黑猩猩种之前，也是指大约七百万年前侵袭非洲的那场大干旱之前。那时湿地减退，土壤干枯，湖泊凭空消失，森林萎缩成遭稀树大草原隔开的迷你避难所。从两极开始推进的冰河期活动造就了这场变故。世界上大部分的湿气都禁锢在覆盖格陵兰、斯堪的纳维亚半岛、俄罗斯与北美大部分地区的冰河里，使得非洲成了一片焦土。尽管乞力马扎罗山和肯尼亚山等火山顶都形成了冰帽，但冰层并没有真正抵达非洲。尽管如此，遥远的白色巨魔一路行来势如破竹，沿途的针叶林都应声倒地，造成了非洲的气候剧变。这片比现今亚马孙雨林的面积还要大两倍有余的非洲森林，因气候剧变被切割得支离破碎。

远方的冰层将非洲的哺乳类动物和鸟类都困在一座座孤立的森林里，于是它们在未来的数百万年间各自演化。不过我们知道，其中至少有一个物种尝试了一次大胆的冒险——到草原上走一遭。

如果人类消失，有某个物种取代了我们，这个物种的起源也会跟人类一样吗？在乌干达西南方有个地方，是人类历史重演的一个缩影。吉亚姆布拉峡谷是一条十六公里长的峡谷，切穿了非洲大裂谷底部堆积的火山灰。沿着吉亚姆布拉河的峡谷内，长满了热带铁木与叶下珠，宛如一条绿色缎带，与周围一片黄土形成强烈的对比。对黑猩猩来说，这块绿洲是荫庇它们的天堂，也是生命中严峻的考验，因为峡谷内的草木虽然苍翠繁茂，毕竟只有四百五十七米宽，可食用的水果有限，不足以满足它们的食物需求，于是有些勇敢的黑猩猩就不时地冒险爬上树顶，跳到谷口边缘，来到危机四伏的地面。

没有树枝充当楼梯让它们可以攀高瞭望，因此它们必须用两脚站立，抬起头来，让视线穿越一片无涯的燕麦与香茅草。它们就这样短暂地当起两足直立动物，搜寻草原上稀稀落落的无花果树丛里有没有狮子或鬣狗的踪迹。经过仔细考虑之后，挑选一棵它们可以跑得到又不至于让自己沦为盘中餐的树木，然后拔腿就跑，就像人类那样。

遥远的冰河将一些勇敢又饥饿的"前猩猩"，逼出了已经不足以维系其生存的森林。其中有些还真的发挥了充分的想象力，存活了下来。此后又经过三百万年，这个世界终于回暖了。冰层退却，树木收回了失地，有些甚至还覆盖了冰岛。一座座森林又在非洲大陆重逢，这次仍然从大西洋一路延展到印度洋，可是在此之前，"前猩猩"已经不停地向前进化，变成一种新的物种。它们在类人猿中率先离开了森林，选择在森林边缘的青草林地生活。它们靠双足行走，一百多万年之后，腿变长了，原本的大脚趾变短了。它们丧失了在树上栖息的能力，地面上生存的技能却精进不少，并学会了做更多的事情。

这时候，我们已经是原始人类了。这一路走来，南方古猿慢慢变成了人类。我们学会在草原上定居，也学会追随能够开辟新草原的大火，更进一步学会自己开辟草原。在大约三百多万年的时间里，人类的数量都很稀少，因此当遥远的冰河期不能为人类生存创造条件时，我们只能勉强拼凑出一些小片的草地与森林。然而，早在"前猩猩"最近一个姓"智"名"人"的后裔出现之前，我们应该就已经有了足够的数量，以再次尝试探险拓荒。

那些离开非洲的原始人类是大无畏的冒险家吗？他们能够想象在大草原的地平线之外，有更丰厚的奖赏在等着他们吗？

还是他们是失败者？暂时输给了血亲中更强大的部落，乃至于丧失了留在自己摇篮里的权利？

或者他们就像任何野兽一样，看到丰富的资源，例如一路延伸到亚洲的大片草原，就不顾一切走出去，一边繁殖，一边前行？正如达尔文所了解到的，不管是何者都无所谓，当同一物种的孤立族群以各自的方式演化时，成功的终究是那些学会在新环境中苗壮成长的物种。无论他们是冒险家或流亡的难民，那些存活下来的物种填满了小亚细亚，然后又移往印度。在欧洲，他们学会了灵长类从来就不知道而像松鼠这种温带动物早就擅长的技巧——计划。这需要运用记忆力和远见，在丰饶的季节里预先储藏粮食以便度过寒冷的季节。史前陆桥让他们穿越印度尼西亚的大部分地区，但是要到达新几内亚，或是在五万年前抵达澳大利亚，就必须要渡海了。接着，约在一万一千年前，中东地区观察力敏锐的智人发现了只有少数昆虫物种才知道的秘密：如何通过培育植物来控制食物供给，而非摧毁它们。

我们知道原始人类种植的小麦与大麦来自中东地区，并沿着尼罗河迅速向南传播。如同精明的雅各布带着丰盛的礼物回家，利诱拉拢了他那强大的兄长以扫，可以想见，某个原始人带着种子与农业知识从中东回到了非洲故土。这个礼物来得正是时候，因为另一个冰河期，也是最后一次，又再次从这个冰层不曾造访过的土地里偷走了水分，粮食供给再度吃紧。大量的水被冻在冰河内，使得海洋水位比现在低了约九十米。

同时，继续往亚洲拓展的人类抵达最远的西伯利亚。当时的白令海峡大半是空的，有条一千六百公里长的史前陆桥横跨连接到阿拉斯加。过去这一万年来，这条陆桥都深埋在约两公里深的冰层底下，如今冰层已经退到可以看到没有结冰的陆廊，有些地方甚至有约五十公里宽。于是他们绕过融冰形成的水塘，穿过这条陆桥。

孕育我们生命的这片森林，只剩下一些散落在非洲大陆、如群岛般的小森林，而吉亚姆布拉谷与冈贝河则是这些群岛中的零星环礁。这一次，导致非洲生态体系四分五裂的元凶不是冰河，而是我们自己。因为人类在最近一次的演化跃进中，成了自然界的一股演化力量，跟火山、冰层一样具有强大的力量。尽管这些森林岛屿被农业与定居点所包围孤立，但是"前猩猩"其他后裔的最后一批子孙仍然坚守着这些岛屿，勉强存活。我们就是在这个时候离开了故土，变成林地猿、草原猿，最后又变成了都市猿。在刚果河以北，我们的手足是大猩猩与黑猩猩，以南则是倭黑猩猩。我们的基因跟这两种猿猴最接近。当初路易·利基建议珍古德去冈贝地区做研究，就是因为他跟太太发现的骨骼与头骨显示，我们的祖先不但外表看起来像，连行动都很像黑猩猩。

姑且不论是什么因素促使我们的祖先离开森林，这项决定引燃了前所未有的演化大爆炸：世界上最成功，也最具有毁灭性的一次演化。如果当初人类留在森林里，或设想，当人类走进大草原的时候，如今狮子与鬣狗的祖先就对人类痛下杀手，那会发生什么事呢？会有其他生物演化出来取代人类的位置吗？若有，会是什么呢？

凝视着野生黑猩猩的眼睛，就好像瞥见了我们若是留在森林里可能看到的世界。它们的思维或许模糊不清，但它们拥有的智慧却毋庸置疑。适得其所的黑猩猩会端坐在姆布拉果树的枝头，冷眼看着你，丝毫没有那种看到高级灵长类动物的自卑感。好莱坞电影误导了黑猩猩的形象，因为他们训练的黑猩猩都是青少年，本来就跟小孩一样可爱。可是它们会继续成长，有时候会长到五十四千克重。同样体重的人类，体内约有十四千克的脂肪，不过野生黑猩猩永远会处于跟体操选手一样的状态，体内脂肪可能只有一二千克，其余全都是肌肉。

一头卷发、在冈贝河负责田野研究的年轻学者迈克尔·威尔逊博士，就见识过它们的力量。他曾亲眼看见它们徒手撕裂一只红疣猴，然后大口吃掉的过程。它们都是优秀的猎人，只要一出手，猎杀成功率大约有八成。"对狮子来说，成功率可能只有一成，甚至半成。可见它们是很聪明的生物。"

迈克尔也看过它们潜入邻近黑猩猩部落的领域，偷袭警觉性太低的落单雄性，将它们活活咬死。长期观察之下，他发现它们会花好几个月的时间，耐心地将邻近部落里的雄性各个击倒，直到完全占据对方的领地与雌猩猩为止。此外，他也见过黑猩猩激战，以及同一部落内为了争夺头把交椅而浴血苦战。这些行为都会拿来跟人类的侵略性格与权力斗争相提并论，这也不可避免地成了他的研究方向。

"我不想再去思考这种事了，愈想愈教人沮丧。"

令人百思不得其解的是，同样跟人类血缘很接近，但体形比黑猩猩瘦小的倭黑猩猩，为什么好像完全没有侵略性？尽管它们也会保护自己的领域，却未曾发现过部落间的杀戮行为。它们天性平和，偏好跟多个伴侣发生嬉戏的性行为，拥有明显的母系社会组织，所有成员都必须参与抚育幼猿的工作，这些行为被人类奉为神话，尤其是那些坚决希望温和力量可以继承地球的人。

然而，在一个没有人类的世界中，如果它们必须跟黑猩猩竞争的话，倭黑猩猩在数量上根本就不是对手。目前硕果仅存的倭黑猩猩可能还不到一万只，而黑猩猩却有十五万只。在一个世纪之前，二者加起来的数量大约是现在的二十倍，因此每多过一年，这两个物种接替人类地位的可能性就更低一些。

迈克尔走在雨林里，听到鼓声，他知道那是黑猩猩在敲打植物的板状根，彼此通信。他追踪这个声音，走遍了冈贝区的十三座溪谷，跃过横跨在狒狒足迹上的牵牛花藤与各种攀藤植物，持续追寻黑猩猩的叫声，两个小时后，才终于在大裂谷顶端追到它们。总共有五只黑猩猩在林地边缘的树上啃食它们最爱的杧果，这种水果是跟小麦一起从阿拉伯传进来的。

下方约两公里处，坦噶尼喀湖在午后阳光里熠熠生辉。这个巨大的湖泊蕴藏着世界上百分之二十的淡水，湖内的原生鱼类品种丰富，在水产生物学家的眼中有湖泊中的加拉帕戈斯群岛之称。在湖的西边，是刚果境内一片烟雾弥漫的山地，这里的黑猩猩仍然被人视为丛林肉（bush beat）。而在另外一边，过了冈贝区的边界，则居住着受够了黑猩猩偷吃油棕果的农民，正拿着步枪等着射杀它们。

除了人类与它们本身之外，黑猩猩在这里并没有真正的天敌。这五只黑猩猩爬上了草原中央的一棵树，证明它们同样继承了适应环境的基因，而且远比只吃森林食物的大猩猩更能适应各种不同的食物、在不同的环境中生存。不过，如果人类消失了，它们可能也不需要适应不同的环境，因为诚如迈克尔所说的，森林会回来，而且很快就会回来。

"干燥性疏林植被会覆盖整个地区，取代树薯田。也许狒狒会近水楼台先得月，它们的粪便里便携带着这些树木的种子，使其向外扩散，落地生根。不久，只要有适合居住的地方，就会有树木生长。然后，黑猩猩就会接踵而至。"

随着大量猎物归来，狮子也跟着返乡，然后是大型动物。非洲水牛和大象会从坦桑尼亚和乌干达的保留区回来。"终于，"迈克尔说着叹了一口气，"我可以看见黑猩猩的栖息地持续延伸，往下一直到马拉维，往上则直达布隆迪，然后迈进刚果。"

所有的森林都将回来，森林里有黑猩猩最爱的水果，还有大量的红疣猴可供猎食。狭小的冈贝，不但保存了非洲的过往，也让人一窥后人类时期的未来。在这里还没有任何明显的诱因，可以让另一种灵长类动物离开这里的丰饶生活，追随我们徒劳的脚步。当然，等到冰河期重返，又将是另外一番光景了。

五 消失的动物园
The Lost Menagerie

　　假设你做了一个梦，梦中，你走到户外，发现自己熟悉的土地上挤满了各种神奇的生物。根据所在地，你看到的景象会有所不同：可能会有鹿角跟树枝一样粗大的鹿，或是跟真实的装甲坦克一样大的生物。还有一群看似骆驼的动物，却长着长长的鼻子。毛茸茸的犀牛，全身长满毛发的大象，甚至还有更大的树懒。什么？树懒？各种体型与条纹的野马，长着约十八厘米长牙的豹子，高大得令人震惊的印度豹。狼、熊、狮子，一只比一只大，这肯定是场噩梦。

　　这是一场梦，还是与生俱来的记忆？这正是智人走出非洲，一路走到美洲时所看到的世界。如果我们从未出现，这些已经消失的哺乳类动物还会存在吗？如果我们走了，它们会不会再回来？

　　美国历史上诋毁现任总统的各种污名中，以托马斯·杰弗逊的对手在1808年替他取的绰号"长毛象先生"，最为特殊。杰弗逊想制裁英、法两国霸占船运航道的做法，便下令禁止对外贸易，结果反而重伤自己，导致美国经济崩溃，因此他的对手取笑他说，在白宫东厅可以找到杰弗逊总统正在把玩的化石。

　　此话倒也不假。杰弗逊是一位热情的博物学家，肯塔基州的盐碱地有大型骨骸的报道，让他兴奋着迷了好多年。报道中形容这些骨骸神似在西伯利亚发现的一种巨象，欧洲的科学家一直认为这种巨象已经灭绝了。来自非洲的黑奴辨认出，在卡罗来纳州出土的一些大臼齿是属于某种大象所有，而杰弗逊相信，二者应属同一物种。1796年，从弗吉尼亚州格林布莱尔郡运来了一船应该是长毛象的骨骸，但一只巨爪改变了他的看法，他认为这可能是某种巨狮之类的动物。在请教解剖学家之后，他终于认出这是一种北美大地懒。因为他是第一位仔细描述这种动物的人，所以这个动物的学名就以他的名字将其命名为"杰氏巨爪地懒"。

让他感到更兴奋的是，住在肯塔基州盐碱地附近的印第安原住民声称，这种长牙巨兽仍然生活在北方，据称住在更西边的其他部落也可以证明这一点。杰弗逊当选总统之后，派遣梅里韦瑟·路易斯去跟威廉·克拉克会合，以完成历史性的任务，同时顺道去调查一下肯塔基州的情况。杰弗逊命令路易斯与克拉克，在穿越路易斯安那州购地案所买下来的土地，寻找一条从西北方向通往太平洋的水路的同时，还要搜索活的长毛象、乳齿象或其他类似的大型罕见动物。

他们这趟远征探险非常成功，唯独最后这个使命一败涂地，因为一路上看到最大型的哺乳类动物就是大角羊。后来，杰弗逊只好派克拉克回到肯塔基州，去采集他日后展示在白宫内的长毛象骨骸，现在这些化石成了美、法的博物馆馆藏。杰弗逊经常以赞助古生物学研究而备受称道，但这并非他的真正意图。他信奉一位法国知名科学家所坚持的信念，即新世界的一切都比不上旧世界，连野生动物也不例外。

此外，他对化石骨骸也有根本性的错误认知，他坚信所有的化石都属于某种还存活的物种，因为他不相信物种会灭绝。尽管杰弗逊被视为美国启蒙时代的典型知识分子，但他的信念和当时许多自然神论者、基督徒的思想相同：在造物主的完美创造中，没有任何创造出来的东西应该消失。

然而，他却以博物学者的身份鼓吹这个信条："大自然的法则就是，它不允许任何物种灭绝。这是不可能发生的。"他的许多文章也流露出这样的期许，他希望这些动物活着，希望能了解它们。对知识的渴求最后促使他成立了弗吉尼亚大学，但在接下来的两百年间，这里与其他地方的古生物学家却不断证明很多物种是真的彻底灭亡了。达尔文也说，这种灭亡其实是自然的一部分。某种生物改变形态成为变种，借以适应改变了的环境，其他的变种则输给了更强壮的竞争对手，丧失了它们的生态区位。

可是有个小细节始终困扰着杰弗逊及后来的人，不断出土的大型哺乳类动物残骸似乎没那么古老。这些骨骸并不是深埋在坚硬的岩层里，也不是严重矿物化的化石。在肯塔基州大骨舔州立公园发现的长牙、牙齿、下颌骨等残骸散落在地面，或是暴露在淤泥之外，或是躺在洞穴的地面上。拥有这些骨骼的大型哺乳类动物不可能是很久之前就已死亡的，到底发生了什么？

原名卡耐基沙漠植物实验室的沙漠实验室，于一个世纪前在图马莫克山成立。这个位于亚利桑那州南边的小山丘可以俯瞰北美地区最繁茂的一片仙人掌林，再过去一点就是图森市。保罗·马丁是这个实验室的古生物学家，他身材高大，肩膀宽阔，和蔼可亲。实验室成立以来，他在这里几乎工作了半个世纪。在这段时间内，图马莫克山长满巨大仙人掌的斜坡下的沙漠，在住宅与商业区的蚕食鲸吞之下已经完全消失。然而，一栋精致的石砌结构仍然占据了开发商所认为的黄金地段，他们还不断地跟目前的地主亚利桑那大学角力。不过，当马丁倚着拐杖，凝视着实验室加了纱窗的大门时，他认为，人类对大自然的影响不是始于20世纪，还有过去这一万三千年，也就是人类抵达此地的时间。

1956年，在进沙漠实验室的前一年，马丁到蒙特利尔大学做博士后研究，在魁北克的一间农庄里过冬。他在大学攻读动物学时，到墨西哥采集鸟类样本，不慎感染小儿麻痹症，他的研究不得不从田野调查改为实验室研究。蛰伏在加拿大期间，他整天与显微镜为伍，研究从新英格兰的湖泊里采集到的沉积物样本，有些可以追溯到上一次冰河期快要结束的时候。这些样本显示，随着气候转暖，植被从苔原变成针叶林，再变成温带落叶林。有人认为，正是这个过程导致了乳齿象的灭亡。

在一个下雪的周末，困坐研究室的马丁已经厌烦数小花粉粒了，他随手拿起一本生物分类学教科书，开始计算这六万五千年来，在北美地区消失的哺乳类动物。当他算到更新世（从一百八十万年前到一万前年）的最后三千年时，发现了一件奇怪的事。

跟湖底沉积物标本显示的时间相同，也就是大约从一万三千年前开始，突然出现一波灭亡潮。在下一个纪元（即到今天仍在继续的全新世）开始之前，有将近四十个物种灭亡，而且全部都是大型陆生哺乳类动物。小鼠、家鼠、田鼠和其他小型皮毛生物毫发无伤，海洋哺乳类动物亦然。可是陆地巨兽却遭到致命痛击。

在这些消失的生物中，动物界的巨人几乎全军覆没：巨型犰狳和体形更大的雕齿兽，像是加了装甲的大众汽车，尾巴末梢则是有尖突的狼牙棒。巨型的短脸熊，体形将近灰熊的两倍，但四肢特别长，速度也比较快。有一派理论认为，阿拉斯加的巨型短脸熊正是西伯利亚人类未能早一点儿横跨白令海峡的原因。还有跟现今黑熊一样大的巨水獭。至于巨型西猫可能是美洲拟狮的猎物，这种狮子比现在的非洲狮体形更大，速度更快。同样灭亡的还有恐狼，这是体形最大的犬科动物，有大型獠牙。

最为人所知的大型灭绝动物莫过于北方一身毛茸茸的长毛象了。它还只是长鼻目动物种的一种，其他的还包括：体形最大，重达十吨的皇家长毛象；住在较温暖地区、身上没有毛的哥伦比亚长毛象；体形跟人差不多大、在加州海峡群岛上的侏儒长毛象，只有地中海岛屿上、跟牧羊犬一样大的象比它更小。长毛象是草食性动物，经过演化后多在大草原、草地或苔原上生活，不像它们的古老亲戚乳齿象都在森林里觅食。乳齿象在地球上存活了三千多万年，从墨西哥到阿拉斯加乃至于佛罗里达都可以看到它们的踪迹，突然间全都消失了。三种同属的美洲马，也消失了。各个品种的北美骆驼、北美貘，无数的有角生物，从叉角羚到有点像是麋鹿与驼鹿杂交种，但体形大得多的大角麋鹿，全跟着剑齿虎与美洲猎豹一起消失了（因为有美洲猎豹，所以羚羊品种里硕果仅存的叉角羚才会跑得这么快）。它们全都不见了，差不多是同时期消失的。马丁心想，到底发生了什么事？

次年，他来到图马莫克山，高大的身躯再度伏在显微镜前，不过这次他观察的不是湖底淤泥里没有腐坏的花粉粒，而是大峡谷内完全干燥后保存下来的碎片。抵达图森市不久，他的老板就把一个跟垒球大小、形状都差不多的灰色土堆交给他。这堆土至少有一万年之久，却是一个如假包换的粪堆。它已经完全木乃伊化，却没有变成矿物，仍然可以看到青草纤维与开花中的圆形锦葵。马丁发现里面有很多杜松的花粉，证实这堆土的年事确实已高，大峡谷底部的温度不够冷，不足以保存杜松长达八千年之久。

排泄出这堆粪球的动物是沙斯塔地懒（ground sloth，已灭绝，属树懒科）。而现在世界上仅存的两种树懒（sloths）生活在南美洲热带地区，体形较小，可以静静地在雨林树顶生活，远离地面，也远离伤害来源。不过这只地懒的体形却跟一头牛差不多大，而且用指节触地行走，借以保护它用来觅食与自卫的爪子。这一点跟它另外一个硕果仅存的亲戚——南美洲的大食蚁兽，很像。尽管它可重达半吨，可是在当时占据着从加拿大的育空到美国的佛罗里达的五种北美洲树懒中，却是最小的一种。比方说，佛罗里达的另一种地懒，体形近似现代的大象，重量高达三吨。不过与阿根廷和乌拉圭的地懒相比，又是相形见绌，因为后者的体形是前者的两倍，重量可达六吨，站起来比最大的长毛象还要大。

一直到十年后，马丁才亲眼看到科罗拉多河上的红色大峡谷砂岩壁，他的第一个地懒粪球就是在这里找到的。这个时候，灭亡的美洲地懒对他来说，已经不只是一种神秘失踪的大型哺乳动物，因为其数据就像地质沉积般一层层累积。马丁在脑海中形成了一种理论，他相信，地懒的命运足以证实这个理论。在兰帕德洞穴（rampart cave）中有一个粪便堆起来的土丘，他跟同僚认为，这是不知多少世代的雌地懒躲在这里生产所留下来的遗迹。这个粪堆有一米半高、三米宽，而且长达三十多米，马丁觉得自己好像走进了一个圣地。

十年后，有人纵火破坏了这个洞穴，这个巨大的粪堆足足烧了好几个月。马丁忍不住感到难过。不过，在此之前，他自己就在考古学界燃起了一堆熊熊烈焰，因为他提出了一个理论，解释为什么数以百万计的大地懒、野猪、骆驼、长鼻目动物以及二十多种马匹等，整个新世界近六十种大型哺乳类动物，会在一千年内彻底消失（就地质学来说，这只是一眨眼的瞬间）："这很简单。当人类离开了非洲和亚洲，来到世界上的其他地方，也就开启了这扇地狱之门。"

马丁被称为"闪电战"（Blitzkrieg）的理论引起正反两方的论战。这个理论认为，从四万八千年前的澳大利亚开始，每当人类初抵一块新的大陆，当地的动物并没有理由怀疑，这种身材矮小的两足直立动物具有特别的威胁性，等到它们发现并非如此时，已经太迟了。其实，早在人科动物还只是直立人的时候，就已经在石器时代的工场里大量制造斧头、宽刃石器，如同百万年后玛丽·利基在肯尼亚的奥洛戈赛利叶遗址所发现的那座工场一样。一万三千年前，有一群人抵达美洲大陆的门槛，这时他们变成智人至少有五万年了。较大的脑容量让他们不但精通在尖石上凿刻凹槽并装在木棍顶端的技术，也学会制作投矛器。投矛器是一种手持的木棍，他们可以从比较安全的远处投掷长矛，让长矛的速度更快也更精准地猎杀危险的大型动物。

马丁相信，在北美地区广泛发现的叶状的燧石抛掷尖器，就是第一批到达美洲的人所精制的工具。这些工具首次出土是在新墨西哥州克洛维斯的考古遗址，于是这群人和他们制作的矛头就以这个地名命名。在克洛维斯遗址发现的有机物质，经过碳十四测年法鉴定之后，可以精确地估算出年份。现在考古学家一致认同，在一万三千三百二十五年前，克洛维斯人就已经身在美洲大陆了。然而，他们出现在美洲大陆究竟意味着什么，仍是一个具有争议性的议题。第一个争议的焦点就是马丁的假设，人类造成了生物大灭绝，导致更新世末期美洲地区的大型动物有四分之三惨遭毒手，也摧毁了一个比今日非洲还要更丰富的动物园。

马丁"闪电战理论"的关键是，在克洛维斯遗址中的长毛象或乳齿象骨骸里，至少可以找到十四个克洛维斯矛头，有些还卡在肋骨里。"如果智人从未进化，"他说，"北美地区体重超过四百五十千克的动物种类，可能比现在的非洲还要多三倍。"他列举了目前非洲的五种大型动物，"河马、大象、长颈鹿、两种犀牛。我们北美有十五种，如果再加上南美洲的，可能会更多。那里也有很多令人惊异的哺乳类动物，像是跟骆驼一样大的滑距兽，它们的鼻孔不在鼻子的尖端，而是在鼻子的上方；以及一吨重的箭齿兽，像是犀牛与河马杂交的后代，不过就解剖学来说，它跟二者都没有关系"。

化石记录显示这些动物都曾经存在，但是大家对它们后来究竟遭遇了什么各执一词。反对马丁的人质疑，第一批进入新世界的人类就是克洛维斯人这点，恐怕还有疑义。北美原住民对于任何指称他们可能也是移民的理论十分警觉，认为这将危及他们的本土地位。他们抨击马丁的理论，因为这个理论指称他们是从白令海峡的陆桥进入北美的，等于是在挑战他们的信仰。还有一些考古学家甚至怀疑，未受冰封的白令大陆桥根本就不存在，他们认为第一批美洲人应该是搭船沿着冰层一路南下到太平洋沿岸。如果在约四万年前就有人借助船从亚洲到达了澳大利亚，为什么亚洲和美洲之间不能有船只航行呢？

其他反对的人则指出一些理论上比克洛维斯人要早的考古遗址，其中最著名的就是智利南部的蒙特韦尔迪遗址。挖掘出这个遗址的考古学家相信，人类曾经两度进驻此地，一次比克洛维斯人早了一千年，另一次则是在三万年前。白令海峡在那时并不是干燥的土地，换句话说，这些人一定是从某个方向远航而来的。甚至有人猜测可能是从大西洋来的，因为有些考古学家认为，克洛维斯人打磨燧石的技巧，类似于比克洛维斯人早一万年的法国与西班牙旧石器时代的人。

不久，蒙特韦尔迪经碳十四测年法推估出来的年份，其可信度遭到质疑，以此证明早期人类在美洲出现的结论当然也站不住脚。后来，在其他考古学家有机会检验蒙特韦尔迪遗址之前，保存杆子、木桩、矛头与草绳结的泥炭沼田就被推平了，使得整件事情更加混沌不明。

马丁反驳说，就算有人类不知道使用什么方法比克洛维斯人更早抵达智利，他们也只造成极短暂、局部的冲击。就生态上而言，这跟维京人在哥伦布之前曾经殖民过纽芬兰一样微不足道。"跟他们同时期的人在欧洲各地留下了丰富的工具、各种人造物品和洞穴壁画，而他们留下了什么呢？在克洛维斯人之前的美洲人，并没有像维京人那样遇到有竞争力的人类文明，应该只有动物，为什么他们没有扩张出去呢？"

多年来，关于新世界大型动物的命运，马丁的"闪电战理论"是最广为接受的一种理论。但还有第二个、更基本的争议，即少数几个狩猎采集游牧族群要如何歼灭数千万只大型动物呢？整个大陆上只发现了十四个屠杀巨兽的遗址，并不足以支持巨型动物遭大屠杀的结论。

近半个世纪之后，马丁所点燃的论战依然是科学界最大的争议焦点之一。许多考古学家、地质学家、古生物学家、树木年轮和放射性测年学家、古生态学家与生物学家，其一生的事业就根植于支持或反对马丁的结论，双方交战炮火猛烈，言辞间也未必都以礼相待。可是，这些人几乎全都是马丁的朋友，还有好些是他以前的学生。

对于马丁的过度屠杀理论，有人提出了不同的看法，其中大多牵涉气候变化或疾病，因此也无可避免地被称为"过度酷寒"理论，或是"过度疾病"理论。拥有最多支持者的过度酷寒理论，说起来其实被误称了，因为气候过热与过寒都有人提出过。其中一种说法是，在更新世快要结束时，就是冰河开始融解之前，气温突然发生剧变，整个地球短暂重返冰河时期，这让数百万脆弱的动物一时措手不及。另一种说法刚好相反，全新世温度的上升，使得皮毛动物注定要死亡，因为在此之前的几千年间，它们已经适应了酷寒的环境。

过度疾病理论指出，人类或其他跟随而来的生物，向美洲输入了美洲生物从未遭遇过的病原体。如果现在的冰河持续融解，或许会有长毛象的残骸出土，加以分析之后可以验证这个理论。其前提是一个严酷的模式：不管谁是第一批美洲人，他们的后裔大部分都在接触欧洲人之后的百年间惨死，其中只有极少数死在西班牙人的剑下，其他的受害者全都死在旧世界所带来的细菌手下，因为他们体内没有天花、麻疹、伤寒、百日咳的抗体。西班牙人初履斯土时，光墨西哥一地估计就有两千五百万的中美洲人，但是百年后，只有百万人幸存。

就算疾病是突变后由人类传染给长毛象或其他更新世的巨兽，或是由人类饲养的狗或牲畜直接传染过去的，这笔账仍然要算在智人的头上。针对过寒理论，马丁的回应是："套用一些古气候学专家的话说，'气候变化根本是废话'。倒不是说气候不会变化，而是气候变化得太频繁了。"

古老的欧洲考古遗址显示，智人与尼安德特人都曾随着冰层的进退向南北迁移。马丁说，巨兽可能也会这样做。"大型动物的体形本身就能缓和气候的冲击，因为它们可以迁移的距离较长。也许无法跟鸟类相提并论，但是跟老鼠比起来，就相当可观了。如果老鼠、林鼠和其他小型恒温动物都可以在更新世的大灭绝中幸免于难，"他补充说，"我们很难相信大型动物会无法忍受气候剧变。"

比动物更缺乏行动能力，通常对气候也更敏感的植物，似乎也都撑过来了。马丁及其同僚在兰帕德洞穴和其他大峡谷洞穴里找到的树懒粪堆样本中，发现了古代林鼠的贝冢与几千年的植物残骸夹杂在其中，除了某种云杉之外，住在这些洞穴里的林鼠与树懒所采集到的植物里，似乎没有任何一种因为气候极度变化而灭绝。

不过，马丁理论的关键点仍然是树懒。在克洛维斯人出现后的一千年内，每一种行动迟缓、步履沉重、易于成为狩猎目标的树懒，在南、北美洲都绝迹了。但是，碳十四测年法证实，在古巴、海地和波多黎各等地洞穴里发现的骨骸，是属于五千年后仍然存活的树懒，它们消失的时间，正好是八千年前人类抵达安的列斯群岛的时候。甚至在小安的列斯群岛中，某些人类较晚才抵达的岛屿，如格林纳达，岛上的树懒残骸就是较为早期的物种。

"如果气候变化的力量足以让从北边的阿拉斯加到南方的巴塔哥尼亚的树懒全数遭到歼灭，那么西印度群岛上的树懒一定也不会幸免，可是事实并非如此。"这个证据也显示，第一批美洲人是徒步抵达这块大陆的，并非搭船，否则不必花上五千年才到达加勒比海。

另一个更遥远的岛上，有线索显示如果人类从未进化的话，更新世的巨兽应该可以存活至今。弗兰格尔岛是北冰洋上一个长满苔原生物的岩石小岛，在冰河时期与西伯利亚相连。因为地处偏远的北方，进入阿拉斯加的人类根本没有注意到这个岛屿。随着全新世回暖，海水上升，弗兰格尔岛再度脱离大陆，岛上历经冰河考验依然存活下来的长毛象被困在这个小岛上，只好学习适应岛上有限的资源。在苏美尔与秘鲁的人类走出洞穴建立伟大文明的这段时间，长毛象依然存活在弗兰格尔岛上，这种矮小的品种比任何大陆上的长毛象至少都多活了七千年。四千年前，当法老统治埃及时，它们仍然存在。

另外一个距今比较近，也令人震惊的物种灭绝，发生在一种更新世的巨型动物身上。这种全世界最大型的鸟类也住在人类忽略的岛屿上，它就是新西兰的恐鸟。恐鸟重达两百七十多千克，是鸵鸟的两倍，直立时的身高将近一米。人类首次登陆新西兰，是在哥伦布驶向美洲前的两个世纪，不过当哥伦布发现新大陆时，十一种恐鸟都已经绝迹了。

在马丁眼中，这再明显不过了。"大型动物最容易被追踪，杀死它们可以为人类提供最多的食物、最高的尊荣。"穿越图森丛林，十四个已知的克洛维斯人屠兽遗址都在图马莫克山实验室方圆一百六十千米内。其中最丰富的一个就是墨累泉遗址，克洛维斯人制作的矛头与死亡的长毛象散落其间，这是马丁的两个学生，凡斯·海因斯与彼得·梅辛杰，共同发掘出来的。根据海因斯的描述，受到侵蚀的岩层，就像是"记录五万年来地球历史的书页"。这些书页也包含了为在北美已经绝迹的物种，如长毛象、马、骆驼、狮子、巨型野牛、恐狼等，所写下的讣闻。附近的遗址则又发现了貘，还有两种存活至今的巨兽熊与野牛。

这引发了一个问题，如果人类屠杀一切动物的话，为何有些能存活？为什么北美地区还有灰熊、水牛、驼鹿、麝牛、麋鹿、驯鹿和美洲狮，却没有其他的大型哺乳类动物？

北极熊、驯鹿和麝牛的栖息地都刚好鲜有人迹，就算有人居住，那些人也会发现捕鱼和猎海豹远比追捕大型动物要容易得多。在苔原地带以南，开始有树木生长，也开始有熊与山狮出没，一些行动诡异、动作敏捷的生物早就学会了躲藏在森林里或巨砾堆中。至于其他生物，如智人，则在更新世的物种离开之际进入北美地区。今天的北美水牛在基因上更接近波兰的欧洲野牛，跟在墨累泉遭到屠杀、已经绝种的长角野牛，在血缘上反而比较疏远。长角野牛消失之后，北美水牛的数目开始暴增。现在的麋鹿也是在大角麋鹿灭绝之后，才从欧亚大陆迁徙过来的。

一些肉食性动物，如剑齿虎，可能是跟着猎物一起消失的。有些前更新世的物种，如貘、猪、美洲豹、骆马等，则往南逃到墨西哥、中美洲，甚至更远的地方，到森林里寻求庇护。这些离开和死亡的动物留下庞大的生态区位有待填补，最后水牛、驼鹿及其他同伴就赶来填补空缺。

海因斯在挖掘墨累泉遗址时，发现干旱迫使哺乳类动物寻找水源的遗迹。一堆杂沓的足印围绕着一个坑洞，显然是长毛象在试图挖井求水，可能就是在那里成为猎人囊中之物的。就在这些足印的正上方，有一层在寒潮中死亡的藻类，并变成黑色的化石，许多支持过寒理论的学者就据以大肆渲染。不过，从古生物学来看，这却是确凿的反证，因为长毛象的骨骸是埋在藻类底下，而不是跟藻类混在一起的。

还有另一条线索可以证明如果人类不曾存在，这些遭到屠杀的长毛象可能还有后裔流传至今，即在大型猎物消失之后，克洛维斯人及其著名的石矛头也跟着消失了。猎物消失，再加上气候转冷，他们可能是向南迁移了。不过几年之后，全新世的气候暖化，克洛维斯文化也后继有人，出现了尺寸较小的矛头，显然是为了体形较小的水牛量身打造的工具。于是这些"福尔松人"（旧石器时代的人，据说在最后一次冰河期的末期住在北美洲）与那些幸存的动物之间达成了某种平衡。

这些美洲人因为贪婪，大量屠杀更新世的草食性动物，好像食物会无穷无尽似的，结果到最后连他们自己都没东西吃了。而他们的后继者是否从祖先那里得到了教训呢？也许有，不过美洲大草原是因他们的后人印第安人放火焚烧森林而成，一方面借以集中像鹿这种在林间空地吃草的猎物，另一方面也替水牛这样的草食性动物开辟了更多的草地。

后来，欧洲疾病横扫整个大陆，印第安人近乎全数被灭，于是水牛的数目激增，也向外扩张。当拓荒的白人在西部看到水牛的时候，水牛的领地几乎已经扩展到佛罗里达。等到水牛几乎全部消失，只剩下少数被当成奇珍异兽留下来玩赏，拓荒的白人就利用印第安人祖先开垦出来的大草原，饲养了遍野的牲口。

马丁从山顶的实验室俯瞰沿着圣克鲁斯河河岸发展的沙漠城市，它从墨西哥向北流入美国境内。骆驼、貘、本地马、哥伦比亚长毛象都曾在这片绿色的冲积平原上觅食，使这些动物灭绝了的人类的后裔在此定居后，用泥土和岸边棉白杨与柳树的树枝盖起了小屋，所有的这一切，一旦被抛弃就会在土壤或河水中迅速腐烂。

由于猎物减少，人类学会了栽种那些采集回来的植物。他们把这个村落称为"查桑"，意即"流动的水"。他们用谷糠与河底淤泥制成砖块，这样的做法一直持续到二战之后才被混凝土所取代。不久之后，空调设备诞生，吸引了大量人口来到这里，吸干了整条河里的水。接着，他们开始凿井，在井水也干涸之后，他们愈挖愈深。

如今，圣克鲁斯河干涸的河床正对着图森市民中心的侧面，这个中心包括一间大会议厅，巨大的钢筋混凝土结构代表了坚固牢靠，至少可以媲美罗马竞技场，可以跟它维持得一样久。然而，遥远未来的观光客可能会找不到这栋建筑，因为今天这些干渴的人群，最后都会离开图森市，离开在墨西哥边界、过度膨胀的诺加利斯以及再往南四十八千米的索诺拉。而人类消失之后圣克鲁斯的河水会再回来，天候自然会做天候该做的事。图森与诺加利斯的旱河会重新开张，不时泛滥形成冲积平原。到时候，图森会议中心早已没有屋顶，淤泥冲进地下室，最后埋没了整栋建筑。

至于会有什么动物住在会议中心上面，那就无法确定了。野牛已经不在，而人类消失之后，驯养的牛群缺乏牛仔的照顾，也没有人帮忙驱赶草原狼或山狮，当然也活不了多久。在不远处的沙漠保育区里，索诺拉叉角羚也濒临绝种边缘，它是体形小、速度快的更新世遗物，也是最后一种美国羚羊的亚种。在草原狼将它们赶尽杀绝之前，会不会有足够的数目留下来复兴整个品种仍是疑问，不过还是有可能就是了。

马丁开着小货车从图马莫克山下山，向西穿过一条布满仙人掌的道路，来到山下的沙漠盆地。眼前的山脉是北美洲最后一些野生动物的圣地，其中包括美洲豹、大角羊以及当地人俗称"野山猪"的白颈猪。许多活标本就展示在前头不远处的观光重点"亚利桑那－索诺拉沙漠博物馆"，里面有个设计精致的自然景观动物园。

马丁的目的地离沙漠博物馆还有几公里的路程，是个一点儿也不精致的地方。"国际野生动物博物馆"的外观设计仿造非洲的法国外籍兵团要塞，里面收藏了专门狩猎大型动物的富翁猎人C. J. 麦克罗伊生前的收藏品，其中有不少还保持了世界纪录，包括世界最大的山羊——蒙古盘羊，以及在墨西哥锡那罗亚州捕获的、全世界最大的美洲豹。特别受人瞩目的展示品还有一只白犀牛，是老罗斯福总统在1909年去非洲狩猎旅行时猎到的六百多种动物中的一种。

这个博物馆的重点，就在于完全复制重建C. J. 麦克罗伊豪宅内占地两百三十多平方米的战利品展览室。里面展示了他一生迷恋猎杀大型哺乳动物的成果，全都经过剥制，做成标本。当地民众大多以嘲讽的口吻称之为"死亡动物博物馆"，而对马丁来说，这个场所再适合不过了。

这次是为了他于2005年出版的新作《长毛象的黄昏》(*Twilight of the Mammoths*)而举办的发布会。在听众的身后，竖立着互相攻击的灰熊与北极熊。讲台上方悬挂着成年非洲象头的战利品，非洲象巨大的耳朵撑开来仿佛两面三角帆。在左右两侧的墙壁上，展示在五大洲发现的各个不同品种、旋转上扬的动物角。马丁自己推着轮椅，检视着数百个动物的头部填充标本，有邦戈羚羊、林羚、薮羚、沼羚、大捻角羚、小捻角羚、大角斑羚、巨角塔尔羊、髯羊、岩羚羊、飞羚、瞪羚、犬羚、麝香牛、非洲水牛、黑马羚、褐马羚、剑羚、水羚和角马羚。数百对玻璃眼珠永远也无法恢复到昔日湿润的蓝色目光。

"我再也找不到更合适的场地来形容物种灭绝的悲剧了，"他说，"在我的有生之年，有数百万人在死亡营中遭到屠杀，从欧洲的纳粹大屠杀到达尔富尔的种族灭绝，在在都证明人类这个物种能残忍到什么地步。我这五十年的事业全都专注在研究大型动物的不寻常失踪上，但它们的头颅并没有出现在这两面墙上。它们之所以遭到灭绝，只因为人类有这样的能力而已。收藏这些猎物的人很可能是直接从更新世走出来的人类。"

在书的结尾，他呼吁人类以他描述的更新世大屠杀为戒，切莫造成另一场远比上一次更毁天灭地的屠杀。这其中的理由，不只是杀手本能发作，要残杀另一个物种到全部灭绝为止，还有贪婪本能让我们不知道何时该停手，直到我们不想伤害的物种也因为它们所需的物种消亡而遭逢致命打击。我们不需要直接射杀，就能将鸣禽从天空中除掉，只要攫走它们的家，断了它们的食物来源，它们自己就会从天上掉下来。

1 源头
Sources

所幸，在人类消失之后的世界里，大型哺乳类动物并没有全部消失，因为整个非洲大陆就是一座馆藏丰富的博物馆。人类不见了之后，它们会不会扩张到整个地球？它们会取代我们在别处歼灭的物种吗？抑或它们会演化成类似那些已经消失的生物吗？

第一个问题是，如果人类源自非洲，为什么大象、长颈鹿、犀牛、河马还在那里？为什么它们不会跟百分之九十四的澳大利亚巨兽物种（其中大部分是有袋动物）或是美洲古生物学家哀悼的所有物种一样，惨遭人类屠杀呢？

奥洛戈赛利叶遗址位于东非大裂谷里，是内罗毕西南方约七十二千米处一个干燥的黄色盆地。1944年，路易与玛丽·利基夫妇就是在这里发现旧石器时代遗留下来的工具制造工场。这里大部分都掩盖在硅藻沉积物形成的白垩土灰（也就是制作游泳池过滤器与猫砂的材料，其成分是淡水浮游生物细小外壳的化石）之下。

利基夫妇发现，在史前时代，湖水曾经几度填满奥洛戈赛利叶遗址洼地，在湿季会出现湖泊，到了干旱期又凭空消失。动物到这里来饮水，会制造工具的人类也尾随而至。不断进行的挖掘工作证实，从九十九万两千年前到四十九万三千年之间，有早期人类在湖边定居，但始终没有挖掘到人科动物的遗骸。直到2003年，史密森博物馆与肯尼亚国家博物馆的考古学家才终于找到一个小型头骨，可能是直立人的头颅，也就是我们的祖先。

不过，这里有数以千计的手持石斧与宽刃石器出土。最近发现的是用来丢掷的工具，一端是圆形，另一端有尖角或是两面都锐利的边缘。在奥杜威峡谷的原始人类，如南方古猿，只是用两个石块彼此敲击，直到其中一个出现缺口为止。这里的工具却是用特殊技巧削凿成型，是可以复制在每个石块上的技术。这些工具出现在人类生存的每一个地层中，显示人类在奥洛戈赛利叶遗址附近狩猎、屠杀猎物，至少已长达五十万年。

从中东的肥沃月弯开始一直到现在的信史记载，只勉强占了我们祖先在这里居住时间的百分之一而已。他们在此挖掘植物，对着动物抛掷削尖的石块，随着技术精进，一定要有足够多的猎物供养愈来愈多的狩猎人口。在奥洛戈赛利叶遗址，到处都看得到一堆堆的股骨与胫骨，很多已经被敲碎，取走骨髓。在大象、河马与一整群狒狒令人瞠目结舌的遗骸周围，堆满了大量的石制工具，显示整个人科动物族群都联合起来，一起屠杀、分解、吞噬他们的猎物。

如果人类在不到一千年间，就毁灭了美洲地区原本理应物种丰富的更新世巨兽，那么，生存在非洲的巨兽怎么可能延续到现在？非洲的人类一定比美洲更多，居住的时间也更久，为什么非洲到现在仍然拥有以大型动物著称的动物园？在奥洛戈赛利叶遗址出土的各种玄武岩、黑曜岩与石英削凿的石刀，表明人类发明工具用以刺穿大象与犀牛的厚皮已经有百万年的历史，那为什么非洲的大型动物没有灭绝呢？

答案是，非洲的巨兽是与人类一起演化的。当我们突然出现在美洲、澳大利亚、波利尼西亚和加勒比海的时候，当地的草食性动物完全不知道人类这种生物有多危险，非洲的动物则有机会随着我们人口渐增，逐渐调适如何与人类共存。跟掠食动物一起成长的动物学会了要提高警觉，也演化出躲避它们的方式。有这么多饥肠辘辘的邻居环伺在侧，非洲动物早就知道要大量群聚在一起，让掠食动物难以隔立个体，然后予以扑杀。它们在进食的时候，也确保一定有同类负责侦察危机，不让猎人有机可乘。斑马身上的斑纹能产生视觉上的错觉，混淆前来猎食的狮子的视线。斑马、角马与鸵鸟在一望无际的大草原上形成三角联盟，结合了前者优异的听力、中者的灵敏嗅觉与后者的敏锐视力，彼此守望相助。

如果这样的防御措施每次都奏效的话，掠食动物可能早就绝种了。于是二者之间达成一种平衡，在短距离速度竞赛中，猎豹捕获瞪羚，但在长距离耐力竞赛中，瞪羚超越猎豹。生存的技巧在于在避免成为他人盘中飧的时间内繁殖出后代，或要经常繁殖以确保永远都有后代幸存。结果，像狮子这样的肉食动物，往往只能捕捉到最年老力衰或是病重的猎物。早期人类也是如此，或许我们起初还跟鬣狗一样，专门挑最简单的工作，即吃那些技艺更精湛的猎人吃剩的腐肉。

然而，一些变化产生了，也打破了平衡。人属动物逐渐萌芽的大脑发明了一些东西，威胁到草食性动物的防御策略。比方说，动物群聚在一起反而增加了人类丢掷石斧命中目标的概率。在奥洛戈赛利叶遗址地层沉积中发现的物种，其实很多都已绝迹，包括一种长角的长颈鹿、巨型狒狒、长牙向下弯曲的大象，以及比现存品种更结实强壮的河马。然而，我们并不清楚是不是人类导致了它们的灭亡。

毕竟，这是更新世中期，有十七次冰河期以及中间的过渡期交替拉扯全球的气温变化，反复淹没或烘烤尚未冰冻成硬块的土地。冰河的重量挪移，地壳也随之挤压或放松，东非大裂谷的裂痕加宽，火山一一爆发，包括定期以火山灰轰炸奥洛戈赛利叶遗址的火山。史密森博物馆的考古学家瑞克·波兹在研究奥洛戈赛利叶遗址的地层长达二十年后，开始注意到某些动植物，它们在历经气候与地质的剧变之后，仍顽强存活了下来。

其中之一，就是我们人类。图尔卡纳湖位于大裂谷内，是肯尼亚与埃塞俄比亚共有的湖泊。波兹在这里挖掘出汇集了我们祖先遗迹的丰富宝库，他发现每当气候或环境条件恶化，早期人科动物的数目就会超过更早期的人科动物，最后完全取而代之。适应能力是适者生存的关键：一个物种的灭绝，就是另外一个物种的演化。而在非洲，大型动物很幸运地跟着我们一起演化出最适应环境的形态。

对我们而言，这也是好事一桩。描绘出人类出现之前的世界，这也是我们理解未来在人类消失之后，这个世界会如何演化的基础。非洲将是现存基因遗产中最完整的宝库，保存了在其他地方早已消失的全科目动物，其中有些动物还真的是从其他地方迁徙过来的。当北美观光客来到塞伦盖蒂国家公园，站在开天窗的狩猎吉普车上，看到一望无际的斑马群聚而感到震惊不已时，其实他们看到的是一种美国物种的后代。这个物种一度从美洲扩散到亚洲和连接格陵兰岛与欧洲的史前陆桥，不过如今在它们的故乡反而找不到了（隔了一万两千五百年后，哥伦布才重新引进马属动物。在此之前，某些在美洲繁殖的马类身上可能也有条纹）。

如果非洲的动物演化出逃避人类猎捕的能力，那么人类消失之后，这样的平衡又会向哪边倾斜呢？会不会有某些大型动物因为太适应与人类共存，反而形成某种微妙的依赖甚至共生关系？在没有我们的世界里，这种关系会不会随着人类消失也跟着不见了？

肯尼亚中部高耸、寒冷的阿布岱尔荒原（Aberdares Moors）向来不适合人类居住，不过总是有朝圣者不辞辛劳地前来探源。这里是四条河川的起源地，分别往四个方向奔流，灌溉山下的非洲大陆。河水从玄武岩绝壁上凌空倾泻而下，注入深邃的峡谷内，形成壮观的瀑布。其中的古拉瀑布高空悬崖披垂而下，飞越将近三百米的半空，形成一条拱弧，最后才被迷蒙雾气与如树木般高大的蕨类植物吞噬。

在大型动物的土地上，这里却是大型植物的高山荒原。这片荒原全在树木生长线以上，只有极少数的紫檀木可以生长。荒原就在赤道之下，占据了两座四千米高峰之间的修长鞍部，形成大裂谷东面的部分山壁。这里虽然没有树木生长，但是巨大的石南属植物可以长到约十八米高，苔藓像帘幕般垂悬而下。覆盖地面的山梗菜长成二十四米高的柱子，连像杂草一般的千里光，到了这里也突变出九米高的树干，树顶像是包心菜，长在一大片草丛之间。

难怪人属动物的后裔在爬出裂谷变成肯尼亚的基库尤（Kikuyu）高山族之后，一看到这里，就认定此处是他们天神"恩盖"居住的神圣天国。这里除了穿过芦苇的风声与鹡鸰的啁啾之外，只有一片圣洁的静寂。小溪涧在黄色紫苑草的夹道护卫之下，无声地流过地质松软的草原小丘，草地吸饱了雨水，让溪流看起来仿佛浮在地面上似的。身高约两米、体重六百八十千克的非洲最大的羚羊——大角斑羚，其螺旋状的大角长约一米，其族群数量日渐减少，在这片天寒地冻的高地中寻求庇护。对多数猎物来说，这片荒原的地势太高，只有水羚可以爬得上来，况且还有狮子藏身在瀑布底下湖岸边的蕨类林地里，等待它们的到来。

有时候，也有大象出现。幼象跟随着成年母象的脚步，踩过紫色苜蓿、压扁贯叶连翘的树丛，沿途采集母象每天所需的一百八十千克粮食。从阿布岱尔荒原往东八十千米，经过一片平坦的谷地，在肯尼亚山五千米高峰的雪线附近也有人看到大象的踪影。这些非洲象远比亡故的表亲——长毛象更能适应环境。顺着它们留下来的粪便追踪其行迹，可以从肯尼亚山或寒冷的阿布岱尔荒原，一路来到肯尼亚的桑布罗沙漠，海拔落差约有三千二百米。如今，人类文明的纷纷扰扰打断了这三个栖息地之间的联络走廊，在阿布岱尔荒原、肯尼亚山与桑布罗沙漠的三个大象群已经有几十年没见到彼此了。

在荒原底下，一条三百米长的竹林围绕着阿布岱尔山，这里几乎是所有邦戈羚羊的庇护所，它们是另一种身上有条纹伪装的非洲物种。这么浓密的竹林不适合鬣狗甚至是蛇的成长，因此拥有一对螺旋长角的邦戈羚羊，在这里唯一的天敌是阿布岱尔的独特物种——极为少见的黑豹。烟雾弥漫的阿布岱尔雨林也孕育出一种黑色的薮猫以及黑色的非洲金猫。

这里是肯尼亚最荒野的地方，樟树、雪松、变叶木等树木的树干上都长满了攀藤植物与兰花，连重达五千五百千克的大象都可以轻易藏在树林里。全非洲最濒危的物种黑犀牛，也藏身于此。肯尼亚境内的黑犀牛数目从1970年的两万只，骤降到目前仅存的四百只，其余都遭到非法猎捕。因为犀牛角在东方国家号称有治病疗效，在也门则被用来制作用于典礼仪式的匕首柄，因此一只犀牛角可以卖到两万五千美元。据估计，在阿布岱尔的七十只黑犀牛，是目前唯一还留在原始野生栖息地的族群。

人类也一度藏身于此。在殖民时期，这块雨水丰富的阿布岱尔火山坡地，属于在此种植茶叶、咖啡的英国农民所有，后来他们将农田改成畜养牛羊的牧场。从事农耕的基库尤人因为自己的土地遭异族占领，反而得向白人地主租佃田来耕种。到了1953年，他们在阿布岱尔森林的掩护下组织起来，靠着野生无花果与英国人在阿布岱尔溪流中放养的黄斑溪鳟为生。基库尤游击队展开恐怖攻击，反抗白人地主，也就是后来众所周知的"矛矛党人起义"（Mau Mau Rebellion）。英国政府从英格兰派兵镇压，轰炸阿布岱尔与肯尼亚山，数千名肯尼亚人在战火中死于非命，而遇难的英国人还不到一百人。到了1963年，双方达成停火协议，根据多数决定原则成就了沛然莫之能御的趋势，肯尼亚终于"独立"了！

如今，阿布岱尔是我们人类与其他自然界达成某种不稳定协议的典型范例，也就是大家熟悉的"国家公园"。对罕见的大型森林野猪，体形最小、跟野兔差不多大的羚羊(桑岛新小羚)，还有金翼太阳鸟，银颊噪犀鸟以及一身暗红深蓝羽毛、令人为之惊艳的蓝冠蕉鹃等动物来说，国家公园是它们的避难所。至于满脸腮胡的黑白疣猴，看长相，好像跟佛教僧侣有血缘关系似的。它们住在这座原始森林内，从阿布岱尔山坡上往各个方向一路滚下去，直到一头撞上通电藩篱为止。

现在，长两百公里、带有六百伏特高压电的通电铁丝网，将肯尼亚这个最大的集水区团团围住。通电的铁丝网在地面上约有两米高，埋在地下的部分约有一米深，连柱子上都通了电，防止狒狒、绿猴、卷尾果子狸靠近。如果遇到了公路，通电的拱桥可以让汽车通行，但是桥上垂吊的通电铁丝却阻止体形跟汽车一样庞大的大象通过。

这道围篱是为了保护动物，也是为了保护人类。在围篱的两边有非洲最肥沃的土壤，在铁丝网以上的地区长满了雨林，而在铁丝网以下，则种植玉米、大豆、韭葱、包心菜、烟叶与茶叶。多年来，不时有人或动物突袭侵入对方的领域。大象、犀牛、猴子会在晚上闯进田里，连根拔掉农作物。而人口渐增的基库尤人会偷偷上山，砍伐树龄高达三百年的雪松与针叶树。到了2000年，阿布岱尔几乎有三分之一的林地遭到砍伐，必须要采取行动保护这里的树木，让树木涵养的水分可以散发到大气中，然后变成雨水回到阿布岱尔的河流里。这样才能让河水继续流往像内罗毕这样干渴的城市，也才能让水力发电机持续运转，并让裂谷里的湖泊不至于消失。

于是就有了这么一道全世界最长的电子围篱。不过在此之前，阿布岱尔就已经遭遇其他的水资源问题。20世纪90年代，肯尼亚取代了以色列，成了欧洲花市的最大供应国。他们在阿布岱尔边缘地带开挖了一条新的深沟，里面种满了看似天真无邪的玫瑰与康乃馨。花卉甚至超越咖啡，成为肯尼亚最主要的出口外汇收入。然而，这笔芬芳的财富却成了一笔巨大的债务，可能在所有爱花人都消失之后，还会继续向大地追讨利息。

花朵跟人类一样，体内有三分之二是水分。因此，花卉出口国为了要生产每年运往欧洲的固定花卉出口额，必须耗费相当于一个两万人口的城镇一年的用水量。到了干旱季节，要达成配额的花卉工厂只好直接从纳瓦沙湖抽水。这个湖泊位于阿布岱尔下游，纸莎草环绕，原本是淡水鸟与河马的避难所。结果，他们抽出来的不只是湖水，还有整整一个世代的鱼卵。而涓滴流回湖里的，却是为保持玫瑰花一路到巴黎都新鲜无瑕的化学药剂。

然而，纳瓦沙湖看起来却没有玫瑰那么诱人。从花卉暖房漏出来的磷酸盐与硝酸盐，使得湖面布满了一层又一层阻碍湖水呼吸的风信子。这种水生又名水葫芦的风信子，是原产于南美的多年生植物，最早以盆栽的方式入侵非洲，随着湖泊水位的下降慢慢爬上了岸，挤占了纸莎草的生存空间。河马的腐尸，终于揭穿了生产完美花束的秘密——DDT以及更毒上四十倍的地特灵。那些让肯尼亚变成世界第一大玫瑰出口国的国家，早就禁用了这两种杀虫剂。未来，在人类，甚至动物或玫瑰都消失很久之后，地特灵这种非常稳定的人造分子可能还将阴魂不散。

没有任何籓篱可以永远圈住阿布岱尔的动物，就连有六百伏特高压电的铁丝网也不例外。它们要么大量繁殖，直到挤爆这个围篱；要么就是基因库持续萎缩，直到哪天出现某种单一病毒消灭整个物种。如果是人类先灭亡，那么铁丝网就不再通电，狒狒与大象会在一个午后的园游会里，尽情享用基库尤人在附近被称作"尚巴"的农田里种植的谷类与蔬菜。大概只有咖啡可能幸存，因为野生动物不太需要咖啡因，而且很早之前从埃塞俄比亚引进的阿拉伯咖啡豆，非常钟情肯尼亚中部的火山土壤，所以也已经变成了本土物种。

赤道的紫外线在花卉产业最爱用的蒸熏剂，也是最凶狠的臭氧层杀手溴化甲烷的推波助澜之下，使得暖房外壳聚乙烯材质的聚合物变脆，于是强风一吹便应声折断，化成碎片。玫瑰与康乃馨服用化学药剂已经上了瘾，它们最后都会饿死，水葫芦却坚持得最久。阿布岱尔雨林会跨越没有通电的铁丝网，重新占领"尚巴"佃田及其下的古老殖民遗迹——阿布岱尔乡村俱乐部。俱乐部里的高尔夫球道，全靠住在那里的疣猪修剪。只有一样东西可能阻止森林重建连接肯尼亚山与更下面的桑布罗沙漠的野生动物走廊，即以桉树丛形态出现的大英帝国的幽灵。

人类在世界上放纵了无数的物种，它们最后都激增到无法控制的地步。其中桉树、臭椿树与野葛并列为三大毒瘤，在我们离开之后，依然侵害荼毒着这片土地。为了给蒸汽机提供动力，英国常常从澳大利亚的皇家殖民地引进生长快速的桉树，取代成熟速度缓慢的热带硬木森林。芳香的桉油因为可以杀死病菌也被用来制造咳嗽药水，或用来消毒家具的表面。但桉油如果大量使用的话，就是一种毒药。这也意味着桉树会驱逐其他竞争性的植物。没有什么昆虫会靠近桉树，所以也没有什么鸟会在树上筑巢，因为没有虫子可以吃。

桉树非常需要水分，所以哪里有水，就往哪里长。例如沿着"尚巴"佃田周围的灌溉沟渠，就常能看到它们高大的身影。一旦没有人类之后，它们会瞄准荒废的田地，而且比其他从山上吹下来的本土种子更能占得先机。到最后，也许要动用许多天然的非洲伐木工——大象，才能开辟出一条小径，重返肯尼亚山，彻底消弭这块土地上最后的大英帝国的幽灵。

2 我们之后的非洲
Africa After US

在一个没有人类的非洲大陆，当象群穿越桑布罗，然后走过萨赫勒，更向北推进到赤道以上，它们可能发现撒哈拉沙漠正向西北方退去，因为沙漠化的先遣队山羊已经成了狮子的午餐。或者，它们可能正好跟沙漠碰个正着，因为拜人类遗产之赐，气温迅速上升，再加上大气中的碳浓度提高，加快了沙漠扩张的脚步。撒哈拉沙漠近来扩张的速度令人震惊，甚至有些地方沙漠化的速度达每年三四千米，这都是因为天时。

只不过在短短的六千年前，这片除了极地之外全世界最大的沙漠还是一片绿油油的草原，鳄鱼、河马在水量丰沛的撒哈拉溪流里打滚。后来，地球的轨道经过一次周期性的调整，倾斜的地轴虽然只调整了不到半度，却足以翻云覆雨。仅仅如此，还不足以让草地变成沙丘，但又碰到人类的发展，正好打翻了整盘棋，把这里变成了干旱的灌木林地。在此之前的两千年内，北非的智人已经从手持长矛狩猎的猎人，转变成种植中东谷物、饲养牲口的农民。他们把家当放在一种新驯服动物的背上，自己也坐了上去。这种动物是美洲有蹄哺乳类动物的后裔——骆驼，它们在家乡的表亲都于巨兽大屠杀中灭亡之前，侥幸迁移到此。

骆驼吃草，草需要水。骆驼主人种植的谷类也需要水，谷物丰收之后，人口才会快速增加。人口越多，就越需要牲口、牧草、农田和更多的水。这全都发生在错误的时间。没人能未卜先知，预测降雨量即将改变，于是人类带着牲口越走越远，草也越吃越凶，一心以为气候还会还原成为原先的样子，所有一切也会重新长出来。

结果没有。他们消耗得越多，蒸发到天空的水汽就越少，雨量也越少。结果就是我们今日所见到的酷热撒哈拉，只不过以前要小得多。一百年来，非洲的人类与动物数量都在持续增加，气温也是如此，使得位于萨赫勒这一条撒哈拉以南的带状区域的国家都岌岌可危，濒临沙漠化的边缘。

再往南，赤道地区的非洲人畜养动物已经有好几千年的历史，猎捕动物的时间更长。事实上，在野生动物与人类之间存在互惠的关系。当游牧民族，如肯尼亚的马赛族牧人，赶着牛群穿梭在牧草地与水塘之间时，他们手上的矛可以吓阻狮子，于是角马也利用牧人的保护，跟着一起迁徙。后来，角马的同伴斑马也尾随而至。游牧民族的生活节俭，很少吃肉，学习靠着牲口的乳汁与血水过活，他们会小心翼翼地在牛的颈动脉打洞抽血，然后再止血。唯有干旱导致牲口的草料减少时，他们才会重回狩猎生活，或是跟仍靠打猎过活的丛林部落交换食物。这种人类与动植物之间的平衡，在人类自己也变成猎物，或变成商品时，平衡被打破了。我们本来就跟近亲黑猩猩一样，永远都是为了争夺地域和交配对象而彼此杀戮，但是随着奴隶制度兴起，我们就沦为更等而下之的新玩意儿——出口作物。

奴隶制度在非洲留下来的痕迹，至今仍然可以在肯尼亚东南部一个叫作察沃的村镇里看得到。这里的地景阴森恐怖，遍地是火山岩浆、平顶的刺槐、没药树与猢狲面包树。由于察沃的舌蝇不利于牛群生长，所以此地的丛林部落布希曼族仍以狩猎为生。他们的猎物包括大象、长颈鹿、非洲水牛、各种瞪羚、岩羚，以及另外一种身上有条纹的捻角羚，它们头上弯曲的角竟可长达一点八米。

东非奴隶的目的地并不是美国，而是阿拉伯。在19世纪中期之前，肯尼亚沿海城市蒙巴萨一直是贩卖人口的主要港口，也是阿拉伯奴隶商贩在中非村落中持枪抓人之后，长途跋涉的终点。一队队的奴隶打着赤脚从裂谷走下来，押送奴隶的人则在后面，拿着枪坐在驴子上压队。当他们走到察沃时，热气上升，舌蝇也蜂拥而至。奴隶、猎人或其他囚犯，如果能活着走出来，就会继续前往无花果形的绿洲西玛泉。这里的许多自流泉里都是水蛭与河马，每天约有十九万吨的水会从四十八千米以外渗水性超强的火山丘渗入地底，并从这些池子中涌出。奴隶商队会在这里停留好几天，付钱给用弓箭狩猎的布希曼族人以便补充给养。这条奴隶交易路线也是象牙交易路线，所以沿途的大象都遭到猎杀。随着象牙的需求量增加，象牙的价格也凌驾于奴隶之上，于是奴隶便主要被用于搬运象牙。

过了西玛泉之后，地下水冒出地面，形成了察沃河，最后注入海洋。这条沿途有黄皮洋槐与棕榈树丛遮阴的路线，具有难以抗拒的诱惑，但为此付出的代价是疟疾横行。豺狼与鬣狗会一路跟随奴隶商队，察沃的狮子也因为大啖落队的垂死奴隶而闻名。

19世纪末，在英国政府终止奴隶制度之前，数以千计的大象与人类在中部平原与蒙巴萨拍卖场间的这条象牙奴隶交易路线上丧命。奴隶路径关闭之后，这里兴建了连接蒙巴萨与维多利亚湖（尼罗河的一个源头）的铁路。对英国的殖民控制而言，这是一条关键的路线。察沃的饿狮就是在这个时候，以咬噬铁路工人而闻名国际，有时候它们甚至还会跳到火车上，把工人逼得无路可退。察沃的狮子爱吃人肉也因此成了传奇故事与电影题材，不过故事中鲜少提及狮子猎杀人类是因为缺少猎物，因为猎物全被捕杀以喂饱奴隶队伍。千年以来，这里的猎物被赶尽杀绝。

在奴隶贩卖与铁路工程都相继结束之后，察沃被废弃了。人类离开之后，野生动物又开始回笼。武装分子曾短暂回到此地。从1914年到1918年间，原本协议瓜分非洲的英德两国打了一场世界大战，交战的原因比两国在欧洲掀起的战事更让人难懂。德国殖民政府在坦噶尼喀（今坦桑尼亚）的一支部队，好几次炸毁了蒙巴萨到维多利亚湖之间的铁路，于是两军在沿着察沃河两岸的棕榈树与黄皮洋槐间交战，靠着野生动物过活。在这里，感染疟疾与死在枪口之下的人数几乎一样多，不过对野生动物来说，子弹还是一如既往地成了影响深远的大灾难。

察沃又再度沦为废墟，杳无人迹，只剩下动物。如今，在这个曾经是一战的战场上，遍布着结满了黄色碟形果实的厚壳树，现在是狒狒族群的家园。到了1948年，察沃已不再有人居住，于是英国政府宣布，这个人类历史上一度最繁忙的贸易路线，正式成为野生动物的避难所。二十年后，这里大象的数量多达四万五千只，是非洲最大的象群栖息地。然而，这个数目却没能持续维持下去。

白色的塞斯纳单引擎飞机一起飞，世界上最不协调的景观就在机翼下展开。下面广大的草原是内罗毕国家公园，大角斑羚、汤氏瞪羚、非洲水牛、角马、鸵鸟、白腹鸨、长颈鹿、狮子等，紧挨着都市边缘生活。在这个灰色的都市外表掩盖之下，是全世界最大、最穷的贫民窟。内罗毕的年纪跟联系蒙巴萨与维多利亚间的铁路一样，它是世界上最年轻的城市之一，也可能是最早消失的一个。因为在这里，连现代建筑也会很快开始倒塌。

内罗毕国家公园的另一端并没有围篱，塞斯纳飞过了没有标示的边界，经过一片点缀着牵牛花树的灰色平原。国家公园里的角马、斑马、犀牛经过这里，随着雨季迁移，好似有条走廊。沿途夹杂着玉米田、花卉田圃、桉树和四散的新建房地产，房舍周边加装围墙，院子里有私人凿井，还有引人注目的大型豪宅。这些东西加起来，使肯尼亚最古老的国家公园变成一座野生动物的孤岛，而动物走廊也没有任何保护，因为国家公园外侧的房地产愈来愈受欢迎。塞斯纳飞行员戴维·韦斯顿认为，现在唯一的办法就是让政府付钱给这些屋主，要求他们同意让动物经过他们的地盘。韦斯顿曾协助协调，不过希望不大。每个人都担心大象会踩坏他们的花园，或发生更糟糕的情况。

韦斯顿的工作是统计大象的数目，已经连续数了将近三十年。他从小在坦桑尼亚长大，父亲是专门狩猎大型动物的英国猎人，他小时候常常跟着带枪的父亲上山打猎，一去就是好几天，有时根本不会遇到其他人类。他生平猎杀的第一只，也是最后一只动物，是疣猪。那只疣猪垂死的眼神，浇熄了他对打猎的满腔热情。后来父亲意外死在大象的长牙之下，母亲决定把所有的孩子都带回比较安全的伦敦。韦斯顿一直到大学动物系毕业之后，才又回到非洲。

从内罗毕往东南方飞一个小时之后，乞力马扎罗山就出现了。它那日渐缩小的雪帽，就像烈日之下融化的奶油糖果一样融解退冰。山前，翠绿的沼泽从土黄色的碱性盆地里冒了出来，从多雨的山坡流下来的泉水，缓缓注入这片湿地。这里是安博塞利，全非洲最小也最丰富的国家公园，所有观光客都要到这里朝圣，希望能拍到映着乞力马扎罗山的大象剪影。过去这是旱季才有的活动，因为那时候野生动物会涌进安博塞利的沼泽绿洲，靠香蒲与莎草糊口，可是现在它们四季都在那里。韦斯顿看到十几只母象与小象在距离一小群满身是泥的河马不远处踱步，忍不住嘟囔着说："大象不应该是定居动物。"

从空中鸟瞰，环绕在公园旁边的平原好像感染了巨型芽孢似的。这些芽孢叫作"波马斯"，是马赛族牧人用泥土与粪堆搭盖的小屋，有些还有人住，有些已经废弃不用，慢慢分解回归大地。每间小屋外都有成堆的刺槐树枝，围成一个防御圈，而在小屋围成的圈地中央的亮绿色地带，就是游牧的马赛人晚上安置牛群以免受猛兽攻击的地方，直到他们带着牛群和家人移居到下一个牧地为止。

马赛人离开之后，大象就来了。自从撒哈拉死亡之后，人类首次带着牛群从北非南下，大象与人类饲养的牲口之间就不断上演这样一出剧目。牛群啃光了草原上的青草之后，灌木丛就开始入侵。不久之后，灌木丛便长到大象吃得到的高度了，大象就用长牙撕扯树皮或推倒灌木以享用树顶的嫩叶，清理出来的空地又能让青草回来了。

韦斯顿念研究生的时候，就坐在安博塞利的山顶上，清点马赛族牧人带来吃草的牛群数量，看着大象从另一个方向拖着沉重的脚步蹒跚而行。他统计牛群、大象与人类的普查工作始终都没有中断，直到后来他当了安博塞利国家公园主任、肯尼亚野生动物部门主管，成立非营利性的非洲保育中心，也还进行持续的清查工作。非洲保育中心的工作是，妥善安置而非禁止这些原本就跟野生动物共享空间的人，借以达到保存野生动物栖息地的目标。

飞机下降九十米，他让机身倾斜三十度，开始以顺时针方向绕着大圈子飞行。他观察以粪土堆砌而成的小屋圈子，每个妻子一间小屋，有些富有的马赛人可以拥有十个妻子。他大概计算了一下人畜的总数，然后在植物地图上标示上七十七头牛。从空中看去，马赛族牧人就好像绿色平原上的血滴，这些男人高大、优雅、黝黑，身上穿着传统的红色格子呢披肩斗篷。这种穿着最早可追溯到19世纪，自从苏格兰传教士分发格子呢毛毯给他们，马赛族牧人就发现这种衣料既轻便又暖和，很适合几个星期长的放牧生活。

"这些游牧民族，"韦斯顿扯着嗓子试图盖过引擎的噪音，"已经变成移居动物的替代物种，他们的行为跟角马一样。"马赛族牧人跟角马一样逐水草而居，他们在雨季赶着牛群到短草的大草原，等雨季过了，再把牛群带回水坑绿洲。一年下来，安博塞利的马赛族牧人平均要迁徙八次。韦斯顿相信，这样的迁徙的确改变了肯尼亚与坦桑尼亚的平地景观，对野生动物也有益。

"他们让牲口吃草，把林地留给大象。将来，大象又会制造出新的草地。于是，这里的草地、林地、灌木林地就像马赛克拼图一样拼在一起。这也是草原必须多元化的原因，如果只有林地或草地，那么这里就只能养活林地物种或草地物种。"

1999年，韦斯顿驾车走过亚利桑那州南部，去看克洛维斯人在一万三千年前杀死本地长毛象的遗址，此后就再也没有大型草食性动物在美国西南部觅食。他沿途向更新世过度屠杀灭绝理论之父、古生物学家马丁说明非洲的情况。马丁指着出租公有地上一片杂乱无章的豆科灌木说，承租人一直要求政府同意放火烧林。"你觉得这里可以成为大象的栖息地吗？"他问。

当时，韦斯顿笑而不答，可是马丁坚持要问，如果非洲象生长在这片沙漠里会怎么做？它们能从崎岖的花岗岩山脉上走下来寻找水源吗？也许亚洲象会好一点，因为它们在血源上跟长毛象比较接近？

"比起用推土机或除草剂来清除这些豆科灌木，用大象当然比较好，"韦斯顿认同道，"用大象来除草不但更便宜，也更简单，而且它们还会替土地施肥，播撒草种。"

"没错，"马丁说，"就跟长毛象和乳齿象一样。"

"对，"韦斯顿答道，"如果你们这里没有原生的本土物种，为什么不用一种生态上的替代物种？"此后，马丁就一直在劝说人们让大象重返北美大陆。

然而，美国牧人不像马赛族那样是游牧民族，也不会定期清空生态区位供大象使用。况且，现在也有越来越多的马赛族牧人和牲口不再四处游牧了，看看安博塞利国家公园周围因过度放牧而十分贫瘠的不毛之地就知道了。淡色头发、皮肤白皙、身材中等的韦斯顿跟身高两米一、肤色黝黑的马赛族牧人站在一起，用斯瓦希里语交谈，人种间的差异在长久以来的相互尊重之中，消弭于无形。土地细分是他们共同的敌人，但是土地开发商与竞争部落迁徙过来的移民，纷纷打起木桩，架起围篱，宣称那是他们的土地，迫使马赛族人也必须去申请土地所有权，守在自己的土地上。这个经人为使用模式重新改造的非洲，韦斯顿说，在没有人类之后，可能也不会这么容易消失。

"这是一种极端化的情况。把大象全赶进公园里，然后只在公园外放牧，结果造成两种截然不同的栖地。园内没有树木，成了草地，园外则变成了茂密的丛林。"

在20世纪70、80年代之间，大象付出了高昂的代价才学会要留在安全的地方。它们在无意间跟跄走进了全球性的贫富碰撞。一边是非洲日益严重的贫穷，以肯尼亚来说，全世界最高的出生率让这个问题雪上加霜。另一边则是所谓亚洲"经济之虎"的蓬勃发展，刺激了人们对远东各种奢侈品的渴望，其中也包括象牙，这种欲望甚至凌驾于过去几个世纪对奴隶的渴望之上。

象牙的价格是每公斤二十美元，已经上涨了十倍。像察沃这样的地方，就在猖獗的盗猎下，成了无牙大象尸堆的集散地。到了20世纪80年代，非洲的一百三十万头大象中，有过半遭到屠杀。在肯尼亚，只有一万九千只大象幸存下来，全都集中在诸如安博塞利这样的庇护所里。国际禁运以及盗猎者格杀勿论的命令，稍稍遏止了猖獗的恶徒，却始终无法完全消灭屠杀大象的行为，尤其是在国家公园以外的地区，经常有人以保护庄稼与人类为借口猎杀大象。

安博塞利沼泽湿地周围的黄皮洋槐现在已经不见了，全都被过度扩张的厚皮类动物踩平。一旦公园变成一块无树的平地，像瞪羚、剑羚这样的沙漠生物就会取代草食性动物，如长颈鹿、捻角羚、薮羚等。这是一个极度干旱的人为复制品，跟非洲在冰河时期经历的情况一样：栖地干枯，所有的生物都挤进绿洲。非洲的巨型动物熬过了之前的瓶颈，韦斯顿却担心这一次不知道会发生什么。它们被困在这个避难小岛上，四周是一片人造汪洋：屯垦地、区划地、枯竭的牧地、工厂农田。几千年来，游牧迁徙的人类护卫着它们横越非洲大陆，游牧民族及他们的牲口各取所需，然而继续前进，身后留下更丰富的大自然。如今，人类迁徙已经停止。"定居人"（Homo Sedentarian）改造了世界景观，现在是食物迁徙到我们面前，随之而来的还有各种奢侈品以及大部分人类历史上从未存在过的东西。

除了人类从未定居过的南极之外，只有非洲从未遭受过重大的野生动物大灭绝。"可是密集的农业与人口暴增，"韦斯顿忧心忡忡地说，"意味着这种情况可能就近在眼前。"人类与野生动物在非洲演化出来的平衡，已经失衡到无法控制的地步，太多的人、太多的牛、太多的大象因为太多的盗猎者而被塞进太小的空间。不过，韦斯顿心里还抱着最后一线希望，他知道在非洲的某些地方仍然保存着在人类演化成足以威胁大象的关键物种之前的原始风貌。

他相信，如果人类消失，非洲这块人类占据最久的地方，反而会很吊诡地回到地球上最纯粹的原始状态。有这么多的野生动物以草为生，非洲可能是唯一一个没有外来植物逃离郊区花园、侵占乡间土地的大陆。不过，后人类时期的非洲也会有一些关键的变化。

北非的牛群曾经是野牛。"但是跟人类在一起生活了几千年，"韦斯顿说，"它们经过天择之后的消化道就像是一个尺寸过大的发酵桶，在白天可以吃下大量的食物，因为它们在晚上不能再进食。所以现在它们的行动不会太快，没有人类的照料之后，可能很快就会沦为脆弱的上等牛肉。"

它们数量众多。在非洲草原生态体系中，牛群占据了整个生态系统的一半以上。没有马赛人持矛的保护，它们可能就会成为狮子与鬣狗狂欢饮宴的主食。一旦牛群消失了，多出来的食料会让其他生物的食物增加一倍。韦斯顿伸手遮着眼睛，靠着吉普车，考虑着这些新数字的意思。"一百五十万只角马吃掉的草，大概跟牛群差不多，到时它们跟大象的互动会更紧密。过去马赛人常说，'牛群种树，大象种草'。未来角马扮演的角色就是这句话里的牛。"至于在没有人类之后的大象呢？"达尔文估计非洲有一千万只象，事实上非常接近象牙贸易猖獗之前的数字。"他转头去看正在安博塞利沼泽里戏水的母象，"目前我们只有五十万只。"

没有人类之后，增加了二十倍的大象将毫无疑义地恢复它们在非洲这块马赛克拼图中关键物种的地位。相形之下，在南、北美洲，已经有一万三千年都没有任何生物（除了昆虫之外）会吃树皮与灌木丛。长毛象灭亡之后，巨大的森林就不断扩张，除非有农民清除林地、牧人放火焚林、乡民砍树烧柴，或开发商直接以推土机铲平森林。没有人类之后，美洲森林所代表着的巨大的生态区位将虚位以待，等候大型的草食性动物前来萃取它们的木本营养素。

3 隐伏的墓志铭
Insidious Epitaph

科奥依·奥雷·桑提安小时候跟着父亲的牛群在安博塞利西边游牧时，就听过这个故事。不过现在，他还是充满敬意地听着白发老人卡西·库尼伊再讲一次。库尼伊跟他的三个妻子就住在马赛马拉的民族文化村里，桑提安也在这里工作。

"开天辟地之初，这里只有一片森林，天神'恩盖'赐给我们丛林族人，替我们打猎。可是后来动物都逃走了，跑得太远，根本就捉不到，于是马赛人就向恩盖祷告，请他赐给我们一种不会逃跑的动物。他说要等七天。"

库尼伊拿着一条兽皮，一端朝天，模拟天梯由天而降的样子。"牛从天上走下来，每个人都说：'看！我们的天神真是太仁慈了！赐给我们这么美丽的动物！有牛乳，有美丽的角，颜色还不同，不像角马或水牛，只有一种颜色。'"

讲到这里，故事开始变得复杂。马赛人宣称所有的牛都是给他们的，于是将丛林族人从住所赶了出去。后来，丛林族人祈求恩盖也赐予他们牛，好养活他们。恩盖拒绝了他们的祈求，却给了他们弓箭。"所以他们到现在还在森林里打猎，不像我们马赛人放牧牲口。"

库尼伊笑了起来，大大的眼睛在午后阳光下闪烁着红色的光芒，映照着他耳垂上两个松果形的铜制耳环，拉得耳垂贴近脸颊。他说，马赛人学会了如何焚烧树木，替牲口制造草原，而浓烟也可以驱赶疟蚊。桑提安听懂了这个故事的要旨。当人类还靠狩猎采集过活时，我们跟其他动物没有什么两样。然后，天神选择将我们变成放牧民族，赐给我们支配动物的圣谕，神赐的恩典就此长存。

问题是，桑提安自己也知道，马赛人并没有见好就收。

即使殖民政府占据了大部分的放牧草地，游牧生活依然可以维持。可是马赛族的男人每个人至少都要娶三个妻子，每个妻子又都会生五六个小孩，她们每个人至少需要一百头牛才能维持生计。这样庞大的数目迟早会让他们尝到苦果。桑提安年轻的时候，就已经看到圆形的居所变成钥匙孔的形状，因为马赛人在屋子旁边增加田地种植小麦、玉米，而且停留在同一个地方照顾农作物。一旦他们从游牧民族变成农耕民族，一切也就改观了。

　　桑提安生长于现代化的马赛族，从小有机会读书，精通科学，学了英语和法语，还成为一位自然学者。二十六岁那年，他成为极少数获颁肯尼亚专业游猎导游协会银章认证的非洲人之一，这是最高等级的导游证书。之后，他在马赛马拉保育公园的生态旅游中心找到了一份工作。马赛马拉位于坦桑尼亚的塞伦盖蒂平原在肯尼亚境界的延伸地带，这里的公园结合了只有野生动物的保留区，以及马赛人、牲口与野生动物共存的保留区。长满红色燕麦草的马赛马拉平原上，点缀着零星的沙漠枣椰树与平顶刺槐，跟非洲其他草原一样，景致依旧壮观。只不过，如今在这里吃草的绝大部分都是富养的牛群。

　　桑提安经常把皮鞋绑在他的长腿上，爬上马赛马拉平原的最高点——基尔列奥尼山，这里还保持着原始风貌，可以看到树枝上悬挂着的飞羚尸体，这是猎豹存放在树上的食物。站在山顶往南望，桑提安可以看到一百千米外的坦桑尼亚以及塞伦盖蒂的一片绿色草海。在那里，一大群闹哄哄的角马挤成一团，这是它们每年6月固定聚集的季节。不久角马就会像泛滥的洪水汇集起来，冲过西北边界，蹦跳着跃过溪流，河水里有鳄鱼好整以暇地等待它们一年一度的盛宴，另外还有狮子与猎豹在刺槐树上小憩，只要一翻身，就可以飞身扑下猎杀猎物。

　　塞伦盖蒂一直是马赛人心里的痛。1951年，他们被赶出这块五十万平方公里的土地，只是为那些看了太多好莱坞电影的观光客，成立一座完全没有关键物种——智人的主题公园，以满足他们对于非洲这片原始荒野的幻想。不过像桑提安这样的马赛自然学家反而感激当年的决定，因为塞伦盖蒂得天独厚，拥有最适合牧草生长的完美火山土壤，如今这里已经成为地球上哺乳类动物最集中，基因库最丰富的地方。也许有一天，这些物种会扩散到这个星球的其他地方继续繁殖。如果真有那么一天的话，这里将是它们的起源地。这里虽然幅员广大，自然学家仍不免担心，万一周遭的一切都变成农田与围篱，那么在塞伦盖蒂这些数都数不清的瞪羚要如何存活，更别提还有大象了。

这里的雨量不足以让所有的草原都变成可耕种的农田，但是这并没有阻止马赛人繁衍后代。目前桑提安只有一个妻子，他原本也打算到此为止。不过，桑提安青梅竹马的恋人、也是他在完成传统战士训练之后结婚的对象奴可娃，一听说她可能是他唯一的妻子时却感到万分惊恐。

"我是自然学家，"他跟她解释道，"如果所有野生动物的栖息地都消失了，我就得去种田。"在土地被细分之前，马赛人认为他们是被天神选定去放牧的人，种田有损他们的男性尊严，他们甚至不愿为埋葬亲人而破开草皮。

奴可娃了解这些，但她毕竟是马赛妇女。最后他们达成协议，只娶两个妻子，不过她仍然坚持要六个小孩，而他希望只要四个就好。当然，他的第二个妻子也会想要自己的孩子的。

在所有动物都灭绝之前，只有一件事可能减缓这种人口扩张的趋势，不过想来就可怕。老人家库伊尼将之称为"世界末日"。他这样说，"未来，艾滋病会将全人类一笔抹消。动物会收回一切。"

跟其他定居不动的部落相比，艾滋病对马赛人来说还不是梦魇，不过桑提安觉得这个噩梦就近在眼前。以前，马赛人都是手持长矛，带领牛群徒步穿越大草原。现在，有些人会进城嫖妓，然后回来散播艾滋病。更糟糕的是那些每周来两次的卡车司机，他们贩卖汽油，以让马赛农民可以使用买来的卡车、摩托车和农耕机。可是他们带来的却不只是汽油，现在连尚未行割礼的少女也受到了感染。

在非马赛族地区，如北边的维多利亚湖一带，塞伦盖蒂的动物每年都会迁徙到这里一次，原本种植咖啡的农民因为感染艾滋病无力整理作物，于是改种像香蕉这种比较简单的农产品或砍树烧木炭。而咖啡树就变成野生植物，长到四五米高，无法复原。桑提安还听说有些人根本就不在乎得病，反正没有药医，所以也不会停止生小孩。于是在一些村落里，所有成年人都已病故，许多孤儿没有父母，只有病毒。

没有活人的房子也开始倒塌。泥砖房、粪块瓦都会崩解，只有一些用砖块和水泥修建的半成品房屋保留了下来，这都是那些卡车司机出钱盖的。可是房子还没盖好，他们就病了，于是拿钱去找草药医生治病，也拿钱给女朋友，结果没有人能痊愈，房子也无法完工。草药医生拿了钱，然后自己也病倒了，最后，商人死了，女朋友死了，医生也死了，钱却不见了。只有没屋顶的房子保留了下来，里面长满了金合欢。还有那些受到感染的孩子，为了生活而出卖自己的身体，往往未成年便去世了。

"艾滋病正在杀死未来整个世代的领袖。"那天下午，桑提安跟库尼伊这样说道。不过老人家却认为未来领袖并不重要，反正动物会回来重掌天下。

日头滚过塞伦盖蒂大草原，天空里尽是变幻莫测、色彩斑斓的夕阳余晖。随着太阳落到大地尽头，蓝色的微光笼罩在草原上。白天仅存的热气沿着基尔列奥尼山的山坡向上攀升，化入黄昏的夕曛中，接踵而至的上升气流带来一点儿寒意，还有狒狒的嘶吼声。桑提安把身上那件红黄格子的披肩拉得更紧一点儿。

艾滋病是动物的最后复仇吗？如果真是这样的话，在孕育人类的子宫中，我们的手足黑猩猩就是人类灭亡的帮凶。大部分艾滋病患者感染的是人类免疫缺陷病毒（HIV），跟黑猩猩体内的一种病株很接近，但携带这种病毒的黑猩猩却不会发病。（比较罕见的 II 型病毒，也与坦桑尼亚一种少见的白眉猴体内所携带的病毒形态很类似。）病毒可能是经由野生动物的肉传染给人类，一旦接触到我们体内那百分之四、跟血源最接近的灵长类亲戚不一样的基因，就突变成致命的病毒。

从森林迁居到大草原是否让我们的生化结构变得更脆弱了呢？桑提安可以辨认出这个生态系中的每一种哺乳类、鸟类、爬虫类、树木、蜘蛛以及大部分的花、肉眼看得见的昆虫，还有各种药草，可是他却无法看出其中一些细微的基因差异，而每个在寻找艾滋病疫苗的人也同样无法看出。也许答案就在我们的脑子里，毕竟脑容量正是人类与黑猩猩、倭黑猩猩最显著的差异。

山下又传来一阵狒狒群的嘶吼声，或许正在驱赶那只将飞羚尸体挂在树上的猎豹。有趣的是，雄狒狒固然会为了优势地位彼此你争我夺，但是一遇到猎豹，又会暂时休兵，一起赶走敌人。狒狒是脑容量第二大的灵长类动物，仅次于智人，也是在森林栖息地缩小之后，唯一学会适应草原生活的另一种灵长类。

如果现在主宰草原的有蹄动物牛群消失了，角马的族群会扩张并取而代之。如果人类消失了，狒狒会不会继承人类的地位呢？在更新世它们脑容量的发育不及我们，是因为我们跳在它们头上，率先离开树木的缘故？我们不再挡路之后，它们的心智潜能会突然增长，使它们产生不连续的突变演化，填补我们在生态区位留下的每一个缝隙？

桑提安站起来，伸了个懒腰。一轮新月从赤道的地平线上跳了出来，两端弯弯翘起，宛如一只玉碗，静待金星落入。南十字星座、银河系、麦哲伦云各在其位，空气闻起来有一点儿紫罗兰的香味。桑提安听到空中有林鹬的叫声，和小时候家周围的森林尚未变成小麦田之前，听到的那些林鹬叫声一模一样。如果人类的农田变成了马赛克里的一小片森林与草地，如果狒狒取代了我们的位置，它们会不会因为享受到纯粹的自然之美，而感到心满意足呢？

或者，因为力量的不断膨胀而产生的好奇心与自恋狂喜，最后仍会将它们及其星球推向灭亡？

PART II

第二篇

七 什么会消失
What Falls Apart

1976年夏天，艾伦·凯文德接到一通意外的来电。瓦罗沙的康斯坦提亚酒店在闲置两年之后，要改名重新开张，有很多电气方面的工程需要完成，问他有没有空。

这真是意外的惊喜。地中海岛国塞浦路斯东岸的瓦罗沙原本是度假胜地，自从两年前的战火将这个国家一分为二之后，此处就成了禁地。这场战争实际上只维持了一个月，然后联合国就介入调停，在土耳其裔与希腊裔的塞浦路斯人之间达成一个麻烦丛生的停火协议。在停火的那一刹那，不管双方的部队在哪里，全部就地在两军之间划出一条无人地带，称之为"绿线"。在首都尼科西亚，这条绿线有如醉汉行经的路线一般，歪歪扭扭地穿过弹痕累累的街道与房舍。某些狭窄的街道宽度不过三米，敌对的双方就面对面站在两侧的阳台上，拿着刺刀猛刺敌人。而在乡间，这条界线却可宽达八千米。如今，土裔与希裔的塞浦路斯人之间隔着一条由联合国部队巡逻的无人界线，土裔住在北边，希裔在南边，界线内杂草丛生，成了野兔与鹌鹑的避难天堂。

1974年战火爆发时，瓦罗沙大部分的建筑都还不足两年。瓦罗沙是由希裔塞浦路斯人开发，沿着深水港湾法马古斯塔市南边的半月形沙滩兴建而成，原来的目标是要媲美法国与意大利在地中海沿岸的度假胜地，建设成塞浦路斯的里维埃拉。法马古斯塔是一座古都，四周有城墙围绕，历史可以追溯到公元前2000年。到了1972年，高耸的酒店大楼沿着绵延约五千米的瓦罗沙金色沙滩拔地而起，后面是一整排的商店、餐厅、电影院、度假小屋与员工宿舍。当初选中这个地点是因为位于岛上背风的东海岸，海水暖和，唯一的缺点就是开发商决定将酒店大楼盖得愈靠近海岸线愈好。几乎所有盖在沙滩旁的高楼大厦都犯了同样的错误，他们后来才发现，日当正午时，一整排的酒店有如断壁悬崖一样，庞大的阴影遮蔽了整座海滩，不过为时已晚。

不过他们也没有太多时间伤脑筋，因为战争在1974年爆发了。虽然一个月之后战火就停熄了，但瓦罗沙的希裔塞浦路斯人却发现，他们的庞大投资都落在隔着绿线属于土裔的那一边，而他们必须跟所有瓦罗沙的居民一起往南逃往岛屿上属于希裔的这一边。

地势崎岖的塞浦路斯岛面积相当于美国的康涅狄格州，漂浮在宁静碧绿的海面上，周围几个国家的人民之间血缘关系错综复杂，偏偏又彼此看不顺眼。希腊人早在四千年前就落脚于此，接着有不同民族先后征服他们并占领了塞浦路斯，其中有亚述人、腓尼基人、波斯人、罗马人、阿拉伯人、拜占庭人、英国的十字军、法国人、威尼斯人。1570年，新的统治者奥斯曼帝国接管了这里，随之而来的是土耳其的拓荒移民。到了20世纪，土耳其裔的人数占全岛人口的五分之一。一战结束之后，奥斯曼帝国瓦解，塞浦路斯成为英国殖民地。岛上的希腊裔东正教基督徒过去曾经周期性地反抗奥斯曼土耳其人的统治，现在当然也不欢迎新来的英国统治者，因而鼓吹与希腊统一。不过，身为少数民族的土裔塞浦路斯穆斯林却大力反对。二者之间的紧张关系持续了几十年，在20世纪50年代还曾经爆发过好几次剧烈冲突。到了1960年，双方各让一步，独立建国，成立了塞浦路斯共和国，由希腊裔与土耳其裔共享权力。

种族仇恨自此成了一种习惯。希腊裔屠杀整个土耳其家族，土耳其裔则采取更凶残的复仇手段。后来，希腊国内的军人接管政权，引发了塞浦路斯岛上的政变，不过这一事件是美国中央情报局对希腊新的反共政权的回应，因而在幕后主导了全局。这促使土耳其政府在1974年7月出兵保护土裔塞浦路斯人，以免他们被并入希腊。在接下来的短暂战争中，双方都被控以残酷的手段对付敌方的平民。希腊人在瓦罗沙海滨度假胜地的高层建筑上架设防空高射炮时，土耳其人驾驶着法国的幻影战机轰炸这些高楼，而瓦罗沙的希腊裔则逃之夭夭。

英国籍的电气工程师艾伦·凯文德在战火爆发的两年前，也就是1972年，抵达该岛。当时他接受伦敦一家公司的任命在中东地区工作，不过当他第一眼看到塞浦路斯岛，就决定留下来定居。除了酷热的7、8月之外，这个岛屿的气候都很宜人。他住在北岸的山脚下，山上是由黄色石灰岩修建而成的村落，村民靠采收橄榄树与角豆树的果实为生，这两种植物都是他们从山下的港湾小镇凯里尼亚移植过去的。

战争爆发时，他决定静观其变，预测战争一旦结束，他的专长就会派上用场。果然不出他所料，只是他怎么都没料到会是酒店的业主打电话给他。希腊裔放弃瓦罗沙去逃难之后，土裔的塞浦路斯人决定，与其让游民霸占房舍，不如好好经营这个炫人的度假胜地，一旦永久和谈开始进行，这个谈判筹码就会更有价值。于是他们用铁链架起了围栏，还沿着海滩加装铁丝网，派驻土耳其部队在此守卫，更设立标语，警告闲杂人等不准进入。

两年后，拥有众多地产的一个老奥斯曼基金会（这间坐落在瓦罗沙最北端的酒店隶属于他们）提出请求，希望能准允他们改装这间酒店，重新开张。在凯文德眼中，这个要求合情合理，因为这家即将改名为棕榈滩酒店的四层建筑，距离弯曲的海岸线很远，因此阳台与酒店前的沙滩一整个下午都是阳光普照。至于隔壁那间曾暂时架起机关枪的酒店大楼，则在土耳其的空袭行动中倒塌。凯文德第一次进入这个禁区时发现，除了一些碎石之外，其他的东西保存得还相当完整。

事实上，这里完整得让人有点毛骨悚然，因为人们弃之不顾的速度快得吓人。1974年8月，酒店业务戛然而止时，房间钥匙还好端端地散落在酒店柜台上。面海的窗户依然敞开着，吹进来的海沙在酒店大厅形成了一座座小沙丘。花瓶里的鲜花已经干枯，盛着土耳其咖啡的小咖啡杯以及早餐留下来的碗碟，还摆在铺了麻质桌布的餐桌上，餐碟被老鼠舔得干干净净。

他的任务是让冷气系统恢复运作，然而事实证明，这个例行工作困难重重。岛屿南边的希裔政府获得联合国承认是合法的塞浦路斯政府，但是北边的土裔政府只有土耳其一国承认，因此他无法获得新的电气零件。于是驻防瓦罗沙的土耳其部队做了特别的安排，准许凯文德偷偷到其他闲置的酒店里去拆卸他所需要的零件。

他逛遍了整座废弃的城镇。过去大约曾有两万人生活在瓦罗沙，但如今沥青路面与人行道都已龟裂。他已经预料到在废弃的道路上可以见到杂草，却没有想到竟然有树木长了出来。酒店用来造景的速生澳洲合欢树，从路中央冒了出来，有些已将近一米高了。爬山虎从观赏性的多肉植物里窜出来，爬出酒店花园，越过道路，攀上树干。商店橱窗里摆放着纪念品与防晒乳液，一家丰田汽车经销商还展示着1974年的"花冠"与"赛利卡"。商店的玻璃窗被炸碎，凯文德从中见识到土耳其空军炸弹的威力。时装精品店里的人体模特儿半裸着身子，身上披挂着的高级进口布料尽成破布，它们身后的衣架虽然还吊满了衣服，却积了一层灰。娃娃车上的帆布也碎成了千丝万缕。街道上甚至还有脚踏车。他没有想到会有这么多东西留下来。

空荡荡的酒店原本有如蜂巢状的外墙，如今成了一座巨大的鸽子窝，到处都粘上了鸽粪。十层楼通往海景阳台的玻璃拉门，也被炸成碎屑。角豆鼠在酒店房间里筑窝，靠着先前为美化瓦罗沙所选用的柑橘类树丛中幸存下来的雅法橙与柠檬维生。希腊教堂上的钟楼也布满了蝙蝠留下来的血迹与粪便。

　　一层层细沙吹过大街，铺满了酒店的地面。不过让他最讶异的是，整体而言，没有什么味道。除了酒店游泳池散发出一种神秘的气味之外，大部分游泳池的水虽被放干了，但闻起来却好像池里漂满了尸体似的，令人费解。池边桌椅翻倒，海滩遮阳伞也破碎凌乱，四周散落着玻璃碎屑，样样都显示纵情狂欢的派对出了什么乱子。要清理这些东西，恐怕得花一大笔钱才行。

　　他整天拆卸零件，拯救冷气机、商用洗衣机与烘干机，还有完整的厨房设备，包括炉子、烧烤箱、冰箱与冷冻柜，等等。整整六个月，只有静寂在他耳边回响。他跟太太说，这样的寂静对他的耳朵有害。在战争爆发的前一年，他替城镇南边的一个英国海军基地工作，白天常把太太一个人留在海滩酒店享受阳光，晚上才接她去吃饭跳舞，当时会有乐队替德国与英国观光客演奏。如今，乐声不再，只有不复安抚人心的海水不断地揉搓着海岸，从破门窗吹进来的海风也像呜咽叹息，唯有鸽子的"咕咕"声震耳欲聋。缺乏人气的声音在四壁间回响，令人精神紧绷。他一直注意聆听是否有土耳其士兵靠近，因为他们接到的命令是看到有人抢劫掠夺就开枪射击，而他并不确定在这些巡逻的士兵当中，有多少人知道他在此工作是完全合法的，也不确定是否有机会自我澄清。

　　事后证明他多虑了，因为他绝少看见守卫的士兵，他也了解他们为什么会避免走近这样一个坟墓。

　　当梅廷·麦尼尔到达瓦罗沙时，已是凯文德结束修复工作四年之后了，当时房舍的屋顶都已坍塌，树木直接从屋子里长了出来。麦尼尔是土耳其知名的报社专栏作家，土裔塞浦路斯人，后来去伊斯坦布尔求学。家乡出事时，他返国加入战局，不过问题始终没有解决，于是他又回到土耳其。1980年，他是第一位获准进入瓦罗沙的新闻记者，但是也只能停留几个小时。

　　他注意到的第一件事，就是破碎的衣服、床单仍然晾在晾衣绳上。

不过最令人震惊的，并不是这里缺乏生命迹象，反而是生机勃勃。一手创建瓦罗沙的人类消失之后，大自然正在专心收回这片土地。瓦罗沙距离叙利亚和黎巴嫩只有十千米，气候非常温和，不至于发生冻融作用，但是人行道依然整个被掀翻损毁。麦尼尔诧异地发现，破坏大队不只是树木，还有鲜花。野生的塞浦路斯仙客来的种子非常细小，总有办法钻进裂缝里萌芽，然后把整块混凝土都掀过来。现在的街道上都长满了仙客来白色的梳齿与斑斓多彩的叶子。

"这时候你真的能了解，"麦尼尔在文章中对土耳其读者说，"道家所谓的柔能克刚是什么意思了。"

又过去了二十年，换了一个新的世纪，时间继续向前推进。土裔塞浦路斯人一度认为瓦罗沙的价值非凡，希腊人一定不愿意放弃这个地方，希望借此逼迫他们上谈判桌。但是双方都没想到，三十多年过去了，土耳其人的北塞浦路斯共和国依然存在，不但跟希腊人的塞浦路斯共和国隔绝，也与全世界脱轨了。除了土耳其一国承认之外，它在全世界各国眼中仍是一个遭到放逐的国家。连联合国维和部队也仍然无精打采地巡逻着那条1974年划定的绿线，偶尔替仍困在展示橱窗里的那一两辆全新的丰田汽车打打蜡。

什么都没有改变，只有瓦罗沙逐渐迈向进一步的腐朽衰败。围在四周的铁栏杆与铁丝网如今都长满铁锈，但是栏杆里除了鬼魂之外，已经没什么需要保护了。偶尔可以看见可口可乐的招牌，或张贴着写有夜总会的大型海报广告牌，不过这些夜总会已经有三十多年没有顾客上门了，以后也不会再有。合页窗也一直是敞开的，窗上的玻璃付之阙如，留下空荡荡的窗棂。石灰岩墙面碎落满地，整堵墙壁倾塌，露出屋内的空房间，房间里的家具早就不知所踪。墙上的油漆已经剥落，水泥墙即使还在，也会发黄变成柔和的绿锈色。若是没有涂上水泥，就可以看到砖块接缝处，灰浆已经溶解。

除了来来去去的鸽子之外，此地唯一会动的就是最后一座功能正常的风车，发出"吱吱嘎嘎"的声音。沿着这个一度想要比美戛纳与阿卡普尔科的里维埃拉的度假海滩，一座座酒店依然矗立在原地，无声、无窗，有些酒店的阳台还坍塌了，像瀑布一样跌落到毁灭之潭。到了这个时候，各方都一致同意，此地已经无从抢救，什么都救不回来了。如果有朝一日瓦罗沙还想招揽游客，就得全部推平铲除，重新来过。

在此之前，大自然还是会持续进行土地收复计划。野生的天竺葵与喜林芋蔓从没有屋顶的房舍头顶冒出来，沿着外墙爬下来。凤凰木、苦楝果，还有木槿花、夹竹桃与紫丁香树丛，也从室内外界线早已模糊的屋隅窜出。屋舍消失在九重葛的紫红色小丘底下，蜥蜴与吐着舌信的蛇轻盈地掠过野生芦笋、仙人果与两米高的草丛。一大片长满香茅的土地，散发出带点香甜的空气。到了夜晚，漆黑的海滩上没有赏月寻幽的访客，反倒爬满了筑巢的赤蠵龟与绿海龟。

塞浦路斯的形状像一只煎锅，长柄伸向叙利亚的海岸线，锅里有两道东西向的山脉并列，而且两道山脉正好分居绿线的两侧，中间夹着一道宽广的中央盆地。山上一度覆盖着阿列颇与科西嘉种的松树、橡树与杉木，两山之间的平原则是柏树与杜松木的林地，而面海的干燥斜坡上种了橄榄树、杏仁树与角豆树。在更新世末期，跟母牛一般大的侏儒象，以及体形与农场母猪相去不远的侏儒河马都曾在这片树林间穿梭游走。由于塞浦路斯原本是从海底升上来的陆地，跟周围的三块大陆都不相连，因此这两个物种显然是游泳过来的。到了约一万年前，人类也跟随它们的脚步来到此地。至少有一个考古遗迹显示，最后一只侏儒河马是遭到智人猎杀烹煮而亡。

塞浦路斯的树木曾经遭到亚述人、腓尼基人、罗马人砍伐用以造船。到了十字军东征的年代，大部分的树木都成了狮心王理查的战舰，在此之前，羊群的数目就已经大到足以令整片平原寸草不生。到20世纪，人们引进了罗汉松，试图复苏原来的春天。然而到了1995年，在长期干旱之后，几乎所有的罗汉松和北边山上仅存的原生林，都在闪电造成的森林火灾中付诸一炬。

新闻记者麦尼尔始终不忍从伊斯坦布尔重返家乡，面对故土化成灰烬的残酷事实，直到一位土裔塞浦路斯的园艺学家希可梅·乌鲁干说服他，劝他一定要来看看这里发生了什么。于是麦尼尔发现，花朵再次重建了塞浦路斯的风景地貌，烧焦的山坡铺满了深红色的罂粟花。乌鲁干还跟他说，有些罂粟花种子存活了一千多年，就是等着这把火烧掉林地，让它们可以尽情绽放。

乌鲁干在北边海岸山上的拉普塔村种植无花果、仙客来、仙人掌与葡萄，还不辞辛劳地照料全塞浦路斯最古老的重枝桑。他在年轻时被迫离开南方的家园，如今他的短髭、尖须与硕果仅存的几撮头发都已灰白。他父亲原本在南方有座葡萄园，还兼养羊，种植杏仁、橄榄与柠檬等作物，二十几代的希腊人与土耳其人一直这样共享谷地。突然间，毫无意义的敌视对立开始撕裂这座岛屿，邻居开始互殴至死。一具伤痕累累的尸体在山坡上被发现，是一位放牧山羊的土耳其老妇人，在她死后，那只小动物的牵绳还拴在她的手腕上，"咩咩"地叫着主人。这等行径野蛮凶残，但土耳其人也照样屠杀希腊人。人类族群彼此仇视谋杀的原因，不比黑猩猩的种族屠杀来得复杂难解。我们人类一直假装自己的文化法规礼教已经超越了这样的动物本性，不过到头来却是自欺其人。

乌鲁干从他的花园里可以看到山脚下的凯里尼亚港，罗马人曾在此建构防御工事，到了7世纪时，拜占庭人又在当时的基础上兴建古堡护卫港湾。后来十字军与威尼斯人陆续接管，接着是奥斯曼人与英国人，现在轮到土耳其人。这座古堡如今已经变身为博物馆，拥有世界最罕见的古物，那是1965年发现、在凯里尼亚外海一点六千米处沉没的完整的希腊古商船。这艘商船沉没时，船上载满了石磨与数百个装着葡萄酒、橄榄与杏仁的陶瓮，沉重的船载让这艘船深陷海底泥沼之中，被洋流带来的泥沙埋没。船上的杏仁极可能是在沉没前几天才从塞浦路斯岛上采收的，经过碳十四测年法鉴定，这艘船是在两千三百年前沉没的。

由于隔绝了氧气，使用阿列颇松树做成的船身与木料都得以完整保存，一旦接触到空气，就必须注射聚乙烯脂以免木材龟裂。造船人所使用的铜钉也没有受到锈蚀，铜一度是塞浦路斯的标志。完整保存的还有钓鱼铅锤与陶瓮，各种造型不同的陶瓮显示它们来自爱琴海地区的不同港口。

现在展示这艘商船的古堡，其三米厚的墙壁以及略有弧度的塔身，都是用附近悬崖壁上采集来的石灰岩制成的，里面也残存着塞浦路斯仍在地中海底时所保留的细小化石。然而，自从这个岛屿分裂成两个国家之后，这座古堡，以及凯里尼亚沿岸一些用来存放角豆的石制古老仓库都消失殆尽，取而代之的是一连串的赌场酒店。对一个遭到放逐的国家来说，赌博与宽松的货币法律，是他们为数不多的经济选择。

乌鲁干开车沿着塞浦路斯的北海岸线，经过另外三座以原生石灰岩兴建的古堡，三座古堡与狭窄的道路平行，矗立在崎岖的山上。海岸边突出的岬角俯瞰着金黄色的地中海，岬角上是石砌村落的遗迹，有些已有六千年的历史。原本这些村落建筑的阳台、被掩埋了一半的石墙与突起的屋角都还清晰可见，然而，2003年外来势力又一次入侵，对这座岛屿的风貌造成重击。"唯一值得安慰的是，"乌鲁干悲戚地说，"这次入侵的时间并不算长。"

这一次来的不是十字军，而是一群英国中产阶级老人，想用他们的养老金买一个便宜又温暖的养老场所。在狂热的开发商带领之下，他们在只有准国家地位的北塞浦路斯，找到利比亚以北最后一个便宜又没有人开发过的海滨房地产，而且还有宽松的都市划分法规予以配合。于是在转眼之间，推土机就铲除了五百多岁的橄榄树，沿着山坡地开出道路。红色屋顶像海浪般拥进原有的地景中，而灌满混凝土的地基上一再复制出相同的建筑平面图。房地产公司站在海啸般的现金收益浪潮上，脚踏着写满英文的广告牌冲上海岸，广告牌上尽是一些如"庄园""山景府邸""海滨别墅""豪宅大院"之类的诱人字眼，配上一些古老的地中海地名。

介于四万英镑到十万英镑之间的房地产价格（相当于七万五千到十八万五千美元），带动了土地热潮，也引发一些土地所有权之争，因为希裔塞浦路斯人仍声称他们是合法的地主。北塞浦路斯的一个环保信托单位软弱地抗议新建高尔夫球场的开发案，他们提醒大家注意：这些人现在得用特大号的塑料袋从土耳其进口水，都市里的垃圾场已经爆满，而完全没有污水处理设备则意味着，将有五倍以上的废水倾倒进湛蓝透明的海洋里。

每个月都有新来的蒸汽挖土机像饥饿的雷龙一样大口大口吞噬着海岸线，然后在凯里尼亚以东四十八千米处那条愈来愈宽的沥青路面两旁，吐出橄榄树与角豆树的残骸，而且丝毫没有中止的迹象。英文大军在海岸边行进，后面拖着惨不忍睹的建筑物。广告牌一个接着一个，宣布最新的土地划分进展，个个都有让人信服的英文名称。不过这些海滨别墅的长相却愈来愈不堪，混凝土墙不再粉刷，装饰有以人工聚合物做成的俗气的假的陶土瓦片，以及压模制造的石砌飞檐与窗台。有一次，乌鲁干在一整排等着装上预铸墙壁的街屋钢架结构前，看到一堆传统的黄色石砖，赫然发现这是有人拆掉了本地桥梁的石制饰面，卖给了承包商。

躺在骷髅般的建筑结构底下的石灰岩方块，也让他有一种似曾相识的感觉。过了好一阵子，他才想道："这就跟瓦罗沙一样。"尚未完工的建筑，周围堆满了建筑用的碎石，看起来正是瓦罗沙衰败的景象，只不过一边在盖高楼，另一边却是废墟。

别的不说，建筑质量是江河日下。每个广告牌都吹嘘着北塞浦路斯阳光普照的梦想家园，但在广告牌接近底部都注明"工程质保期为十年"。谣传开发商从沙滩挖掘海沙来做混凝土，却没有彻底洗掉沙里的海盐。若是传闻属实，这些房子大概也就只有十年的寿命。

走到新的高尔夫球场后面，道路终于又变窄了。经过一座桥上石灰岩装饰都被拆除的单车道石桥，跨越长满桃金娘与粉色兰花的山谷，来到卡帕斯半岛。卡帕斯半岛长长的卷须往东伸展，遥指黎凡特地区。卷须两侧是一排空荡荡的希腊教堂，里面空无一人，却依然屹立不摇，见证了石砌建筑的刚毅坚实。石砌建筑是最早用来区分人类定居或游猎生活形态的一项指标，因为游猎生活中以泥土与条枝搭建的小屋，就跟当季的草一样不耐久。在人类消失之后，石砌建筑将是最后一批才消失的东西。在现代建筑所使用的建材都一一腐化之后，这个世界会回溯我们的脚步，重返石器时代，也逐渐消弭我们所遗留下来的记忆。

沿路走进半岛，景色也愈来愈像《圣经》里所描述的风景，古老的墙壁因底部黏土受地心引力的牵引，化成一堆堆的土丘。岛屿木梢有几座沙丘，上面覆盖着喜盐的灌木与开心果树。沙滩上残留着母海龟产卵时拖着肚腩上岸的痕迹。

上面一座小小的石灰岩山丘上长了一棵枝叶茂密的罗汉松，石丘表面的阴影竟然是个洞穴。走进一看，低矮的入口拱门拉出一条柔和的抛物线，显示曾被人雕刻过。有强风袭过的半岛末梢，与土耳其相隔不到六十千米，再前进三十二千米就可以到达叙利亚，塞浦路斯的石器时代就是从这里开始的。人类抵达此地的时间，世界上已知的最古老的建筑物——一座石塔开始兴建，盖在世界古城、至今仍有人居住的耶利哥（Jericho）。相形之下塞浦路斯岛上的这个居所要粗糙得多，但这仍代表着人类发展上巨大的进步。他们冒险跨越了地平线，离开了视线所及的海岸，寻找另外一个等待他们的海岸。虽然早在四万年前，抵达澳大利亚的东南亚人已经率先踏出这一步。

这个洞穴不深，大约只有六米，里面却相当温暖。洞穴里有个被熏黑的壁炉、两条凳子，睡觉的壁龛镶嵌在沉积岩壁上。第二个房间比第一个小，几乎呈正方形，门口也是方形的拱门。

南非的古猿遗迹显示，我们至少从一百万年前就开始穴居。残留在法国肖维的断崖岩穴更揭露了，克鲁马努人不但在三万两千年前就已占据了这些洞穴，还把这些洞穴变成人类的第一个画廊，描绘他们在欧洲猎捕的巨型动物或他们渴望精神上与之交流的神秘力量。

此地却没有这样的艺术品。率先在塞浦路斯居住的人是挣扎求生的拓荒先锋，他们对美的追求还是之后的事情。不过他们的骨骸已经埋在地底。在人类的建筑物与耶利哥的石塔遗迹都化为沙土时，最初给我们提供庇护，并让我们首次认识到"墙壁"概念及他们对艺术渴求的这些洞穴，依然会存在。在没有我们的世界中，这些洞穴会静静地等待着下一批进驻的主人。

八 什么会留下
What Lasts

1 地球的战栗
Earth and Sky Tremors

　　前身为东正教教堂的伊斯坦布尔索菲亚大教堂，拥有巨大的大理石圆顶建构，外表贴满了马赛克瓷砖，其直径长达三十多米，虽然比起古罗马万神殿的圆顶稍微小了一点，却高得多。从外观很难看得出来，是什么样的结构支撑了这样庞大的圆顶。这神来一笔的设计是利用底下的拱窗柱廊平均分摊圆顶的重量，让圆顶看似飘浮在半空中。从底下仰头凝望，只见一片镀金的天空在五十米处的头顶盘旋，因为一时无从判断这个圆顶是如何停驻在半空的，让人看得头昏眼花，半信半疑，以为真有奇迹出现。

　　一千多年以来，教堂内增添了更多的结构，例如重复的内墙设计、额外的半圆顶、飞拱、穹隅和巨大的角柱，等等，进一步分担圆顶的重量。因此，土耳其的土木工程师迈特·索真深信，再大的地震也难以撼动索菲亚教堂。但事实上，第一座圆顶就曾发生过意外。537年教堂完工之后，才过了短短二十年，圆顶就塌了下来，这个意外也导致事后的种种加固措施。即便如此，这座教堂（在1453年改为清真寺）还是在地震中二度严重损毁，直到奥斯曼帝国最伟大的建筑师米玛·希南在16世纪将其修复。奥斯曼人在教堂上加盖的尖塔总有一天会坍塌。但是索真认为，就算这个世界没有人类，不再有人定期以灰泥重新嵌填索菲亚大教堂的砖缝，这座教堂大部分的结构与伊斯坦布尔城里其他伟大的古老石砌建筑，还是可以完整保存到未来的地质时代。

但遗憾的是，对于其他的建筑，他就不敢下定论了。虽然他在这座城市出生，但今非昔比，如今的伊斯坦布尔已经不是之前的那座城市了。伊斯坦布尔原名君士坦丁堡，更早的时候称为拜占庭。在历史上曾多次易主，实在很难想象还有什么能够彻底改变这座城市，更别说是毁灭这座城市了。然而，索真相信，改变已经发生了，而毁灭近在眼前，不管以后还有没有人类。唯一的差别是，如果世界上没有人类，就没有人留下来捡拾伊斯坦布尔的碎瓦残片了。

索真博士在美国印第安纳州的普渡大学担任结构工程系的系主任。在他1952年离开土耳其前往美国攻读研究生的时候，伊斯坦布尔的人口只有一百万，半个世纪之后，这个数字已经变成了一千五百万。这样的改变不是过去那种宗教信仰上的转变：从信奉特尔斐神谕到罗马文明，再到拜占庭东正教、十字军的天主教、奥斯曼帝国，直至如今土耳其共和国一脉相传的伊斯兰教。他认为，这次的改变乃是一种更为剧烈的典范转移。

索真博士从工程师的角度来看这种改变。过去征服这座城市的文化总是以兴建巨大的纪念建筑物来彰显自我，如索菲亚大教堂和附近那座精致得如梦似幻的蓝色清真寺。人口的增长表现在建筑上，就是在伊斯坦布尔狭窄的街道中挤进了一百多万栋楼房，而且他说这些建筑都注定短命。2005年，索真集合一批国际知名的建筑师与地震专家，组成了一个团队，向土耳其政府发出警告：在三十年内，伊斯坦布尔东边的北安纳托利亚断层会再度滑动，一旦发生地震，至少有五万栋公寓会因此倒塌。

到现在他还在等候回音，不过他怀疑真的有人能想到对策，来预防他根据专业判断出的无可避免的灾难。1985年9月，美国政府紧急派遣索真到墨西哥市，诊断当地的美国大使馆是如何能在震级为八点一、震毁了将近一千栋建筑的大地震中逃过一劫。他在一年前检查过这栋高度强化的建筑。地震过后，改革大道上上下下以及邻近街道的许多办公大楼、公寓和酒店都纷纷解体，唯独美国大使馆毫发无伤。

那是拉丁美洲史上最严重的一次地震。"不过主要局限在市区。在墨西哥市发生的地震，根本无法与未来可能发生在伊斯坦布尔的地震相提并论。"

这两次地震会有一个共通之处，就是在地震中倒塌或可能倒塌的建筑物，几乎全都是在二战之后才完工的。虽然土耳其没有卷入战争，却跟其他国家一样惨遭经济重创。随着战后欧洲工业复苏，数以千计的农民纷纷涌向城市找工作，伊斯坦布尔横跨欧亚，因此挤满了六七层楼高的钢筋混凝土公寓。

"但是混凝土的强度，"索真对土耳其政府说，"跟其他城市比起来，比方说芝加哥，伊斯坦布尔只是人家的十分之一。而混凝土的强度与质量取决于水泥的用量。"

原本只是经济与材料的问题，随着人口的增长，伊斯坦布尔不得不增加楼层以便容纳更多的住户。"混凝土或石砌建筑是否能够屹立不摇，"索真解释道，"取决于第一层所承受的压力。楼层愈多，建筑物的重量也就愈重。"如果在一楼的商店或餐厅上，加盖一层又一层的住家，就会有危险。商用空间多半比较开阔，室内梁柱或承重墙较少，因为在设计时就没有考虑要支撑一楼以上的楼层。

而且事后才往上加盖的楼层，很少能跟原有的建筑物紧密结合，共享墙壁所承载的压力不均，也让问题愈加复杂。索真说，如果墙壁顶端为了通风或偷工减料，预留了空间，情况就更糟糕。因为当建筑物在地震中左右摇晃时，这种没有完整墙壁覆盖的梁柱就会断裂。在土耳其，有数百所学校建筑都采取了这样的设计。而在从加勒比海诸国到拉丁美洲，从印度到印度尼西亚的热带国家，这种在墙壁上预留空间的设计格外盛行，一方面是为了散热，另一方面也可以让风吹进室内。在发展中国家，许多没有空调设备的建筑物，如停车场里，也可以发现同样的结构缺陷。

到了 21 世纪，全球有一半以上的人口住在城市里，大部分是穷人。以钢筋混凝土为主题的各式廉价变化，每天都在重复上演。全球各地像这种低价竞标营造的建筑物，都会在后人类的世界中一一倒塌，如果在断层附近，倒塌的速度会更快。一旦伊斯坦布尔遭遇地震，市区内狭窄蜿蜒的街道就会被数千栋房舍倒塌后的碎砖瓦砾完全塞住，城里大部分地区都得封锁三十年，才有可能清理掉这种大规模毁灭所带来的废弃物。

但其前提是必须有人来清理。如果没有人清理，再加上伊斯坦布尔的冬季仍旧经常下雪，那么地震后堆积在石板路与人行道上的大量碎石瓦砾，就有待冻融作用慢慢化为沙土。每次地震都会引发火灾，一旦没有消防队救火，博斯普鲁斯海峡沿岸、一些奥斯曼帝国时期遗留下来的古老木造宅邸也会付之一炬，早已绝迹的杉木全部化为灰烬，成为新土。

尽管清真寺的圆顶，就像索菲亚大教堂的圆顶结构，刚开始还没事，但地震可能会导致石砌结构松脱，冻融作用也会破坏灰浆，砖头石块终将一一掉落。到最后，伊斯坦布尔就会像距离土耳其爱琴海海岸两百八十千米、四千年前的特洛伊古城一样，只剩下没有屋顶的神庙残存，虽然没有倒塌，却深埋地底。

2 大地
Terra Firma

如果伊斯坦布尔能够存活到计划中的地铁系统完工，其中一条会穿越博斯普鲁斯海峡，连接欧亚大陆。因为地铁没有经过断层带，在地面上的城市消失很久之后，这个地铁系统或许还能完好无缺，只是会被遗忘罢了。（不过，地铁隧道若经过断层，例如旧金山湾区的捷运系统或纽约市地铁，那么命运就大相径庭了。）在土耳其首都安卡拉，地铁系统的神经中枢扩张到范围极广的地下商场，有铺设马赛克砖的墙壁、隔音天花板、电子布告栏系统和各式商城。跟街道上的混乱不和谐相比，这是一个秩序井然的地下世界。

不论是安卡拉的地下商城，还是莫斯科的地铁，它们以深入地底的隧道、华丽的水晶吊灯以及看起来像博物馆的地铁站闻名，其中一些站点还被誉为城市里最典雅的景点。正如蒙特利尔的地下城，里面有商店、办公室、公寓和迷宫一般的通道，不但具体而微地反映出地面城市的风貌，也与旧式的地面结构相互链接。在人类从地表彻底消失之后，不管这个世界变成什么样，这些地底建筑与其他的人造建筑相比，更有机会保存下来。尽管它们最后仍不免因渗水与地面坍塌而沦陷，但饱受风吹日晒的建筑还是会比深埋地底的结构更早消失。

然而，这些还不是最古老的遗迹。距离安卡拉以南三个小时车程的卡帕多西亚，从字面上说，这个名字是"良驹之乡"的意思，不过这一定是谬误，极可能是某种古老语言的发音所导致的误解，因为即使是长了翅膀的飞马也抢不走这片地形景观的风采，或者说抢不过地底宝藏的风头。

1963年，伦敦大学的考古学家詹姆斯·梅拉特在土耳其发现了一幅壁画，据说是地球上最古老的风景画。这幅画的历史在距今八千到九千年之间，也是目前已知、画在人类建筑物表面上的最古老画作，画在了涂过灰浆的泥砖墙上。这幅二点四米宽的二维壁画，描绘的是一座双峰火山爆发的情况。如果抽离了脉络，画作的组成元素看起来不尽合理，涂成红褐色的火山，可能会被误认为是膀胱，或者是两个不太真切的乳房。这幅壁画很可能是母豹的乳房，因为上面还有一些可疑的黑色斑点。此外，火山好像是直接放在一堆盒子上似的。

若是从发现壁画的地理位置来推断，画作的意涵就毋庸置疑了。双峰火山的外形跟遗址东边六十四千米外、高达三千两百米的哈桑火山侧影完全吻合，渐降的山脉绵延到土耳其中部的科尼亚高原。至于山下的"盒子"可能是原始的村落房屋，许多学者认为画中是世界上最古老的城镇——加泰土丘。它的年龄是埃及金字塔的两倍，而且当时人口约有一万人，远比同时期的耶利哥要多得多。

梅拉特开始挖掘的时候，只剩下一些从小麦与大麦田里冒出来的低矮土丘。他最早发现了数百个用黑曜石制成的箭头，黑曜石正是来自哈桑火山，或许也是画中黑点的由来。但不知为何，加泰土丘遭到遗弃，于是像盒子一样房舍的泥砖砌墙纷纷倾倒，原本四方形的建筑轮廓也逐渐被侵蚀成柔和的抛物线。再过九千年，连弧形的曲线也会被磨平。

不过，哈桑火山另一侧正在发生截然不同的事情。现在这里被称为卡帕多西亚，它最初是个湖泊，几百万年来火山经常爆发，原本的湖泊装满了一层又一层的火山灰，堆积了深达百米的灰烬。等这个大锅子终于完全冷却，这些火山灰就凝固成凝灰岩，一种性质非常特殊的岩石。

两百万年前，火山最后一次猛烈喷发，在约二百六十公顷的灰色粉状凝灰岩上，像斗篷一样铺上了一层岩浆，留下一层薄薄的玄武岩。当岩石变硬，气候也开始变得严酷，在风霜雨雪的侵蚀之下，冻融作用使得玄武岩的表面龟裂破碎，湿气渗入，溶解了底下的凝灰岩。岩石受到侵蚀后，部分地面开始塌陷，只留下数百根灰白细长的立柱，柱头还留着香菇头似的黑色玄武岩帽。

旅游行业的推广人称之为仙人塔。这样的形容倒也贴切，不过未必是人类的第一反应。然而，带有奇幻色彩的说法依旧盛行，因为周围的凝灰岩山丘不但有风与水的镂凿，也吸引了想象力丰富的人类动手雕琢。严格说起来，卡帕多西亚的城镇并不是盖在地面上，而是在地底下。

凝灰岩的质地很软，如果一心想越狱的囚犯意志够坚定的话，只要用一根汤匙就能在凝灰岩上挖个洞逃之夭夭。但如果暴露在空气中，凝灰岩就会硬化，形成外表平滑、看似用灰泥粉刷过的硬壳。早在公元前700年，拥有铁器工具的人类就在卡帕多西亚的陡坡上挖洞，甚至挖空了仙人塔。就像草原犬鼠的聚居地一样，这里的每一个岩石表面很快就变得千疮百孔，有些窟窿大到足以让鸽子或人栖身，甚至可以放进一栋三层楼的酒店。

这些鸽子洞，是在山谷峭壁与石柱上挖出来的数十万个拱形壁龛，原本就是希望吸引野鸽前来筑巢。跟现代都市居民一直想驱赶都市里的鸽子的理由相同——大量的鸽粪，但这里的人是为了得到鸽粪。这些鸽粪价值非凡，可以用来滋养葡萄、马铃薯和著名的香甜杏桃，因此许多鸽舍外面雕琢了繁复的花纹装饰，其华美程度完全不逊色于卡帕多西亚的洞穴教堂。这种以建筑向鸟类伙伴致敬的做法，一直持续到20世纪50年代人工肥料传到此间为止，此后卡帕多西亚的居民就不再挖鸽舍了。（他们现在也不再挖洞兴建教堂。在奥斯曼帝国将土耳其教化成伊斯兰教国家之前，人们在卡帕多西亚的高原与山地上总共挖了七百多个洞穴作为教堂。）

直到现在，此地最昂贵的房产还有很多是建造在凝灰岩的洞穴里，洞穴外面的浅浮雕装饰跟全世界各地豪宅的门面一样虚假做作，四周也衬有壮丽的山景。原本的教堂都改成了清真寺，宣礼员呼唤晚祷的声音在卡帕多西亚光滑的凝灰岩山壁与尖塔间回响，听起来像是山脉集体祷告一般。

在遥远的未来，这些人工洞穴总有一天会磨损殆尽，甚至质地比火山凝灰岩更坚硬的天然洞穴也是一样。但是在卡帕多西亚，人类行经的足印会比其他痕迹保留的时间更久，因为这里的人不只在高原的墙壁上安置自己，同时也在平原之下、地底深处安身立命。如果有朝一日，地球的轴心移转，冰河挤进了土耳其中部，摧枯拉朽般地扫荡了所有挡路的人造建筑，到了这里，就仅是刮掉表面而已。

没有人知道在卡帕多西亚的地底有多少个地下城镇。到目前为止，已经发现了八个，还有许多较小的村落，可是一定还有更多尚未出土，1965年才出土的代林库尤就是其中最大的一个。当时有位居民在清理穴屋后面的房间时，不小心挖穿了一堵墙，在墙后发现了一间他从未见过的房间，并通往另外一个较小的房间。就这样一间连着一间，到最后，专门探察洞穴的考古学家发现了一个房房相连的巨大迷宫，深达八十五米，至少有十八层，足足可以容纳三万人，而且还有更多的洞穴有待进一步挖掘。其中有一条足以让三个人并肩同行的隧道，通往约十千米外的另一个地下城镇。其他的通道也显示，在卡帕多西亚，不论是地面还是地底，所有空间都曾经由一个秘密的网络彼此链接。很多人仍然把这个古老的地道作为地窖储藏室。

这里跟河谷一样，最新的沉积物都最接近表面。有些人相信，最早在此筑屋的人是圣经时代的赫梯人。他们为了躲避弗里吉亚人的强取豪夺，因此在地底掘洞穴居。在卡帕多西亚的内夫谢希尔博物馆任职的考古学家穆拉特·埃尔图鲁尔·顾雅兹，也同意赫梯人曾在此居住，却质疑他们并不是第一批在此地定居的人。

顾雅兹以土生土长的本地人自豪，唇上的胡髭跟上等的土耳其地毯一样浓密，曾经参与阿西克力土丘的挖掘工作。这里是卡帕多西亚的一个小山丘，里面留下的遗迹比加泰土丘还久远，其中包括有一万年历史的石斧与黑曜石工具，都可以切穿凝灰岩。他宣称："地下城镇都是史前遗迹。"他还说，这也说明了为什么上层房间比较粗糙，不像下层的长方形地板那么精准。"显然大家到后来都愈挖愈深。"

一发不可收拾，一个接一个征服此地的文明都陆续发现了藏身地底世界的好处。地下城镇多半都是靠火把照明，顾雅兹还发现，他们也经常点亚麻油灯，既可取暖，也可保持舒适的室温。或许温度正是最初启发他们挖洞穴居，在冬天里避寒的原因吧。但是从赫梯人、亚述人、罗马人、波斯人、拜占庭人、塞尔柱突厥人到基督徒，一波接一波的后继者发现这些地洞巢穴之后，又不断加宽加深，只为了防御敌人。塞尔柱突厥人和基督徒还扩张了原本的上层房间，好让他们的马匹全都住到地下。

卡帕多西亚到处弥漫着凝灰岩的气味，它有种凉沁的泥土香，还带一点薄荷的刺鼻味。到了地底下，这种味道更加浓郁。凝灰岩柔软的特性，让当地人在需要灯火照明的地方可以随意挖出一个壁龛安装火炬，但岩石本身还是相当坚韧的。因此在1990年海湾战争爆发时，土耳其政府还决定一旦战事蔓延，就要利用这个地下城镇充当防空避难所。

在代林库尤的地下城里，马厩的下层是收藏牲口饲料的储藏室，隔壁是一间共享的厨房。厨房里面有一口土灶，上方二点七米高的天花板有排气孔，经由分叉的岩石管道，将炊烟导引到两公里外的烟囱排放出去，让敌人找不到他们的确切位置。基于同样的理由，地下城的通风管道也都做成了歪斜的。

庞大的储藏空间，再加上数以千计的陶罐、陶瓮，显示有好几千人曾在地底下一住就是几个月，不见天日。透过垂直的通信管道，他们可以跟住在其他楼层的人通话。地下水井提供饮用水，地下排水道可以避免积水为患。还有一些水经过凝灰岩渠道引到地下酿酒厂，这里有凝灰岩做成的大型发酵桶与玄武岩石磨，可以酿制葡萄酒或啤酒。

这些饮料或许是减缓幽闭恐惧症的必需品，因为地底下的楼梯都刻意做得低矮、狭窄又蜿蜒弯曲，他们必须弯着腰才能往来于不同楼层之间。也正因如此，若有外敌入侵，敌人也必须弯着身子缓慢行进，还只能单线前行，如此一来，当敌人一个一个出现的时候，就可以轻而易举地予以杀戮，如果他们真能走到这么远的话。楼梯与通道每隔十米就有一个平台，并且配备了石器时代的推拉门，即一块重达半吨、从地板直达天花板的石轮。石轮滚到定位之后，就可以封锁通道。入侵的敌军一旦被困在两道拉门之间，很快就会发现他们头顶上的石洞并非通风孔，而是让他们洗热油澡的油管出口。

从这个地下堡垒再往下走三层，可以看到一个有拱状天花板的房间，一排排长椅面向岩石讲台，这里是学校。再往下，则有好几层、占地达数平方公里的地下街道，彼此交错分叉，沿街两旁是居民的生活起居空间。他们替有孩子的成年人设计了加宽的壁龛。这里甚至还有游戏间，里面有漆黑的地道，爬进去绕一大圈又会回到原点。

再往下走，到了代林库尤的地下八层，两个大型挑高的空间呈十字交叉，这里是教堂。教堂里因为潮湿，没留下任何壁画或绘画。在7世纪，从安提俄克与巴勒斯坦移居到这里的基督徒，就是藏在这间教堂里祷告，躲避阿拉伯侵略者的。

在教堂底下，有一个方形的小房间，那是临时的墓窖，往生者就暂时停尸在这里等候危机解除。尽管代林库尤和其他的地下城镇在历史上多次易主，从一个文明转移到另一个文明，但是这里的居民总是会回到地面上安葬他们的同胞，埋在有阳光雨水滋润、有粮食生长的土壤里。

地面是他们成长与死亡的地方。但有朝一日，当人类全部消失之后，唯有他们建来防御敌人的地下城镇，才能保存下来从而固守人类遗存的记忆，成为最后一个见证人。虽然它隐身地底，却能证明我们曾经在此驻足。

九 聚合物恒久远
Polymers are Forever

　　英格兰西南方的普利茅斯港已经从英国的观光城镇名单上除名了。在二战之前，这个港市还具备资格。1941年3月和4月里的六个夜晚，纳粹空袭炸毁了七万五千栋房屋，即"普利茅斯大轰炸"。遭到摧毁的市中心在战后重建，一排排现代混凝土建筑叠加在普利茅斯蜿蜒的石板路巷道上，这座城市的中世纪历史也被掩埋在记忆里。

　　然而，普利茅斯的历史主要还是在城市边缘，也就是普利姆河与塔玛河交汇形成的天然港口，两条河川在此汇流之后，注入英吉利海峡与大西洋。这里正是清教徒移民向美洲出发的普利茅斯港。他们漂洋过海之后，将他们在美洲登陆的地方同样命名为普利茅斯，以兹纪念。库克船长三度航向太平洋的探险船队，都是从这个港口出发的。弗朗西斯·德雷克爵士的环球航行旅程，也是从这里开始的。1831年12月27日，英国皇家贝格尔号从普利茅斯港起航，船上就载着年仅二十一岁的达尔文。

　　普利茅斯大学的海洋生物学家理查德·汤普森常在普利茅斯港边散步，遥想这里的历史，尤其是在冬天，当沿着港湾的沙滩上都空无一人时。只见一名身材颀长的男子，穿着牛仔裤、靴子、蓝色防风夹克和拉链羊毛衫，光秃秃的脑袋上没有戴帽子，修长的手上也没有戴手套，一个人弯着身子，用手指拨弄着沙滩上的沙子。汤普森的博士论文，是研究像帽贝和滨螺这种软体动物爱吃的那种黏黏的物质：硅藻、蓝藻、海藻和攀附在海草上的细小植物。人们知晓汤普森并不是因为他对海洋生物的研究，而是他对原本不属于海洋却愈来愈多的东西的研究。

20世纪80年代，他还在大学念书时就开始做一件事，不过当时他并不知道这后来会成为他的终生志业。每年秋天，他都响应英国的全国清滩运动，利用周末在利物浦组织分队清理海滩。到了大学的最后一年，一百七十名队员在约一百四十千米长的海滩上，清理出好几吨垃圾。除了一些显然是从船上掉落的物品之外，像是希腊的海盐罐、意大利的调味瓶等，从标签来判断，其他的漂流物都是由爱尔兰往东被风吹过来的垃圾。同理，瑞典的海岸就成了接收英国垃圾的地方。任何包裹，只要里面有足够的空气可以浮上海面，似乎都循着风向漂流，而在这个纬度，风正好都是往东吹。

不过，体积较小、较不明显的碎片，显然是受到海里洋流的牵制。汤普森每年在汇整清洁队的报告时，发现常见的瓶瓶罐罐与废弃轮胎，似乎体积都愈变愈小。于是他跟另外一名学生开始沿着海岸浅滩搜集沙粒，筛选找出不是天然物品的小颗粒，然后放在显微镜底下观察，试图找出这些东西究竟是什么。可是这个工作很棘手，他们的样本通常都太小，无法认定这些东西来自什么瓶子、玩具或器皿。

大学毕业之后，他转往纽卡斯尔念研究生，还是持续每年的清滩工作。拿到博士学位后，他来到普利茅斯任教，当时系上刚买了一台傅立叶变换红外光谱仪，这个仪器可以发射微光束穿过物质，然后以测得的红外光谱跟已知物质的数据库比对，便可查知此物质为何。这让汤普森了解到眼前的物质究竟是什么，却更令他忧心。

"你知道这是什么东西吗？"汤普森走过普利姆河湾靠近入海口的沿岸。再过几个钟头，满月就要升起，潮水退了将近两百米，露出一大片平坦的沙洲，上面零星散布着墨角藻与扇贝。一阵微风吹过潮水的表面，山上成排住屋的倒影轻轻颤动。汤普森弯下腰，看着波浪舔舐过的沙滩，浪头边缘在浅滩上留下来的一排垃圾，有些是可以辨识的物品。大捆大捆的尼龙绳、针筒注射器、没有盖子的塑料食品盒、只剩一半的船用浮筒、聚苯乙烯包装材料如碎石般的残骸，还有像彩虹般多彩多姿的瓶盖，数量最多的是彩色的棉花棒塑料棍。还有一种外表形状一致的奇怪小东西，他经常考问别人这是什么东西。他抓起一把沙子，在小树枝与海草纤维之中，暗藏着十几、二十个蓝绿色的塑料圆筒颗粒，高度大约只有两毫米。

"这些东西是合成树脂颗粒，是塑料制品的原料，这些小颗粒熔解之后，就可以做出各种东西。"他向前走了几步路，又捞起了满手沙，这一次有更多相同的塑料颗粒，淡蓝色、绿色、红色、棕褐色的。据他估计，每一捧沙子里就有百分之二十是塑料，其中至少有三十个是这种塑料颗粒。

"这几年，几乎在每一座沙滩上都可以看到这种东西，显然是从某间工厂里流出来的。"然而，附近却没有任何塑料工厂。这些小颗粒一定是乘着洋流漂流，经过长距离的跋涉，在风与潮汐的聚集下，最后才在这里上岸。

在汤普森位于普利茅斯大学的实验室里，研究生马克·布朗从透明封口袋里拿出用锡箔纸包着的沙滩样本，仔细打开来。这是国外同僚寄过来检验的样本。他先将样本放进玻璃分离漏斗，注满浓缩的海盐溶剂，让塑料颗粒浮上来。接着他又分离出一些他认为可以辨识的东西，例如无所不在的彩色棉花棒棍子，放在显微镜下检验。若真的是很不寻常的东西，就得仰赖傅立叶变换红外光谱仪。

每次检验都要花一个钟头才能完成。结果，其中大约三分之一是天然纤维，如海草，另外三分之一是塑料，剩下的三分之一则是不明物质。也就是说这些不明物质，在现有的聚合物数据库里还找不到匹配的数据，可能是颗粒在水里浸泡太久导致颜色分解，也可能是颗粒太小以至于仪器无法辨识。这个仪器所能分析的最小碎片为二十微米，大概比人类的头发还要细一点而已。

"这表示，我们低估了塑料品的数量。实际上，我们不知道还有多少塑料在海里。"

我们只知道，现在的塑料要比以前多出很多。20世纪初，普利茅斯的海洋生物学家阿里斯泰·哈迪发明了一种工具，可以拖在南极探测船后面，深入海平面十米以下的水域，搜集磷虾样本。磷虾是一种跟蚂蚁差不多大、像虾子一样的无脊椎动物，几乎是地球食物链的最底层。到了20世纪30年代，他改良这种工具，以用于采集体积更小的浮游生物。新的工具是用叶轮翻转一条丝制的带子，有点像是公共洗手间里的纸巾抽取机那种装置，它能从穿过丝带的海水中过滤出浮游生物。每一卷丝带可以搜集约五百海里（九百二十六千米）的样本。哈迪说服了英国的商船公司，利用商船拖着这个浮游生物连续记录器，在北大西洋的商船航道穿梭，几十年下来，搜集了庞大的数据库，可谓价值连城。而他也因为对海洋科学的贡献，被授予爵位。

他在不列颠群岛附近收集到很多样本，无法一一检验，只能每两个分析一种。几十年后，那些样本还存放在普利茅斯一间有温度调控系统的仓库里。汤普森发现这些样本都成了时间胶囊，记载着污染是如何与日俱增的。于是他选择了两条从苏格兰北边出发的路线所采集到的样本，一条通往冰岛，一条通往设得兰群岛，都是有固定采样的航道。他的研究团队仔细端详散发着浓厚化学防腐剂气味的丝带轴，寻找古老的塑料品。他们不用检验二战之前的样本，因为在此之前，塑料制品几乎还不存在，除了用于电话与无线电的电木。不过电话及无线电都是耐用的器具，还不至于沦落到垃圾链里。至于抛弃式的塑料包装材料根本还未发明。

可是到了20世纪60年代，塑料颗粒的种类变多，数量也明显增加。到了90年代，样本里采集到的颗粒，有亚克力、聚酯纤维与其他人工合成聚合物的碎屑，数量比三十年前高出三倍。更令人担心的是，哈迪的浮游生物记录器是在海平面下十米采集到悬浮在水中的塑料颗粒，而塑料又大多浮在水面上，换句话说，这些还只是水里的一小部分而已。不只是海洋里的塑料数量增多，颗粒的体积似乎也愈来愈小，小到足以跟随全球洋流漂浮。

汤普森的研究团队发现，如同海浪与潮汐日复一日冲刷海岸，从而将岩石磨成沙滩的缓慢机械作用，如今也发生在塑料身上。那些在浪头上载沉载浮、体积最大也最显眼的物品，渐渐愈变愈小。然而，就算这些塑料都磨成了小碎屑，也没有出现任何生物降解的迹象。

"我们推测塑料会愈磨愈小，最后变成某种粉末。可是我们也发现，它们的体积愈来愈小，所制造的问题却会愈来愈大。"

他听过那些恐怖的故事。像是海獭误食半打盛放罐装啤酒的聚乙烯塑料环，不幸噎死。天鹅与海鸥死于尼龙网或钓鱼线。夏威夷的绿海龟死后，人们在它肚子里发现了一把扁梳、一段三十厘米的尼龙绳和玩具卡车的车轮等。他个人最恐怖的经验是研究被冲到北海沿岸的暴风鹱的尸体，其中百分之九十五的肚子里都有塑料制品，平均每只鸟的肚子里有四十四片。如果按照比例推估，相当于一个人吃掉了二点三千克的塑料。

我们无从得知是不是塑料导致这些鸟类死亡，不过应该八九不离十，因为有很多案例都是因为无法消化的大型塑料块堵塞了它们的肠胃。汤普森进一步推断，如果大型塑料碎片都分解成小颗粒，那么小型的有机生物就可能会进食塑料颗粒。他利用以有机沉积物为主食的沙蟹、可以过滤水中悬浮有机物质的藤壶以及专吃沙滩屑粒的沙蚤，设计了一个水族箱实验。在实验中，这些被按比例磨成它们可以一口吞噬大小的塑料颗粒与纤维，被立刻摄食。

如果这些颗粒停留在它们的肠胃道里导致便秘，结果只能是死路一条。如果颗粒够小，就可以通过这些无脊椎生物的消化道，从身体的另外一端看似无害地排泄出来。这是否表示塑料的性质稳定，没有毒性呢？它们要到什么时候才会自然分解？而且在分解时会不会释放出可怕的化学物质，危害到遥远未来的有机生物？

汤普森不知道答案，也没有人知道。因为塑料问世的时间还不够长，不知道能维持多久，将来会发生什么事情。到目前为止，他的研究团队已经在海里找到了九种不同的塑料，分别是不同种类的亚克力、尼龙、聚酯、聚乙烯、聚丙烯、聚氯乙烯。他所知道的是，不久之后，所有生物都会吃下这些东西。

"如果塑料变得跟粉末一样小，就连浮游动物也可以吞得下去。"

有两种细微的塑料颗粒来源，是汤普森过去没有见到过的。塑料袋几乎堵塞了所有的通道，从排水管到海龟的食道（它们以为是水母误食了）。后来，号称可以进行生物降解的塑料袋问世。汤普森团队测试后发现，大部分都只是聚合物加纤维素的组合。在纤维素中的淀粉融解之后，数千个透明得近乎看不见的塑料颗粒仍然存在。

有些塑料袋的宣传词是，在垃圾堆积场里，只要有机垃圾腐化导致温度超过37.8℃，这些塑料袋就会分解。"也许会，但在沙滩上或海水里却不会发生这样的事。"他听说有个塑料袋绑在普利茅斯港的船舶码头，"一年之后，仍然可以用来购物装东西。"

他的博士生布朗在药妆店购物时，发现了一件更令人火冒三丈的事。布朗拉开实验室橱柜最上层的抽屉，里面满满的全是女性的美妆保养品，有按摩沐浴乳、磨砂膏和洗手乳等。有些产品挂着精品品牌，如妮欧瓦润肤露、修丽可去角质活肤乳霜、臻水草莓杏仁身体磨砂膏等。其他的是国际知名品牌，像是强生面部眼部卸妆油、高露洁冰爽牙膏、露得清等。有些在美国买得到，有些只在英国贩卖，不过全都有一个共通点。

"去角质颗粒，是一种让你在洗澡时可以按摩身体的细微颗粒。"他随手拿起一支桃红色的圣甫斯杏仁磨砂膏，上面的标签写着，"百分之百纯天然去角质颗粒"。"这个东西还算好。这种细小颗粒真的是磨碎的荷荷巴籽与核桃壳。"有些标榜天然的品牌使用葡萄籽、杏桃外壳、粗糖或海盐。"至于其他的，"他用手扫了一圈说，"全都是塑料。"

每一瓶产品的标签上，成分的前三项里一定有"超细微聚乙烯颗粒"或"聚乙烯微粒子"或"聚乙烯珠"。有些甚至就只标示"聚乙烯"。

"你能相信吗？"汤普森没有针对特定的人，但音量之大足以让每一张原本低头看显微镜的脸庞都抬起来看他。"他们卖的就是塑料，流到排水管里、流进下水道，然后流到河川，流进海洋。这样大小的塑料颗粒，正好可以让海里的小生物一口吞下去。"

也有愈来愈多的人用塑料碎片擦洗船只与飞机上的油漆。汤普森耸耸肩说："有人会想问，沾满油漆的塑料颗粒要丢到哪里去吗？其实在风大的日子里，根本很难收集这些细屑，不过就算收集起来，也没有任何一个污水处理系统可以过滤这么小的物质。所以不可避免的，它们都将被释放到环境里。"

他看了一眼布朗显微镜下从芬兰送来的样本，可能来自某种植物的一条绿色纤维，横跨了三条可能不是来自植物的亮蓝色细线。他坐到实验台边，脚下的登山靴勾住一张凳子。"这样说好了。即使所有的人类活动都在明天中止，突然间，再也没有人制造塑料产品，世界上就只剩下业已存在的塑料。但以我们目前观察到的情况，生物可能得要一直烦恼塑料分解的问题，也许要花上一千年或更久才能解决。"

从某个角度来说，塑料已经存在了几百万年。塑料是一种聚合物，简单地说，就是碳原子与氢原子不断重复联结在一起形成的链状分子结构。早在石炭纪之前，蜘蛛吐出来的丝就是一种聚合纤维。而树木所制造的纤维素与木质素，也是一种天然的聚合物。棉花和橡胶都是聚合物，就连人类自己也会产生一种以胶原蛋白形式出现的聚合物，比如指甲。

一种具有可塑性的天然聚合物非常贴近我们对塑料的认知，那是一种亚洲甲虫的分泌物，也就是广为人知的虫胶。列奥·贝克兰就是为了寻找虫胶的人工替代品，才会在纽约州扬克斯的自家车库里，把一种黑黑黏黏的苯酚跟甲醛混合在一起，结果做出了具有可塑性的电木。在此之前，天然虫胶是包覆电线与线路接头的唯一质材。于是贝克兰一夜暴富，这个世界也为之改观。

不久之后，化学家就忙着裂解原油中长长的碳水分子链，然后混合这些分解出来的小分子，看看基于贝克兰发明的第一个人造塑料之上能制造出什么东西。再加上氯便会产生一种强韧坚固的聚合物，在自然界找不到类似的东西，也就是我们熟悉的聚氯乙烯（VC）。在这种聚合物成型的阶段加入瓦斯，就会产生坚韧相连的气泡，名为聚苯乙烯，不过通常都将之称为包装泡棉。对人造丝孜孜不倦研究的结果，产生了尼龙。光是尼龙丝袜问世，就彻底改革了服饰业，也造成人类广泛接纳塑料制品，成为现代生活重大成就的标志。二战爆发后，大部分的尼龙与塑料工业都转向军事用途，反而让一般民众更渴望塑料制品。

1945年之后，许多过去闻所未闻的产品如洪水般涌入一般消费市场，如亚克力纤维、树脂玻璃、聚乙烯塑料瓶、聚丙烯塑料容器，还有聚氨酯"泡沫乳胶"玩具。不过让这个世界彻底改头换面的是透明的包装材料，包括具有自黏性的聚氯乙烯和聚乙烯保鲜膜，不但让我们可以看到包在里面的食物，也让食物保存得比以前更久。

短短十年间，这种神奇物质的缺点就开始浮现。《生活》（Life）杂志为此新创了一个名词，称为"抛弃型社会"，不过丢垃圾也不是什么新鲜事。人类从盘古开天以来就会丢垃圾，吃剩的猎物骨骸、收割下来的谷壳等，都是由其他有机生物接收。当工厂制造的产品最初加入垃圾行列时，还有人觉得这比臭气熏天的有机垃圾要好得多。破碎的砖瓦陶瓷可以用来填土，让后代盖房子。丢弃的旧衣服可以让专收旧货的行商拿到二手市场去贩卖，或直接回收、制成新布。在废弃物堆放场里堆积如山的破烂机器，里面可以挖出尚能利用的零件，或改装成其他的新发明。至于大块金属则可以熔解重制成完全不一样的东西。

二战中至少部分日本海空军的装备，就是用美国的废料堆建造的。斯坦福大学的考古学家威廉·拉什杰在美国就是以研究垃圾闻名，他发现主管垃圾的官员与一般大众，长期以来对于垃圾都有错误的认知，即全国各地的垃圾掩埋场爆满都是塑料惹的祸。他觉得这是一个误区，因此一再予以破解。拉什杰执行了一项长达十年的垃圾研究计划，让学生测量住宅区里一个星期的垃圾重量及内容，并且在20世纪80年代提出报告，结果跟大众的认知南辕北辙。他发现，塑料只占掩埋垃圾量的两成，部分原因可能是，跟其他垃圾相比塑料可以压缩得更紧实。尽管后来塑料制品的比例增加，但是拉什杰认为整体垃圾中的比例不会改变太多，因为经过制造业改良之后，汽水瓶和抛弃式包装材料里所使用的塑料都比以前少。

他说，其实在掩埋场最占空间的垃圾是废弃的建材和纸张。我们一般认为纸张会分解，但是他说，这又是一个不尽属实的概念，因为隔绝了空气与水分之后，报纸并不会分解。"所以我们才看得到三千年前从古埃及留下来的纸莎草纸卷。从20世纪30年代的垃圾堆里挖掘出来的报纸，字迹仍然清晰可辨。报纸可以埋上一万年也不会腐化。"

不过，他也同意塑料具体呈现了我们对污染环境的集体罪恶感，因为塑料有一种让人不安的永恒。塑料与其他垃圾的差别是发生在垃圾掩埋场之外的情况。报纸如果没有被火焚化的话，可能会被风撕破，被日晒龟裂，也可能会在雨水中溶解，感觉上脆弱得多。

塑料却不是这么一回事。如果没有清理垃圾的话，大家看到的会更加直观。从1000年以来，在北亚利桑那州的霍皮印第安保留地就一直有人类居住，比现今美国境内的其他地区都要更久。主要的霍皮村庄坐落在三个平顶山头，有三百六十度的全景视野，俯瞰周围的沙漠。几个世纪以来，霍皮族人都往平顶山下丢垃圾，包括食物残渣与破碎的陶瓷瓦片。草原狼和秃鹰会吃掉食物残渣，至于陶土碎片则混入泥土中，回归原始大地。

这样的处理方式一直都没有问题，直到20世纪中叶，丢到山下的垃圾不再消失。于是霍皮族人被愈堆愈高的垃圾围绕，里面都是一些不会遭到自然侵蚀的新垃圾。这些垃圾只有在被风吹进沙漠时才会从山下消失，即使被吹走了，垃圾还是在那里，或许是卡在鼠尾草或豆科灌木的枝芽上，或是被仙人掌刺穿透，挂在树上。

在霍皮族的平顶山南方，矗立着约三千八百米高的旧金山峰。这里是霍皮族与纳瓦霍族的圣山，也是族人心目中神祇的故乡，神祇就住在白杨树与花旗杉之间，每年冬天都是一片纯洁的雪白，最近几年除外，因为这里很少下雪了。在这个干旱日趋严重、气温普遍上升的年代，经营滑雪场的业者又想出了新点子，也引起了另一波的法律诉讼。印第安人原本就指控滑雪场里叮当作响的缆车以及累积的财富，亵渎了这块圣地。如今他们更进一步亵渎神明，以废水制造人造雪，好继续经营滑雪场。印第安原住民说这无疑是用粪便替神明洗脸。

旧金山峰的东边是更加巍然的落基山脉，西边则是马德雷山，这座火山的山巅比落基山脉还要高。或许我们觉得不太可能，但这些庞然巨山有朝一日都将被侵蚀沉入海底，每一块巨石、露头、鞍部、山巅与峡谷峭壁，无一幸免。原本隆起的高地山脉都将化为尘埃，岩石里溶解出来的矿物质可以保持海水里的盐分，土壤里散发出来的养分世代滋养着新的海洋生物，而前一个世代则消失在土壤的沉积层底。

不过，早在这些发生之前，这些矿床就会产生一种比岩石甚至沙粒还要轻得多，也更便携的物质。

住在加州长滩的查尔斯·摩尔船长在1997年的某天就已得知这个事实。当时他驾着那艘铝制的轻型帆船从夏威夷出发，航行到西太平洋上他始终避免的海域——一块在加州与夏威夷之间、面积跟得州差不多大的海域，有时候被称为马纬度。这里鲜有水手经过，因为炎热的赤道空气在这里形成常年缓慢旋转的高压气旋，吸入空气，却从不吐出来。在这个气旋之下的海水也朝着中心的低压，懒洋洋地以顺时针方向打转。

这里的正式名称是"北太平洋亚热带环流带"，不过摩尔很快就知道海洋学家替它取了另外一个名字，"太平洋大垃圾场"。摩尔船长觉得自己好像跳进了一锅垃圾汤，从环太平洋地区半数国家吹到海里的东西，最后几乎都集中在这里，缓慢地绕圈，流向范围日益扩大、愈来愈可怕的工业排泄垃圾水坑。摩尔和他的船员花了一整个星期才穿过这片相当于一个小型大陆的海域，海面上漂满了各种废弃物，跟北极破冰船穿过大块碎冰没有两样。唯一的差别是浮在他们周围的不是冰块，而是令人触目惊心的杯子、瓶盖、纠结的渔网和单纤维丝、大块的泡棉包装材料、六罐装啤酒的塑料环、泄气的气球、包三明治的保鲜膜，还有数不胜数的破塑料袋。

两年前，摩尔刚从木制家具加工行业退休。他一生热爱冲浪，至今头发未白，退休后替自己造了一艘船，决定尽情享受计划中刺激的提早退休生活。摩尔的父亲也会开船，耳濡目染之下，长大后他成了美国海岸警卫队认证的船长，也组织了一个海洋环境志愿监测小组。他在太平洋上亲身体验过"太平洋大垃圾场"的恐怖之后，就将这个志愿团体拓展为现在的艾尔基塔海洋研究基金会，致力于解决长达半个世纪的漂浮垃圾问题。因为在他看到的垃圾当中，有九成是塑料制品。

最让摩尔感到震惊的是这些塑料垃圾的来源。1975年，美国国家科学研究院估计，在海上航行的所有船只，每年丢弃的塑料垃圾总重量高达三千七百吨。最近的研究显示，光是世界上的商船，每天毫不羞愧地丢下了多达六十三万九千个塑料容器。不过摩尔发现，商船与军舰在海上丢弃的塑料垃圾，跟从海边丢进海洋里的数量相比，不过是小巫见大巫。

他发现世界上的垃圾掩埋场里还没有被塑料制品塞爆的真正原因，是大部分的塑料垃圾都被倾倒进了海里。摩尔在北太平洋环流地带采样了几年之后，确定海上漂浮残骸里有百分之八十都来自陆地。可能是从垃圾车或掩埋场吹到海里的，也可能是从火车运送的货柜中掉下来的，然后被雨水冲进排水管，沿河而下或乘风而起，最后都落到了这个范围愈来愈大的环流区。

"从河川流进海洋的所有东西，"摩尔船长对乘客说，"最后都会到这里。"在科学发展之初，地质学家也对学生讲过一模一样的话，只不过当时他们是在形容一种势不可当的侵蚀过程，讲的是山脉终究会溶解成盐分与细粒，小到足以流进大海，然后一层层堆积，在遥远的未来形成岩块。然而，摩尔所说的却是一种径流与沉积的形式，是在过去五十亿年的地质年代里从来没有见过的形式，不过今后可能就不再陌生了。

摩尔第一次航行一千六百千米横越环流地带时，粗估每一百平方米的海面上有两百三十克左右的漂浮物，那这片海域约有三百万吨的塑料垃圾。这个预估跟美国海军估算的结果相去不远。这些令他瞠目结舌的数据还仅是开始而已，毕竟这只代表肉眼可以看得见的塑料，还有数量更大、难以估算的塑料碎片因有太多的藻类与藤壶附着而沉入海底。1998年，摩尔回到这里，这次带着一种拖在船尾的工具，有点儿类似哈迪所使用的那种搜集磷虾样本的工具，得到的结果令人难以想象，在海面上，塑料的重量超过了浮游生物。

事实上，这种说法还太保守，应该说是超过了六倍。

当他在洛杉矶的河流注入太平洋的入海口附近采集样本时，这个数目更高达一百倍，而且每年递增。他跟普利茅斯大学的海洋生物学家汤普森比对两人所搜集到的资料，而他也跟汤普森一样，对于塑料袋的数量与无所不在的塑料小颗粒感到格外震惊。光是在印度一地，就有五千家加工厂生产塑料袋。肯尼亚更是每个月制造出四千吨的塑料袋，而且还没办法回收。

至于那种合成树脂颗粒，每年至少有五千五百兆个面世，相当于一点一亿吨。摩尔到处都看得到这种塑料合成树脂颗粒，甚至还在水母和海樽的透明身体里发现了这些小颗粒。这两种生物都是海洋里最普遍、分布最广的滤食性生物，它们跟海鸟一样，以为这些亮晶晶的彩色颗粒是鱼卵，而棕褐色的是磷虾。天知道现在有几百兆个像这样的小颗粒冲进了海里，这些颗粒上面裹覆着去角质的化学物质，大小正好适合这些小生物一口吞噬，然后它们又成为较大生物的食物。

对海洋、生态及未来而言，这又代表着什么？这些塑料从问世到现在只有五十多年，关于它们的很多事情还没人知道。比方说，它们的化学成分或添加物，如金属铜类的着色剂，会不会随着它们在食物链中的地位上升而增加浓度，甚至改变物种演化？它们会不会成为化石的记录？几百万年后的地质学家会不会在海床沉积物所形成的砾岩中发现芭比娃娃的零件？它们会不会保存完整，甚至像恐龙骨骸一样可以拼凑起来？或者它们会先腐化，然后在未来的无限万年间，从巨大的塑料海神地狱中慢慢地释放出碳氢化合物，留下芭比与肯的化石印记，在硬化的石头上保留到无限万年之后？

摩尔和汤普森开始咨询材料科学专家。东京大学的地球化学家高田秀重专门研究会干扰内分泌的化学物质，又称为"性别扭曲因子"。过去他一直在从事一项令人毛骨悚然的工作：亲自研究在东南亚各地的垃圾堆里可以过滤出什么样的邪恶物质。如今，他在检验从日本海和东京湾捞起来的塑料制品。而他的研究报告指出，合成树脂颗粒与其他塑料碎片在海里就像磁铁和海绵一样，吸附了一些耐久的有毒物质，如 DDT 与多氯联苯化合物。

自1970年以来，国际上就已经禁止在制造塑料的过程中，使用毒性强烈的多氯联苯以让塑料变得更柔软。多氯联苯跟其他有毒物质会破坏荷尔蒙，造成雌雄同体的双性鱼或北极熊，这是大家都知道的事。然而，1970年之前的塑料漂浮物却像长效释放型的胶囊，会在好几百年间慢慢释放出多氯联苯。高田秀重也发现，自由漂浮的有毒物质来源不同，有复写纸、汽车机油、冷冻液、旧的日光灯管，还有从通用电器公司和孟山都公司的工厂直接排放到河川溪流里的废水，等等。这些有毒物质随时随地都可以附着在自由漂浮的塑料品表面。有一项研究是专门探讨角嘴海雀体内未消化的塑料制品与其脂肪组织里多氯联苯之间的对应关系。其中最令人震惊的是数量，高田秀重及其同事发现，这些角嘴海雀吃进肚子里的塑料颗粒带有浓度极高的有毒物质，是正常海水含量的一百万倍。

到了2005年，这个太平洋环流垃圾场已经有两千六百万平方千米，接近非洲的面积。这还不是唯一的一个，地球上还有其他六个主要的热带海洋环流地带，每一个都形成了丑陋的垃圾漩涡。二战之后，塑料在这个世界上从一个小小的种子爆开，然后就像宇宙大爆炸一样，一直在持续扩张。就算现在立刻终止生产，这种持久性惊人的物质已有骇人的数量正在这个世界上流通。摩尔相信，漂流的塑料残骸已经占据全球海面。这种情况还会持续多久？为了不让这个世界继续被塑料团团包住，有没有其他比较无害、没有这么不朽的替代品可以让人类使用呢？

那年秋天，摩尔、汤普森、高田秀重跟安东尼·安德雷迪博士在洛杉矶共同召开了海洋塑料高峰会。安德雷迪是北卡罗来纳州三角研究园区资深科学家，他来自南亚橡胶制造大国之一的斯里兰卡。虽然在研究所主攻聚合物科学，但他受塑料工业起飞的吸引，放弃了原本研究橡胶的兴趣。后来，他编纂了一本厚达八百页的巨著《环境中的塑料》（ *Plastics in the Environment* ），得到业界与环保人士的同声赞扬，被喻为这个主题的先知神谕。

安德雷迪告诉与会的海洋科学家，要预测塑料未来的长期发展，答案很简单，就是"它们的确有很长期的影响"。他进一步解释说，塑料会长时间在海里兴风作浪，不值得大惊小怪，因为塑料的弹性好、具有多样性（可以浮在水面，也可以沉入海里）、在水里几乎看不见、韧性又超强。所以渔网和钓鱼线的生产厂商才会舍弃天然纤维，改用尼龙和聚乙烯之类的合成纤维。多年之后，天然纤维已腐化分解，但是塑料质材就算断裂遗失，也还会继续做"捕鱼幽灵"。到最后，几乎每一种海洋生物，包括鲸鱼在内，都可能在海里被一团散落的尼龙绳大网围困。

塑料跟所有的碳氢化合物一样，"最后都不可避免会生物降解，但因为速度非常缓慢，几乎没有任何影响。然而，它们却可在合理的时间范围内光分解。"安德雷迪说。

他进一步解释说，当碳氢化合物生物降解时，它们的聚合分子就各自分散，变回原来的分子，即二氧化碳和水。但光分解却是利用紫外线减弱塑料的张力，把原本长长的聚合分子链打散成较短的片段。由于塑料的张力完全仰赖聚合链缠绕纠结的长度，一旦紫外线断裂了聚合链，塑料就会开始分解。

每个人都见到过聚乙烯经过日光照射后变黄、变脆，甚至变成粉末。通常塑料制品里都有一点儿添加剂，强化抗紫外线的能力，但是也有一些添加剂可以让它们对紫外线更敏感。安德雷迪建议，在六罐装啤酒的塑料环上使用后者，这可以拯救许多海洋生物。

不过，还是会产生两个问题。第一，塑料在水里要很长的时间才会光分解。在陆地上，塑料在阳光下会吸收红外线的辐射热量，温度很快就会比四周的空气高。可是在海里，不但有水降温，而且攀附在塑料表面的藻类也有隔绝阳光的功效。

另外一个障碍是，即使幽灵渔网是用可以光分解的塑料制造的，并且在缠住海豚使其溺亡之前就解体了，但是它们的化学性质经过数百年乃至数千年都不会有任何改变。

"塑料仍然是塑料，原料也还是一种聚合物。聚乙烯无法在任何可以预见的时间内分解，海洋环境中也没有任何机制可以花那么长的时间来将它们生物降解。"他这样总结道，就算渔网可以光分解，有助于海洋哺乳类动物的生存，它们的粉末残渣也还是留在海里，终究会被滤食性动物发现。

"五十年来，"安德雷迪的神谕如是说，"在这个世界上所制造出来的塑料，除了极少部分已经火化之外，其他的每一小块都还完整存在于环境中的某个地方。"

半个世纪来塑料的总产量已多达数十亿吨，其中不但包括数百种不同的塑料，还有各种添加剂所造成的许多不为人知的变化，如塑化剂、不透明剂、着色剂、填充剂、强化剂和光稳定剂等。添加物的寿命差异很大，不过到目前为止，还没有任何一种从环境中消失。研究人员试图以培养活菌的方式来测试聚乙烯要多久才会生物降解，但是过了一整年，消失的部分还不到百分之一。

"而且那还是控制最完善的实验室环境，在现实生活中找不到这样的条件，"安德雷迪说，"塑料问世的时间还不够久，微生物也还没有发展出可以处理塑料的，因此它们只能生物降解塑料中分子量最低的部分。"换言之，也就是体积最小且已碎裂的聚合分子链。尽管以天然植物糖制造的真正可生物降解的塑料，还有利用细菌生产的可生物降解的聚酯都已经问世，但是要完全取代以石油为基础的原始塑料，概率不算太高。

"既然包装食物的用意是要阻绝食物与细菌接触，"安德雷迪说，"用那种会促使微生物滋长的塑料来打包剩菜，似乎不太高明。"

就算这个方法能够奏效，就算人类彻底消失，再也不会制造任何合成树脂，那些已经生产出来的塑料还是会长存。问题是它还会存在多久？

"埃及金字塔能够保存玉米、种子，甚至像头发这样的人体组织，就是因为里面阻绝了阳光，也几乎没有氧气与水分。"安德雷迪个性温和、严谨，有一张宽阔的大脸，说起话来清脆快速，条理分明，非常有说服力。"我们的垃圾场和金字塔有一点儿像，埋在里面的塑料接触不到水分、阳光和氧气，就可以长时间完整保存下来。如果塑料沉入海底被沉积物包覆，情况也与之类似，因为在海底没有氧气，而且非常寒冷。"

他轻快地笑了一下。"当然，"他接着说，"我们对于海底这个深度的微生物了解并不多，也许那里有厌氧的有机物可以生物降解塑料。这也不是什么不可思议的事情，只是从来没有人搭乘潜水器深入海底去探测分析。不过据观察，似乎不太可能，所以我们预期塑料在海底的分解速度会更缓慢，所花的时间可能要多好几倍，甚至是十次方的倍数。"十次方的倍数，那岂不是十乘以十以上？到底要多久呢？一千年？一万年？

没有人知道，因为到目前为止，还没有任何塑料会自然死亡。现在的微生物在植物出现之后，也花了很长时间才学会如何吞噬木质素与纤维素，最近它们又学了吃油。不过还没有任何微生物会吃塑料，因为对演化来说，五十年的时间太短了，并不足以发展出必要的生化条件。

"再等十万年吧。"安德雷迪乐观地说。2004年圣诞节大海啸来袭时，他正好在故乡斯里兰卡，那里的人即使遭遇这种毁天灭地的大水患，但依然怀抱着希望。"我相信一定会找到某种具有这种基因的微生物，最终学会这项让它们占据极大优势的工作，然后它们的族群才会茁壮成长。现在的塑料量要花几十万年才会消解殆尽，终究还是会生物降解。木质素比塑料复杂得多，可是全部都会分解，所以这只是时间问题，我们必须等候生物演化赶上我们所制造的物质。"

即使最后生物无法分解塑料，还有地质作用。

"地质突变与压力会把塑料变成其他的东西，就像很久以前埋在泥沼里的树木一样。是地质过程将它们变成石油与炭，而不是分解。或许高密度的塑料也会变成类似的东西。它们终究还是会改变，因为改变正是自然的特点，没有什么是恒久不变的。"

十 石化厂房
The Petro Patch

　　人类离开之后的直接受益者之一就是蚊子。虽然以人类为中心的世界观会自我吹嘘，认为人类血液是蚊子生存不可或缺的因素，但实际上它们的口味相当多元，可以吸食绝大部分恒温动物、冷血爬虫类，甚至鸟类的血液。人类缺席之后，理论上会有很多野生未经驯服的生物赶来填补我们留下来的空缺，在我们遗弃的空间里筑巢成家。它们的族群数量不再因受到往来车辆的致命攻击而减损，会呈倍数增长。因此，根据著名生物学家威尔逊估计，连大峡谷都填不满的整个人类，所留下来的缺口并不会空缺太久。

　　如果有蚊子因为人类离开而感到遗憾的话，至少人类留下了两件遗产让它们觉得足堪告慰。第一，不会再有人灭蚊了。早在杀虫剂问世之前，人类就开始捕杀蚊子。像是在它们繁殖的池塘、河湾、水坑表面洒油，这种方法使得蚊子的幼虫无法呼吸到氧气进而被扑杀，如今仍在广泛使用。当然各种利用化学药剂杀蚊的方法也是大战方酣，从利用荷尔蒙让幼虫无法长到成虫，到喷洒DDT。尤其是疟疾盛行的热带国家仍会使用DDT，这种杀虫剂只有部分国家禁用了。人类消失之后，数十亿原本会夭折的蚊子幼虫，都能存活下来。很多淡水鱼也间接受益，因为在它们的食物链中，蚊子的虫卵与幼虫都扮演着重要的角色。花朵也会受益，蚊子不吸血时，就会吸食花蜜，这是所有雄蚊的主食，而很多吸血的雌蚊也会吃花蜜。如此一来，它们就会协助散播花粉，让没有我们的世界变得一片花团锦簇。

另外一项留给蚊子的遗产则是归还了它们的传统故土，对蚊子来说，应该是故水才对。光是美国一地，自从1776年建国以来，蚊子就大量丧失了主要的繁殖栖地，即湿地，损失的面积有两个加州那么大。把这么大的土地都变成沼泽，光是想想，你就知道这遗产对蚊子来说有多重要了。（要估算蚊子族群成长的数量，还得把其他以蚊子为主食的动物成长数目纳入考虑，像鱼类、蟾蜍、青蛙等。不过对付蟾蜍、青蛙这两种天敌，人类可能已经助了蚊子一臂之力。实验用青蛙的国际买卖导致壶菌病四处蔓延，而随着全球气温上升，这种细菌已造成全世界数百种物种绝迹，不知道有多少两栖类动物能够逃过这一劫。）

不管是不是蚊子的栖息地，也不管是康涅狄格州的郊区还是内罗毕的贫民窟，在这些原来是沼泽地后来被抽干水重新开发的地方，只要住过的人都知道，蚊子总有办法继续生存。即使是一个装满露水的小小塑料瓶盖，它们也可以在里面孵出虫卵。在沥青与人行道永久分解，湿地收回原本属于它们的地球表面之前，蚊子会在水坑与备用的下水道暂时栖身。蚊子也大可放心，因为它们最爱的人造托儿所，即汽车的废轮胎，不但可以保存一百年不会损毁，甚至还能在未来几百年间的这场大戏中继续客串演出。

橡胶是一种名为弹性体的聚合物。天然橡胶，例如从亚马孙橡皮树中萃取出来的乳胶，本来就可以生物降解。天然乳胶在高温下容易变得有黏性，太冷又会变硬甚至脆裂，因此用途有限。直到1839年，马萨诸塞州一名五金商人在乳胶里加了硫，然后又不小心滴了一滴在炉台上，结果发现乳胶竟然没有融化，于是查尔斯·固特异立刻就知道，他创造出了某种在自然界从未出现的东西。

到目前为止，自然界还没有出现任何微生物可以吞噬这个东西。固特异加硫的过程称之为硫化，在这个过程中，较长的橡胶聚合分子链与较短的硫原子绑在一起，实际上就是把它们变成一个巨大的单分子。一旦橡胶硫化之后，也就是加热之后用硫固定，然后再倒进如卡车轮胎的模型中，这个巨大的分子就会保持这个形状，永远不会变形。

由于是单一分子，因此轮胎的外在形状不会融化、内在性质也不会变化，除非完全绞碎或经过十万千米的磨损，二者都需要相当大的能量，否则它永远都是圆形。经营垃圾掩埋场的人对轮胎伤透了脑筋，因为轮胎经过掩埋之后，就会形成一个甜甜圈状的气泡，拼命想要从垃圾堆里冒出来，所以大部分的垃圾场都拒收废轮胎。不过在未来的几百年间，被掩埋的旧轮胎还是会毫不犹豫地从被人遗忘的垃圾场里冒出来，盛满雨水之后，又开始孕育蚊子。

在美国，平均每位公民每年都要丢弃一个旧轮胎，一年就有三点三亿个，这还不包括世界其他国家的。目前全世界有七亿辆车，已经报废的还不止这个数字，因此我们丢弃的废轮胎数目就算不到一兆，也至少有好几十、好几百亿。这些轮胎有多少会不灭，完全取决于有多少阳光直接照射它们。除非自然界演化出某种微生物，喜欢在它们吃的碳氢化合物里添加一点硫来调味，否则就只有地面臭氧（刺鼻的有害污染物质）的腐蚀性氧化作用或宇宙间可以穿透受损平流层臭氧的紫外线，才能裂解轮胎经过硫化的硫键。除了平常的添加物之外，如赋予轮胎坚固韧性与色泽的炭黑填充物，汽车轮胎在制造过程中一定会再加灌紫外线抑制剂或抗臭氧剂。

轮胎里有这么多碳，当然也是可燃物，燃烧时会释放出相当多的能量，因此不易熄灭。但是轮胎燃烧时会冒出大量沾满油污的煤灰，里面含有一些人类在二战期间匆匆忙忙发明出来的有毒元素。当时日本入侵东南亚，掌握了近乎全世界的橡胶供给，美国与德国知道他们的国家机器如果只用皮制的垫圈与木头轮子，一定撑不了太久，于是两国都征召了顶尖的工业人才，急着寻找替代品。

现在全球最大的合成橡胶制造厂在得克萨斯州，隶属于固特异轮胎橡胶公司，建于1942年。当时科学家才刚发现如何生产人造橡胶。他们不用活的热带树木，而是使用死亡的海洋植物——在三亿年到三亿五千万年前死亡、沉入海底的浮游植物。这些浮游植物的长期沉积过程究竟如何，并没什么人能理解，也常有人提出新的看法，不过根据理论来说，它们的表面都包裹了非常多的沉积物质，而且挤压得很紧实，所以就变形成为一种黏稠的液体。科学家已知如何从这种原油中提炼出几种有用的碳氢化合物，其中的两种组合就形成了合成橡胶，一种是制造泡棉的苯乙烯，另一种丁二烯则是液态碳氢化合物，也是一种具有爆裂性的高度致癌物质。

六十年后，固特异公司还是在这里生产同样的东西、使用相同的设备，各种产品的基础原料每天进进出出，这些产品从北美赛车使用的赛车轮胎到口香糖胶，不一而足。这间工厂固然庞大，但跟周围的厂房相比，就好像完全被吞没了似的。这是个巨大的工业园区，是人类在地球表面上所兴建的最宏伟庞大的建筑结构，起自休斯敦东边，一直延伸到八十千米之外的墨西哥湾，完全没有中断。这里是全世界炼油厂、石化公司和石油储藏设施最密集，也是范围最大的集中地。

比方说，在固特异工厂对面隔着公路，有一整排跟剃刀一样锋利的蛇腹形铁丝网，后面就是一大片储油槽场区，里面挤满了圆柱形的储油槽，每一座的直径都跟足球场的长度一样，由于直径太宽，看起来又矮又胖。连接这些油槽的输油管无所不在，不但往四面八方延伸，有时还上天入地。有白色、蓝色、黄色、绿色的输油管，其中较大的直径将近一点二米。在固特异这样的工厂里，输油管形成的拱门高度足以让卡车穿过。

这些都只是看得到的油管。加装计算机断层扫描的人造卫星经过休斯敦上空时，拍到了一个位于地下约一米、广大繁复的碳钢管线循环系统。在发达国家中的每个城镇里，每条街道的中央都有细管延伸到每个住家，那是用上了大量钢材的天然瓦斯管线，这不禁让人怀疑，为什么罗盘上的指针没有直接指向地下。然而在休斯敦，瓦斯管还只是小意思，不过是陪衬的装饰品，因为炼油厂的输油管已经像编织篮子的竹条一样密密实实地包住了整座城市。一种名为轻质馏分、经由蒸馏或催化从原油中裂解出来的物质，被送到休斯敦的数百间化学工厂里，其中之一就是得克萨斯石化工厂公司给隔壁的固特异工厂提供丁二烯，也调制一种生产塑料保鲜膜的所需物质。此外炼油厂还制造丁烷，也就是生产聚乙烯与聚丙烯塑料颗粒的原料。

数百条油管装满了刚提炼出来的汽油、家庭暖气用油、飞机燃料等，它们全部都连接到最大的主要管线——科洛尼尔油管。这条大油管长八千八百八十二千米，直径有七十六厘米，主干道起自休斯敦郊区帕萨迪纳区，经过路易斯安那州、密西西比州、亚拉巴马州，接纳更多的油品，然后沿着东海岸向上爬，有时在地面上，有时则潜入地底。科洛尼尔油管通常都并行输送各种等级不同的燃料，以每小时六千米的速度前进，终点是纽约港附近新泽西州的林登市，并在这里吐出管内的油品。如果中途没有关闭或遭遇飓风的话，这趟旅程约为期二十天。

想象一下未来的考古学家敲着这些输油管考察遗迹的情况，他们会认为得克萨斯石化工厂后面那些沉重老旧的钢制锅炉与众多的排烟管是做什么用的呢？（不过，人类若是在这个世界上多待几年，这些老旧器材都可能会被拆除，因为在没有计算机计算建材耐力的年代，这些设备在建造时的用料都是超额设计的。拆解之后，这些钢材可以卖到中国去。）

如果这些考古学家沿着输油管往下走百米，就会看到一个人为产物，肯定是人造结构中可以保存最久的一个。在得州湾沿岸地底下有大约五百座盐丘，是地底八千米下的盐床隆起、穿过沉积层之后所形成的特殊地质景观，有些盐丘就在休斯敦的地底下。子弹形状的盐丘最大直径可以超过一点六千米，如果在盐丘上钻孔，灌水进去，就可以溶解出内部的盐分，然后利用这个空间作为储存槽。

有些盐丘储存槽直径达一百八十米，高度在八百米以上，容量相当于两个休斯敦巨蛋。因为盐结晶壁不具备渗透性，所以这些盐丘最适合储存气体，包括一些最可能会引爆的危险气体，如乙烯。输气管直接深入地底的盐丘地形，以六百八十千克的压力储存乙烯，直到准备输送去制造塑料为止。由于乙烯的挥发性高，分解迅速，可以把输气管从地底炸上来，因此这些未来的考古学家最好不要去动这些盐丘，以免早已气绝的文明所留下来的古老遗迹在他们眼前爆炸。不过话又说回来，他们又怎么会知道呢？

再回到地面上，沿着休斯敦航道蔓延开来的白色圆顶油槽与银色平顶分馏塔，形成一幅石化工业的地景，与伊斯坦布尔博斯普鲁斯海峡两岸的清真寺和伊斯兰尖顶有异曲同工之妙，只不过这里是机械世界的版本罢了。因为室温储存液态燃料的平顶油槽都安装了接地线，在大雷雨中才不会引爆屋顶底下的气体。不过在无人的世界里，自然就没有人来定期检查油槽的双重外壳并且上漆，更不会在二十年的使用期到期之前予以更新。到时就要看是油槽底部先遭到锈蚀，导致储存物渗入土壤中，或是接地线先剥落断裂导致爆炸，而爆炸会加快剩余金属碎片腐蚀的速度。

有些油槽有移动式的屋顶，覆盖在液态内容物的表面，以避免蒸发的气体累积在槽内。但是这种油槽的寿命更短，因为活动式的活塞开始漏气，油槽的内容物蒸发，把硕果仅存的人工萃取碳释放到空气中。压缩气体与某些高度易燃的化学物质，例如酚，则储存在了球形油槽里。这些油槽应该可以保存得久一点，因为它们的外壳没有接触到地面。不过既然里面装的是压缩气体，一旦防火设备锈蚀了，爆炸起来的威力会更惊人。

这些硬件设施底下是什么？经过一个世纪以来石化工业发展所造成的金属与化学震撼之后，这里还有没有机会完全恢复原状？如果让火焰继续燃烧、燃料喷涌而出，人们有朝一日真的放弃了这个全世界最不自然的地景，大自然拆得掉这么一大块得州石化厂区吗？更别提清除污染了。

休斯敦占地一千六百平方千米，跨坐在大草原与低矮湿地之间。大草原一度长满了高度及腰的须芒草与格兰马草，有些草甚至跟马匹一样高。湿地中长满了松林，曾是布拉索斯河（Brazos de Dios，意为"上帝的手臂"）原始三角洲的一部分，现在依然如此。红土激浊的布拉索斯河源于得州的另一端，从一千六百千米以外的新墨西哥山脉发源，切穿得克萨斯州的乡间高地，然后挟带着美洲大陆上分量最多的河底淤泥积沙，一股脑倾泻到墨西哥湾。在冰河时期，来自北方冰层的寒风遇到温暖的海湾气流，形成暴风雨，将大量沉积物冲刷到布拉索斯河里，几乎堵塞了河流本身。来回冲刷的结果，便形成了数千米宽的扇形三角洲。不久前，河水流过城镇南方边缘，休斯敦就坐落在这条河以前的支流航道旁边，脚下踩着十二千米深的淤泥沉积土。

这条支流就是布法罗海湾。19世纪30年代，布法罗海湾两岸种满了木兰花，一些实业冒险家发现他们可以从加尔维斯敦海湾溯河而上，一路航行到大草原的边缘。起初，他们只是建立一座小镇，从这里沿着内陆河流运送棉花到八十千米外的加尔维斯敦港，后来却发展成得克萨斯州最大的城市。1900年，美国史上最具毁灭性的飓风侵袭加尔维斯敦，有八千人不幸罹难。但是布法罗海湾的河道却因此加宽变深，成了一条航道，也让休斯敦摇身一变成了海港。如今，休斯敦港的货运量居全美第一，而休斯敦本身的面积也足以容纳克利夫兰、巴尔的摩、波士顿、匹兹堡、丹佛与华盛顿特区，甚至绰绰有余。

加尔维斯敦的厄运起于在得州湾沿岸新发现的原油以及汽车的诞生。长叶松林、浅滩三角洲的硬木森林与沿岸草原，很快就被砍伐殆尽，取而代之的是休斯敦货运走廊两侧耸立的钻油平台和十几家炼油厂，然后化学工厂接踵而至。在二战期间，橡胶工厂也来了，最后是战后蓬勃发展的新兴塑料工业。虽然休斯敦的石油工业在20世纪70年代之后盛极而衰，但这里的基础建设庞大完备，所以全球原油还是源源不绝地涌入。

悬挂中东国家以及墨西哥、委内瑞拉国旗的油轮，抵达加尔维斯敦湾航道旁边的一个附属小镇，名叫得克萨斯城。这里只有五万人，城里炼油厂所占的面积跟住宅区、商业区相当。这里的居民大部分是黑人与拉丁裔，跟他们比邻而居的都是世界知名大厂，有斯特林化学公司、马拉松石油公司、瓦莱罗能源公司、英国石油公司、美国国际特品公司、陶氏化工等。石化业的厂房勾勒出一幅几何形状的城镇风貌，圆形体、球体、圆柱体，有的瘦高，有的矮胖，有的则又宽又圆。相形之下，本地居民的低矮平房显得微不足道。

而那些高的建筑比较容易出事。

倒也不是全部都会，虽然它们看起来好像都一样。不过，其中有些是湿气式净气塔，这些净气塔利用布拉索斯河的河水冷却炙热的固态产品并吸收那些水溶性的气体以减少气体排放，然后从烟囱排放出白色的蒸汽。其他的是分馏塔，原油就在塔内从底部加温蒸馏。原油里有各种不同的碳氢化合物，从焦油、汽油到天然气，沸点都不同，受热时会各自分离，在塔内形成几层，最轻的在最上层。只要将膨胀的气体适时排放出去，纾解压力，或最后降低温度，这个过程应该是相当安全的。

比较棘手的就是在加热过程中添加其他化学物质，把石油变成某种全新的东西。在炼油厂的催化裂化塔里，添加了硅酸铝催化剂的重碳氢化合物会加热到649℃，加热的过程中，石油中所含的大型聚合分子链被打断成较小、较轻的分子链，如丙烷或汽油。如果注入氢，就可以制造喷射机燃料或柴油。这些过程，尤其是高温下或是添加氢的程序，都有爆炸的高度危险性。

另一个相关的程序是异构化，也就是利用铂作为催化剂或加热让温度更高，导致碳氢分子里的原子重新排列以提高燃料的辛烷值，或提炼一些制造塑料所需的原料。异构化的过程有极高的挥发性，因此这些裂化塔和异构化工厂顶端都有熊熊烈焰长期燃烧。一旦任何过程失衡或温度骤升，这些火焰就有助于卸除压力。若是有任何油气抑制不住，就会经过减压阀排放到燃烧烟管，点火烧掉，有时候还会向里面注射蒸汽以免冒出黑烟，让燃烧的过程更干净。

万一发生故障，结果将会非常可怕。1998年，斯特林化工厂排放出含有各种苯异构体与盐酸雾，导致数百人送医急救。而就在四年之前，有一千三百六十千克的氨气外泄，引发九千件个人伤害赔偿诉讼案。2005年3月，英国石油公司的异构化排烟管里像涌泉一样冒出了液态的碳氢化合物，喷到空中之后引燃大火，十五人罹难。同年7月，同一家工厂，又有一条氢气输送管爆炸。到了8月，再度发生废气外泄的意外，闻起来像是臭掉的鸡蛋，可能是有毒的硫化氢，结果英国石油公司绝大部分厂房都因此关闭了好一阵子。几天之后，在二十四千米外的巧克力湾旁，英国石油公司附属的塑料制造厂又发生意外爆炸，火焰直上云霄，高达十五米。由于火势无法扑灭，只好让火焰自行燃烧殆尽，结果足足烧了三天三夜。

得克萨斯城内最老的炼油厂从1908年开始运作，当时是由弗吉尼亚州一个农民合作社成立的，主要替会员的拖拉机制造燃料，如今隶属于瓦莱罗能源公司。老旧厂房经过现代化的重整之后，已经成为美国炼油厂中安全性较高的指标工厂，不过这个地方的使命，还是将未经提炼的天然资源转化成更具有爆炸性的形式，并从中获取能源。瓦莱罗炼油厂像一个"嗡嗡"作响的迷宫，里面充满了汽阀、测量仪表、热交换器、泵、吸收器、离析器、加热炉、焚化装置、凸缘以及由回旋梯团团包围的油槽。还有像蛇一样缠绕盘旋的各色输送管，有红色、黄色、绿色和金属银（银色输送管包了隔热绝缘体，表示管内输送的物质温度很高，而且要维持高温）。再往上看，会发现二十座分馏塔和二十多个排烟管，还有一座大型铲煤机（基本上就是加装一个吊篮的起重机）来回穿梭。铲煤机把一篮又一篮闻起来像是沥青的残渣淤泥倒在一条输送带上，这些残渣是原油光谱中最重的分馏物质，沉积在分馏塔的底层，将被送往催化裂化塔，再从中挤压出一桶柴油。

这些设施最上方的是火焰。熊熊烈火映照着白色的天空，烧掉过剩的压力，以保持有机化学的均衡，而这些压力产生的速度远超过仪表可以测量的范围。还有一些仪表监控弯成直角的钢管厚度，因为具腐蚀性的炙热液体就在这里交会，必须预测钢管什么时候会破裂。任何管道里只要有炙热的液体高速流动，就可能因为压力形成裂缝，尤其是未经提炼、含有大量金属与硫的液体，更会腐蚀管壁。

所有的设备都由计算机控制，除非发生什么计算机无法修正的事件。这些设备的最后步骤就是由火焰上场烧掉过剩的压力。假设某个系统内的压力超过其容忍范围，或没有人在一旁注意系统已经超载，当然在正常情况下，二十四小时都会有人负责监控，但如果人类在工厂正运转时突然消失了呢？

"可能会有某个容器破裂。"瓦莱罗公司的发言人弗雷德·纽豪斯说。他看起来矮小精干、态度和善，有淡棕色的皮肤和灰白的头发。"也许还会失火。"不过这时，纽豪斯又加了一句话说，不论是上游还是下游，防止意外发生的安全控制阀会自动启动。"我们随时都监测压力、流量与温度情况，发生任何变化，都会单独处理，因此火灾不会从这个单位波及下一个单位。"

如果没有人来灭火呢？如果没有人操作燃煤或天然气火力发电厂，没有人照顾核能电厂，或从加州到田纳西州所有水力发电的大坝都没有人看守，又或者维持得克萨斯城光明的休斯敦电力出了故障没有人维修，导致所有电力中断呢？如果紧急自动发电机没有柴油，无法传送关闭安全气阀的信号，那又怎么办呢？

纽豪斯走进一座裂化塔的阴影下思索这个问题。他在埃克森美孚石油公司工作了二十六年，现在非常喜欢在瓦莱罗工作。他对他们的环保记录相当自豪，尤其是跟对面的英国石油公司相比。美国环保署在2006年的报告中指出，英国石油是全国最严重的污染源。想到这些不可思议的硬件设施完全失控，付之一炬，他忍不住皱起了眉头。

"如果真是这样，所有东西都会烧到系统里的碳氢化合物全都挥发了为止。不过，火势不太可能会蔓延到工厂以外的地方，因为得克萨斯城里所有连接炼油厂的输油管都有单独的控制阀，可以阻断其他油管。因此，就算这里的工厂发生爆炸，"他指着街对面说，"邻近的单位也不会受损。即使发生大火，安全装置还是会发生作用。"

伊希却不这么肯定。"即使在正常运作的日子里，"他说，"石化工厂都是一颗不定时炸弹。"他是化工厂与炼油厂的安检员，曾经看过挥发性极高的轻石油馏分物质在变成次级石化物质的过程中，发生了一些很有趣的变化。乙烯和丙烯腈这种高度易燃物，是丙烯酸塑料的先驱物质，对人类的神经系统有害，它们都是轻馏分的化学物质，在高压下通常会从导管内溜出来，跑到附近的单位，甚至隔壁的炼油厂。

他说，如果人类在明天全部消失，炼油厂和化工厂会发生什么事情，端视有没有人在离开之前操作一些开关。

"如果有足够的时间按照正常程序关闭工厂的话，高压会慢慢减弱，加热炉也会关闭，所以温度不成问题。至于在塔内，沉积在底部的重物质会硬化成一团黏答答的物质，它们被装在有钢质内层的容器里，外面还围着一圈泡棉或玻璃纤维的隔热绝缘体，最外面还有一层金属外壳。在这一层又一层的包覆之间，通常还有装满水的钢管或铜管控制温度，所以不管里面装的是什么物质，都会相当稳定，直到软水开始腐蚀周围的装置。"

他在书桌抽屉里翻了一下，然后又关起来。"如果没有火灾和爆炸的话，轻馏分气体会逸散到空气中，任何含硫的副产品终究会融解，变成酸雨。你看过墨西哥的炼油厂吗？那里有一座座的硫山，都是美国送过去的。无论如何，炼油厂里一定还有大型的氢气槽。氢气的挥发性高，就算外泄出来，也会飘走，除非先因电击而炸毁。"

他十指交叉，放在一头渐白的褐色卷发脑后，办公椅稍稍向后倾。"如此一来，很多混凝土的硬件建筑就会被一扫而空。"

如果没有时间正常关闭工厂，如果人类突然被捉起来送到天堂或另外一个银河系，而工厂里的一切都还在运作呢？

他的椅子向前倾了倾。"一开始的时候，紧急供电装置会启动，通常是柴油发电机，这样可以暂时维持稳定，直到燃料耗尽为止。然后会遭遇高压与高温，如果没有人或计算机监控，有些化学反应就会失控爆炸。这时就会引起火灾，接着是一连串的骨牌效应，因为火势一发不可收拾。就算有紧急发电机，消防洒水设备也不管用，因为没有人启动开关。有些减压气阀会自动打开排气，但是在大火中，这只会火上浇油。"

伊希坐在椅子上转了一圈。他刚跑完马拉松，所以穿着运动短裤和无袖 T 恤。"所有的输油管都会成为火线导管，瓦斯会从这一区跑到另外一区。通常在紧急情况下，工作人员会关闭油管的连接器。但如果没有人在，火势会从一个厂房蔓延到另外一个厂房，大火可能会持续几个星期，还会把各种物质喷到空气中。"

他又转了一圈，这一次是逆时针方向。"如果世界上所有的炼油厂都着火了，可以想见那种污染量。想一想伊拉克的大火，然后再乘上好几倍，该有多少污染物。这就好比战火蔓延到了世界的每个角落。"

伊拉克大火，是由于萨达姆炸掉了好几座油井的井口。不过不一定要蓄意破坏才会引燃大火，光是液体在输油管内流动时所造成的静电就可能引起火花，进而点燃天然气油井或用氮气加压以便冒出更多石油的油井。伊希面前有个平面的大银幕，在一份名单上有个项目不断闪烁着：得州巧克力湾边有一家生产丙烯腈的工厂，在 2002 年是全美国排放致癌物质最多的工厂。

"你想想，如果人类全都走光了，天然气油井的大火会一直烧到所有燃料都耗尽为止。通常起火点是电线或泵，但是这时已经没有电了，它们当然也不会启动，不过还有静电和闪电。大火只会在地表燃烧，因为火需要氧气。即使如此，因为没有人替井口封盖灭火，所以像墨西哥湾和科威特这种大型的天然气油井可能永远都烧不完。至于石化工厂就不会烧这么久，因为没有什么东西可以烧。但可以想见，这些起火燃烧的工厂不停冒出像氰化氢之类的云雾状的有毒物质，会造成什么样的失控反应。在得州到路易斯安那州这条化学走廊的空气中，充斥着大量的毒气，如果再加上信风，可以想象一下会发生什么。"

在他的想象中，空气里的这些微粒，每一个都可能造成一场小型的核灾难。"它们也可能释放出含氯的化合物，像是燃烧塑料所释放出来的二噁英和呋喃，而且煤烟也会吸附铅、铬、汞之类的重金属。欧洲和北美洲的炼油厂和化工厂密度最高，所以污染也最严重，不过黑烟云会飘散到全世界，因此下一代动植物，当然是还没灭绝的那些，可能会需要彻底冲击演化的突变才能存活。"

在得克萨斯城的北缘，一家 ISP 公司的化工厂房在午后投下了一条长长的影子，遮蔽了一块占地八百公顷的楔形土地，上面种满了原生的高草。这是由埃克森美孚石油公司捐赠，交由自然保护协会负责经营管理的自然保留区。在石化工业兴起之前，这个沿海的大草原曾占地二百四十万公顷，如今只剩下这一点点硕果仅存的得克萨斯城草原保留区。全球仅存的四十只阿特沃特草原鸡就住在这里，过去这种鸟被视为北美洲最濒临灭亡的鸟类，直到2005年有人在阿肯色州看到一只据说已经绝种的象牙喙啄木鸟，引起了一番争议，才拱手让出这个宝座。

在求偶期，雄性的阿特沃特草原鸡会鼓胀起脖子两侧像气球一样鲜明的金色囊袋，受到吸引的雌性就会下很多蛋予以回应。然而，在没有人的世界里，这种鸟类是否还能存活却是个问题。石油工业厂房并不是唯一在它们栖息地蔓生的东西，从这里一路延伸到路易斯安那州的大片草地原本几乎没有树木，在地平线最高的生物就是偶尔来这里吃草的水牛，可是在1900年左右，来自中国的乌桕却跟着石油一起出现。

在中国，这种原来是寒带物种的植物会用大量的树蜡包裹种子以抵御寒冬，树蜡量多到几乎可以被当作农业收成。一旦被当作农作物移植到气候温和的美国南方之后，它们立刻就发现不需要再这么做了，于是典型的适性演化实时上演了，它们不再制造树蜡御寒，将能量转化为生产更多的种子。

如今，在航道沿岸地区，只要没有石化工厂排烟管的地方，就有中国乌桕树。休斯敦原生的长叶松已经消失无踪，喧宾夺主的乌桕树早已鸠占鹊巢，它长菱形的树叶每到秋天仍然会转红，像是隔代遗传似的追忆故乡广东的寒冬。自然保护协会为了不让乌桕树遮蔽整个保留区，赶走草原上的须芒草与向日葵，唯一的方法就是每年计划性地烧掉一些树，保证草原鸡交配地的完整。如果没有人来维持这种人工的野生环境，就只有仰赖偶发的老旧油槽爆炸，才能阻止这种植物版的生物入侵。

如果得州石化工业厂区在石化时代的智人消失之后就立刻引燃，在一声轰然巨响中彻底爆炸，等到油烟尽散后，就会留下遍地融化的路面、扭曲的油管、破碎的钢板与混凝土块。在炽热白光的推波助澜之下，金属碎片会在含盐的空气中立刻被腐蚀，碳氢化合物残渣里的聚合分子链也同样会碎裂成较小、较容易被消化的长度，加速生物降解。尽管受有毒物质外泄的影响，土壤还是因为有丰富的焦炭而变得肥沃，经过一年的雨水滋润之后，柳枝稷会开始成长，一些生命力顽强的野花也会陆续出现，生机也逐渐复苏。

瓦莱罗能源公司的纽豪斯对于他们的安全监控机制充满自信。如果事实证明他的信心没有虚掷的话，又或者最后一名离开的石油工人非常尽职地解除了反应塔里的压力，阻止蔓延的火势，那么得州这个世界第一的石化工业设施消失的速度就会减缓许多。最初几年，减缓腐蚀速度的油漆会逐渐剥落，在接下来的二十年间，所有的储存槽都会超过使用年限，土壤湿气、雨水、盐分和得州的风，会破坏油气槽的结构，然后原油开始外漏。到那个时候，槽内的原油应该已经硬化，气候会使其龟裂，并最终被微生物吞噬殆尽。

至于届时尚未挥发的液态燃料，会经由地表渗入地下水，因为油比水轻，所以这些燃料都会浮在水面上。最后，微生物会找到这里，发现这些燃料原本也属于一种生命形态，即植物，于是就逐渐适应性演化，吃掉它们。犰狳也回来了，在干净的土壤中挖洞，与埋在土壤里腐化的油管残骸比邻而居。

乏人照料的油桶、油泵、油管、油塔、气阀、螺丝等，都会从最脆弱的接合处开始腐化。"凸缘、铆钉，"纽豪斯说，"在任何一家炼油厂里都有上兆个。"这些螺丝钉锈蚀之后，整片金属墙也就应声倒塌。不过在此之前，喜欢在炼油厂高塔上筑巢的鸽子，其鸟粪已经加速了碳钢腐蚀，响尾蛇也会在空荡荡的厂房里定居。由于水獭在河里筑坝，流向加尔维斯敦湾的河川因此堵塞，有些地方还会淹水。休斯敦通常气候温和，不会产生冻融作用，不过随着雨量多寡，河口三角洲的黏土淤泥也会令人望而生畏地反复涨缩。没有维修工人去修补龟裂的地基结构，不到一百年，市区内的建筑就会开始倾斜。

航道又会淤积成原来的布法罗海湾。在接下来的一千年间，布法罗海湾与布拉索斯河的其他老航道，都会定期地淤积泛滥，两岸的购物商场、汽车经销场地、入口坡道等都会因此损坏。于是高楼一栋接一栋倒塌，也扯掉了休斯敦的天际线。

至于布拉索斯河，从得克萨斯城往下三十千米，过了加尔维斯敦岛不久，穿过从巧克力湾里升起的恶毒瘴气，绕行两个已经成为全国野生动物避难所的沼泽地，留下了相当于一个小岛的淤泥，注入墨西哥湾。

几千年来，布拉索斯河一直跟科罗拉多河、圣伯纳德河共享一块三角洲，有时还共享一个河口。它们的水道航路经常犬牙交错，有时甚至难分彼此。

周遭的陆地只比海平面高出不到一米，大部分的土地上长满了浓密的藤丛和古老的滩地森林，有橡树、白蜡树、榆树和原生的山核桃，这些都是几年前，蔗农为了替牛群找树荫遮阳才特地留下来的树林。在这里所谓的"老树林"，其实也不过一两百年而已，因为黏土的土质不利于树根穿透，所以成年的树木多半会倾斜，直到下一次飓风来袭被彻底吹倒为止。这些树木的树枝上缠绕着野生葡萄藤与寄生藤的触须，因为林内有毒常春藤与黑毒蛇出没，还有跟人手掌一样大的金网蜘蛛在树干间编织有黏性的蜘蛛网，尺寸直逼小型弹跳床，因此平常人迹罕至。树林内蚊子的数量多到即使未来微生物演化成功，能够吃掉世界上所有废轮胎堆积出来的橡胶山，其生存也绝对不会受到威胁的地步。

这些遭到人类忽略的树林就成了许多生物的栖地，如杜鹃鸟、啄木鸟，还有涉水鸟，如朱鹭、沙丘鹤、红色琵鹭等，棉尾兔与沼泽兔吸引了谷仓猫头鹰与白头海雕前来觅食。每年春天，有数千只雀鸟回来繁殖，其中包括猩红比蓝雀与玫红比蓝雀，它们都已换上一身繁殖季专属的霓裳羽衣，在长途飞行横越海湾之后，就躲进树林里求偶。

在它们栖息的树枝下，在布拉索斯河泛滥时又会逐渐囤积起厚厚一层黏土，恢复到十几个水坝、支流和运河将河水虹吸到加尔维斯敦与得克萨斯城之前的规模。不过河水还是会再度泛滥，乏人照料的水坝淤积速度很快，如果人类消失的话，不到一百年，布拉索斯河的河水就会陆续将水坝淹没。

甚至不必等那么久。不但湾内海水温度较高的墨西哥湾会爬上内陆，而且过去一百年来，得州沿岸已经低下身子准备迎接海水上岸了。我们从地底抽取石油、天然气与地下水之后，土地就会下沉填补空缺，地层下陷的问题已经让加尔维斯敦的部分地区下沉了三米。得克萨斯城北方的湾城为了迎合高消费市场的需求，重新划分土地大兴土木，结果导致地层严重下陷，因此在1983年艾丽西娅飓风来袭时完全被淹没，如今变成一块湿地自然保留区。墨西哥湾沿岸地区已经鲜有高出海平面一米以上的陆地，在休斯敦甚至还有一部分土地陷到了海平面下。

地面下沉，海水上升，再加上比中度飓风艾丽西娅威力更强大的风灾来袭，布拉索斯河不必等到水坝坍塌，就可以重演八万年前的一幕。正如在东边的姐妹州密西西比一样，它将从草原的边缘开始，淹没整个三角洲。然后淹没石油堆砌起来的巨大城市，吞噬圣伯纳德河，盖过科罗拉多河，几百千米长的海岸尽成一片汪洋。加尔维斯敦岛上五米高的堤防也挡不住海水的攻势，航道两侧的油槽都会没入水底，只有火焰塔、催化裂化塔、分馏塔才能像休斯敦市区内的高楼大厦一样，从一片黑乎乎的泛滥洪水中冒出头来，默默忍受着地基遭到侵蚀腐坏，等候洪水退潮。

布拉索斯河重整地面之后，会选择一条新的、比较短的入海途径。新的洼地浅滩会出现，最后新的硬木也会长出来（如果乌桕树愿意跟其他植物分享这块河岸湿地的话。它们的种子能够防水，所以应该会在此永久居留）。得克萨斯城会消失，淹没在水里的化工厂仍有碳氢化合物外泄，被卷进水流里扩散开来。有些重油残渣如油滴，会残留在新生的内陆河岸边，最后被细菌吃掉。

在水底，化学走廊留下来的氧化金属为加尔维斯敦的牡蛎提供了最好的栖息地，淤沙与牡蛎壳会渐渐覆满这些金属残骸，最后连它们自己也被掩埋。再过几千年，它们头上会压着好几层，足以将贝壳挤压成石灰岩的地层，岩层里夹着一条条奇怪的地层，看起来像是铁锈，但是又仿佛可以看到镍、钼、铌、铬等金属闪闪发光的踪迹。再过几百万年，也许有什么人或什么东西有足够的知识或工具，可以辨识出这些成分就是不锈钢的原料，却不会有任何迹象显示它们曾矗立在这个名为得克萨斯的地方，对着天空吐出熊熊烈焰。

十一 没有农田的世界
The World Without Farms

1 林地
The Woods

　　每当我们想到"文明"一词，通常会在脑海里勾勒出一幅城市景观。这一点也不奇怪，人类从耶利哥时代建塔盖庙开始，就对建筑物感到痴迷。当人类建筑开始向天空发展时，这个星球上还没有见过任何像这样的东西，只有蜂巢和蚁丘勉强可以跟人类都市的密度与复杂性相提并论，不过比起来规模却寒酸得多。突然间，我们不再是居无定所的游牧族群，不再像鸟类和水獭一样，用木棍与泥巴胡乱拼凑出临时落脚的巢穴。我们建造了经久耐用的住宅，这也表示我们会在同一个地方驻足停留。英文里的"文明"（civilization）一词来源于拉丁文的"civis"，原意是"住在城里的人"。

　　不过，都市的前身却是农田。人类从狩猎生活奋力一跃，开始耕种粮食、饲养动物，其实就是控制其他生物，这个卓越的进展比我们登峰造极的狩猎技巧更加震撼了这个世界。我们不再只是采集植物或猎杀动物，而是进一步安排它们的生存、哄诱它们更有效率也更可靠地成长，而且成长得更快更多。

　　因为只要几个人就可以喂养众多牲口，而更密集的粮食生产也意味着更密集的人口，于是这个世界上就突然多了很多无所事事的人，可以从事采集觅食以外的工作。在农业时代来临之前，除了极少数拥有过人艺术天分的克鲁马努洞穴壁画艺术家，可以豁免日常工作之外，这个星球上的人类只有一种职责——寻找食物。

农业让我们安定，唯有安定才会有都市的诞生。尽管都市景象看起来宏伟壮观，可是农田扮演着重要的角色。世界上有将近百分之十二的陆地已经被人类开发了出来，其中只有百分之三是城镇与都市，二者轻重立判，如果把畜牧的土地也算进去的话，用作生产人类食物的地表面积已然超过全世界陆地面积的三分之一。

如果我们突然停止种植、施肥、除虫、收割，如果我们不再饲养山羊、绵羊、乳牛、母猪、家禽、兔子、安第斯豚鼠、鬣蜥、短吻鳄，这些土地会恢复到农牧业降临之前的状态吗？我们究竟知不知道那是什么样子？

要了解这些被人类剥削的土地是否能复原，我们必须从新旧两个英格兰中寻找答案。

在缅因州的北极荒原以南，任何一个新英格兰的森林里，只要走五分钟就可以看到这样的景况。森林学家或生态学家都拥有受过严格训练的双眼，他们只要看到一片巨大的白松木林就会了解，这片土地曾受到人类剥削，因为白松木只有在被烧过的土地上才会长得如此均匀茂密。又或者他们只看到一丛年纪相当的硬木，如山毛榉、枫树、橡树，从已经消失的白松木树荫下冒出来，就知道白松木可能是被砍伐或被飓风卷走后，才给这些硬木幼苗留下一片蓝色天空。

即使你不会分辨桦树与山毛榉树，也一定可以看到一堵及膝高的石墙，有时用落叶或苔藓伪装，有时被绿色的刺藤团团围住，这是人类存在过的痕迹。这堵矮石墙纵横穿过北美森林，横跨缅因州、佛蒙特州、新罕布什尔州、马萨诸塞州、康涅狄格州与纽约州北部，显示人类曾在此立桩划定疆界。1871年，康涅狄格州的生态学家罗伯特·托马森所作的围栏普查显示，在哈得逊河以东，至少有三十九万千米长的人造石墙，足以延伸到月球上了。

更新世最后一次冰河期来临时，花岗岩的凸起处受到磨蚀，等冰河融化退却时就掉下许多石块。有些留在地表，有些则埋入地底，在冰霜的作用下定期露出地面。这些石块必须跟树木一起清除，好让移民到此的欧洲农民能在新世界展开新生活。他们清理掉的石块巨砾都被用来标示农田的界线或用来圈养牲口。

这些地方离市场太远，饲养肉牛并不实际，但为了自己食用，新英格兰的农民还是要豢养足够的猪、牛与乳牛。因此，他们的土地大部分是放牧用的草地或被用来种植饲料，其他的才拿来种黑麦、大麦、早熟麦、燕麦、玉米或啤酒花。他们砍掉的树木与挖出来的树桩，包含各种硬木以及松树、杉木，都是我们今天认定属于新英格兰标志的树种。我们之所以能够认识这些树木，是因为它们又长回来了。

世界上的森林几乎都在减缩，唯有新英格兰的温带森林在增加，现在已经远远超过1776年美国建国时的数量。美国独立之后的五十年间，纽约州开凿了伊利运河，然后俄亥俄州领地随之开放，这里的冬天较短、土壤较肥沃，吸引了许多在新英格兰地区挣扎求生的农民。南北战争之后，北方佬并没有回归故土，反而走进了利用新英格兰河流发电的工厂与磨坊，或前往西部拓荒。于是在中西部的森林开始消失之际，新英格兰的森林反而重生了。

这些石墙是三个世纪以来的农民陆续搭建起来的，没有抹上灰泥的石墙，会跟随因季节变化而胀缩的土壤一块热胀冷缩。在未来几个世纪里，它们应该还是地形景观的一部分，直到落叶形成更多土壤将其埋没为止。但是，在石墙附近的森林，跟欧洲人渡海而来之前，甚至是印第安人出现之前，有什么差别呢？如果无人砍伐，它们又会变成什么样子？

地理学家威廉姆·克罗农在1980年出版的《陆地变迁》(*Changes in the Land*)一书中，对历史学家提出质疑。历史学家向来指称欧洲人刚到新世界时，看到的是一片完全纯净的原始森林，据称这片一望无际的森林可以让松鼠在树梢跳跃，一路从科德角半岛跳到密西西比州都不必落地。他们还形容北美原住民是吃住都在森林里的原始人，对森林造成的冲击不会比松鼠多。但是为了符合清教徒移民对于感恩节由来的说法，他们还是接受北美印第安人的农业处于起步阶段的理论，不过那只是极有限又简陋的农耕，作物包括玉米、豆子、南瓜等。

现在，我们已经知道在南北美洲有很多号称原始的地形景观，其实都是人为产物，而且是人类开始屠杀大型动物之后才造成的剧烈变化。第一批永久定居的美洲人，每年至少要焚烧下层林木两次，以方便狩猎。他们放的火不会很大，只是清除一些刺藤与害虫，不过偶尔还是会挑选一些树丛整片烧光，把森林改造成围捕野兽的装置或漏斗式的陷阱。

至于从东北海岸到密西西比的树梢之旅，可能只有鸟类才办得到，就连飞鼠都力有未逮。因为得要有翅膀，才能飞越树木稀少到只剩疏林草原甚至完全被夷平的大片沼泽地。古印第安人借着观察闪电清除林地之后所长出的植物，从中学习开辟浆果丛和香草草地来吸引鹿、鹌鹑、火鸡等动物。最后也是火让他们得以从事欧洲人及其后裔在日后大规模从事的工作：农耕。侵略者们第一批到达的土地也包括新英格兰，这就解释了为什么会存在对新大陆的相似错误认知。

"现在有一种看法，"哈佛大学生态学家大卫·佛斯特说，"认为美洲东部在殖民时代之前就已经有大批人口以务农为生，他们种植玉米，在永续的村落与空地上聚居。这一点没错，但是我们这里却没有。"

那是一个9月的甜美早晨，我们来到马萨诸塞州中央、新罕布什尔州界下方不远的森林深处。在一百年前，这里还是一块耕犁过的麦田，佛斯特在一片高大的白松木林地里停下脚步，小小的硬木树苗在阴暗的下层林地上发出新芽。他说，伐木工人简直气疯了，他们在新英格兰农民前往西南方之后接踵而至，以为会有一片现成的松木林地在等着他们。

"他们白白花了几十年的工夫，想要让白松木在砍伐之后再重新长出来。他们并不知道砍伐森林之后，重新生长出来的并不是白松木，而是一片新的树林。显然他们都没有读过梭罗的作品。"

这里是彼得舍姆外的哈佛森林，1907年造林初期是作为林木研究站，现在属于一间实验室，专门研究遭人类废弃不用的土地会发生什么，佛斯特正是实验室的主任。他一生的绝大部分时间都花在大自然中，而不是教室里。虽然年届半百，仍然精瘦结实，外表看起来至少比实际年龄年轻十岁，前额的头发也漆黑如常。他身手敏捷地跳过一条小溪，曾在此地四代务农的一个家族拓宽了这条溪流作为灌溉之用，溪水两岸的白蜡树就是森林重生之后的第一批先锋。白蜡树跟白松木一样，都不会在自己的树荫下再生，因此一个世纪之后，在它们树荫下生长的糖槭树就会取而代之。不管从什么角度来看，这里已经称得上是一座森林了，有令人心旷神怡的气息、从落叶堆里冒出来的蕈菇、从绿叶间洒落的金色阳光，还有啄木鸟轻叩树干的声音。

在这个一度是农场的地方，即便是在最工业化的区域，森林也能迅速重生。在原本是烟囱的一堆乱石旁，一个长满青苔的磨石显示，曾有农民在此研磨铁杉与栗树皮用来鞣牛皮。磨坊池塘里都是黑色的沉积物，原来的农宅里只剩下散落一地的耐火砖和金属玻璃碎片，暴露在外的地窖口，成了长满蕨类植物的坐垫。一度用来分隔空地的石墙，现在像针线一般穿过三十米高的针叶林。

两百多年来，欧洲农民及其后裔砍掉了四分之三的新英格兰森林，也包括这一座。但再过三个世纪，这里的树干又会长成跟早期新英格兰人砍来造船、盖教堂的木材一样巨硕的怪物，像是直径三米的橡树、六米宽的梧桐树、七十六米高的白松木等。佛斯特说，早期殖民者能看到尚未砍伐的大树，都是因为这里不像殖民时代前的北美其他地方，在这个大陆的寒冷角落，人迹罕至。

"这里曾有人迹，不过证据显示他们只有低密度的狩猎采集生活，这里的地形也不易燃烧，不便烧林。当时新英格兰地区有两万五千人，但并未在任何区域永久定居。他们建筑房屋的桩洞，直径只有五到十厘米，说明这些狩猎采集族群可以轻易地拆解房舍，连夜迁徙。"

佛斯特又说，在美洲大陆中部，北美原住民大型的社群填满了密西西比河下游的河谷，但在新英格兰，玉米却要等到1100年才出现。"新英格兰所有考古遗址挖到的玉米，全部加起来都还装不满一个咖啡杯。"大部分的聚落都集中在河谷，也就是有农业的地方。要不然就是在沿海地区，有丰富的海洋资源，像是青鱼、西鲱、蛤蜊、螃蟹、龙虾，还有大到徒手就可以抓起来的鳕鱼，这些足以养活生活在那里的靠海为生的狩猎采集族群，至于内陆的营地，主要是用来躲避海边酷寒的冬季。

"其他地方，"佛斯特说，"全都是森林。"欧洲人以祖先的名字为此地命名。在开始清除林地之前，这里一直都是渺无人烟。清教徒移民在这里看到的林地，就是最后一次冰河期过后留下来的风貌。

"现在森林回来了，所有主要树种都回来了。"

动物也回来了。有些动物是自己回来的，如麋鹿。其他动物，如水獭，则是在人工复育后，数量才开始增加。在没有人类阻挡它们扩张的世界里，新英格兰会恢复到北美原始风貌。水獭筑起水坝定期堵塞每一条河流，所形成的湿地像是一串肥美的珍珠项链，里面住着野鸭、麝香鼠、白羽鹬和蝾螈。另外还有新成员草原狼加入这个生态体系，不过它们可能是还在发展中的新亚种，试图填补野狼消失后所空出来的生态区位。

"我们看到的品种，体形比西部草原狼要大得多，头颅与下颚也比较大。"佛斯特说着伸出长长的手臂，比出一个惊人的犬科动物头颅尺寸，"它们捕捉的猎物也比西部土狼要大，比如鹿。这也许不是突如其来的适性演化，有基因证据显示西部草原狼正在迁徙，经过明尼苏达州，北上到加拿大跟狼群杂交之后，又流浪到这里。"

他又接着说，还好，新英格兰的农民在非本土植物涌入美洲之前就离开了。因此，外来树种还来不及扩散到这块土地上，本土植被就已经在曾经的农田上站稳了脚跟。这里的土壤不含任何化学物质，人们没有使用农药清除杂草、昆虫或蕨类，以便让其他植物生长。要知道大自然如何回收耕种过的土地，这里是我们能够找到最接近原始起点的基线，其他地方都以此为比较的基础，比方说旧英格兰。

2 农田
The Farm

跟英国境内大多数的干道一样，纵贯英格兰东部的一号高速公路也是罗马人建造的。从伦敦向北出发到赫特福德郡，在亨普斯特德一个急转弯通往曾经的罗马重镇圣奥尔本，再过去则是哈彭登村。从罗马时代一直到20世纪末，圣奥尔本一直是农业交易中心，哈彭登则是一片平坦的农田，一望无际的麦田偶有灌木树篱穿插其间，后来才变成距伦敦四十八千米的通勤住宅区。

罗马人是1世纪出现在这里的，但之前不列颠群岛上的浓密森林早就已经遭到砍伐。七十万年前，人科动物首次来到这里，很可能是跟着一群业已绝种的欧亚野牛过来的，当时仍属冰河期，英吉利海峡也还是一座陆桥，不过他们停留的时间很短暂。在英国森林植物学大师奥里佛·纳克汉姆看来，最后一次冰河期过后，英格兰东南部地区主要是大片的椴木林，其间夹杂着一些橡树。此外，还有大量的榛木，这或许反映出石器时代采集族群的饮食口味吧。

到了公元前4500年左右，这里的地形景观出现变化，当时的英格兰已经跟欧洲大陆分离，有人带着农作物与家畜渡海而来。纳克汉姆感叹道，这些移民"就此改变了不列颠群岛与爱尔兰，把这里变成干燥空旷的大草原，就跟农业诞生地的近东地区一样"。

今天的不列颠群岛只有百分之一是原始森林，至于爱尔兰更是一点儿森林都不剩。大部分的林地都有明确的路径，标示着几百年来人类以发展萌生林来利用森林资源的痕迹，也就是让砍伐后的树桩重生成林，以提供建材与燃料。在罗马统治结束之后，撒克逊农民与农奴接手了这片土地，森林还是保持同样的风貌，一直持续到中世纪。

在哈彭登，有个低矮的圆形石阵与一堵矮墙，那是罗马神殿的遗迹。附近则有一栋在13世纪初兴建的巨宅，洛桑庄园。这栋用砖头与木料建成的豪宅周围有护城河环绕，占地约一百二十公顷，几个世纪来曾经五度易主，其间又加盖了更多的房屋。直到1814年，有位年仅八岁、名叫约翰·贝内特·劳斯的小男孩继承了这个庄园。

劳斯在伊顿公学念书，后来进入牛津大学，攻读地质学与化学，留了一脸浓密的羊排络腮胡，不过他并没有拿到学位，反而是回到洛桑，接替父亲在庄园内尚未完成的遗志。他们在庄园内所做的事情后来改变了农业的进程，甚至改变了大部分地表的风貌。而这样的改变在我们消失之后还能维持多久，始终是农业与工业专家争论不休的焦点，不过劳斯本人却以惊人的远见，好心地给我们留下了许多线索。

他的故事要从骨头说起，或许有人会说，应该是从有关白垩开始的。几百年来，赫特福德郡的农民都从本地黏土层底下，挖出古老海洋生物所留下来的白垩残骸，洒在田地里，因为这样有助于芜菁与谷物生长。但是劳斯在牛津大学的课堂上学到，在田里撒石灰并不是给植物提供养分，充其量不过是软化土壤里的酸性。到底有没有东西是真的可以喂养农作物的呢？

当时，德国化学家尤斯图斯·冯·李比希刚刚才发现磨碎的骨粉可以恢复土壤生气。他写道，骨粉先浸泡在稀释过的硫酸溶液中，可以更容易被土壤吸收。劳斯在芜菁田里试了一下，结果让他大为惊喜。

李比希被誉为化肥业之父，但他本人可能宁愿用这个荣衔来交换劳斯的成功。李比希从未想到要替他的制造过程申请专利，但是劳斯想到了。劳斯知道忙碌的农民要额外花时间去买骨骼、先煮后磨，又得从伦敦的煤气厂载硫酸回来处理这些压碎的骨骼颗粒，然后又要将硬化的成品再研磨成粉末，过程费时烦琐，于是他捷足先登，申请了专利。1841年，专利一到手，他立刻在洛桑兴建了全世界第一座化肥厂，不久之后，他就开始贩卖"过磷酸钙"给所有的邻居。

他的肥料工厂很快就搬到泰晤士河边的格林尼治，一个面积更大的厂房(或许是寡居的母亲坚持要他搬迁，因为她一直都住在这栋砖造的庄园里)。随着化学土壤添加剂的广泛运用，劳斯的工厂数目倍增，生产线也愈来愈长，他不只生产骨粉与矿物磷肥，还有另外两种氮肥——硝酸钠与硫酸铵(二者现在被普遍使用的硝酸铵所取代)。历史又再度上演，倒霉的李比希率先指出氮是氨基酸与核酸的关键元素，而二者都是植物生长的必备要素，不过他没有进一步利用这个发现。就在李比希发表这个新发现之际，劳斯也着手申请了硝酸盐混合肥料的专利。

为了找出更有效的肥料，劳斯从1843年开始进行一连串的实验，并一直持续到今天，使得洛桑研究中心成为全世界最古老的农业实验站和历时最久的实验田。劳斯与合伙长达六十年的化学家约翰·亨利·吉尔伯特都是李比希怨恨的对象，他们先辟出两块田地，一块种白芜菁，另外一块种小麦。他们进一步把两块田地细分成二十四个试验区，每一区都用不同的肥料施肥。

实验内容是化肥的各种不同的组合。有些用得多，有些用得少，有些甚至完全不用氮肥。有些用未经处理的骨粉，有些用获过专利的过磷酸钙、生骨粉或完全不用磷酸盐。有些只用碳酸钾、镁、钾、硫、钠等矿物质。有些兼用生的与煮沸过的农家堆肥。有些田地洒了本地的白垩，有些则没有。有些田地在连续几年间轮种大麦、豆子、燕麦、红苜蓿与马铃薯，有些定期休耕，有些持续种植相同的作物。还有一些田地是对照组，所以什么都没撒。

实验进行到19世纪50年代，结果已经很明显，同时使用氮肥与磷肥会提高产量。微量的矿物质对某些作物有益，却会导致其他作物的生长迟缓。劳斯的合伙人吉尔伯特勤奋地搜集、记录实验结果，而他本人则热衷测试各种可能有助于植物生长的理论，不管是科学的、朴素的，甚至是听起来很疯狂的理论。替他作传的乔治·范恩·戴克说，这些试验包括用象牙粉末制造过磷酸钙、用大量蜂蜜涂抹农作物，等等。在洛桑庄园底下有一片牧羊草地，被划分成小块的农田，每块田的土壤都以各种不同无机氮化合物与矿物质加以处理。后来，劳斯与吉尔伯特又加上鱼饲料，和经由各种不同饲料喂食的农场动物所排泄出来的粪便。到了20世纪，由于酸雨增加，实验农田又进一步区分，其中有半数经过白垩土处理，以测试作物在不同酸碱值环境中生长的情况。

他们从田野实验中发现，尽管无机氮肥可以让麦草长到及腰，却会损及生物多样性。在没有施肥的田圃里，可以长出五十种不同的野草、豆类与香料，但是加了氮肥的田圃只长了两三种。既然农民不希望有其他植物跟他们种植的作物竞争，他们当然不会在意，不过大自然可能会在意。

说起来也许很矛盾，因为劳斯也很在意。到了19世纪70年代，他累积了大笔财富，于是卖掉肥料工厂，继续进行这些令人着迷的实验。其中，土地会如何变得枯竭贫瘠，也是他关切的问题之一。他在传记中说，如果有任何农民认为，"可以用几千克的某种化学物质就可以种出几吨农场粪肥才可以培育出的作物"，就大错特错了。劳斯建议那些想要以种菜为生，或想在自家花园里种一点儿绿色蔬菜的人，如果换作是他，他会选择"一个可以用便宜的价格取得大量农场堆肥的地点"。

随着都市工业社会的快速成长，农村乡间也被逼着要应付大量的食物需求，于是农民再也没有余裕饲养足够的乳牛和猪，以提供农耕所需的大量有机肥料。在19世纪人口密集的欧洲，农民争相寻找谷物与蔬菜的肥料，于是南太平洋岛屿上累积了数百年的鸟粪被一扫而光，马厩里的马粪也被搜刮一空，甚至连美名曰"夜土"的夜壶便桶，也全都倒进了田里。据李比希的说法，滑铁卢战场上挖掘出来的战马与士兵骨骸，也全都磨成了粉末，喂养农作物。

到了20世纪，农田承受的压力有增无减，洛桑研究中心的试验苗圃又增加新的实验项目：除草剂、除虫剂和都市下水道淤泥。蜿蜒通往古老庄园的道路两旁有各种不同科目的大型实验室，如化学生态学、昆虫分子生物学和化学农药等，全都属于劳斯与吉尔伯特在受维多利亚女王册封为爵士后所成立的农业基金会所有。洛桑大宅则为来自世界各地的访问学者提供栖身之所。不过，在这些耀眼的设施背后，一座有三百年历史、窗棂上积了厚厚灰尘的古老仓库，才是洛桑最受瞩目的遗产。

这座谷仓是大型档案库，收藏了人类这一百六十年来努力驾驭植物的辛勤成果。数千个容量五公升的瓶子里，密封收藏了包罗万象的物种，吉尔伯特与劳斯在每一个试验苗圃里，不但采集收成作物的样本，还有作物的茎与叶，甚至包括作物生长的土壤。此外，他们也保存每一年的肥料，包括堆肥。继承他们工作的人，后来连撒在洛桑试验苗圃的都市下水道污泥，也全都装瓶收藏起来。

这些瓶子依年份排序，放在四点八米高的铁架上，最早的样本可以追溯到1843年的第一个麦田。早年样本开始发霉后，他们从1865年起替瓶子加盖，先是用软木塞，后来用石蜡，最后则是铅封。在战争期间，因为玻璃瓶严重缺货，于是样本被存放在装过咖啡、奶粉或果汁的锡罐里。

数以千计的研究人员曾爬上梯子，仔细阅读瓶身上因年代久远而泛黄的标签与模糊的笔迹，然后从瓶子里取出样本，比方说，1871年4月在洛桑的斯克罗夫特田圃地下二十三厘米深处所采集到的土壤样本。还有许多瓶子从来不曾被打开，于是瓶子里保存的不只是有机物，还有那个年代的空气。如果人类突然消失了，假设没有前所未见的大地震把所有瓶子都震落到地板上，我们可以合理地推测，这个历史遗迹能够在我们身后完整保存很久。当然，再过一百年，石板瓦屋顶可能会受到雨水和虫害侵蚀，脑筋最聪明的老鼠也可能知道，只要把某些罐子推到混凝土地上摔破，就可以得到里面还可以吃的食物。

假设在这些不可避免的大破坏发生之前，一群外星科学家正好来到这个变得异常宁静的星球上。他们虽然没看到贪婪却多彩多姿的人类生命，却能发现洛桑档案库里的丰富收藏，看到三十多万个物种仍然密封在厚玻璃瓶与锡罐内。他们既然有足够的智慧找得到地球，应该用不了多久就会发现，瓶身标签上优美的圆圈与标志是一种计数系统。当他们认出瓶子里保存的是土壤与植物之后，应该立刻就了解到，他们发现了相当于延时摄影的连续记录，记载了人类最后这一个半世纪的历史。

如果他们从最古老的罐子开始，会发现这里的土壤还算中性，但随着不列颠群岛上的工业倍增，中性状态并没有维持太久。他们会发现，到了20世纪初期，电力的发明导致愈来愈多的燃煤火力发电厂成立，散播出来的污染也超越了工厂与城市，扩散到乡间，因此土壤酸碱值大大偏向了酸性那一端。此外，土壤中的氮与二氧化硫也持续增加。这些外星人甚至会觉得大惑不解，因为他们发现某些土壤样本里含有大量的硫粉。在20世纪80年代初期，由于排烟管的设计改善，工业的硫排放量显著降低，因此农民必须另外添加硫粉作为肥料。

他们可能无法辨识在20世纪50年代初首度出现在洛桑草地土壤中的物质，微量的钚。这种矿物并不存在于自然界中，更别说是在赫特福德郡了。然而，就像陈年葡萄酒为每年的气候留下具体见证一样，这种先在内华达沙漠，后来又在俄罗斯等地实验中逸散出来的物质，却在千里之外的洛桑土壤中留下了放射性的印记。

如果他们打开20世纪末的样本瓶，会发现一些从未在地球上看过的新奇物质（如果他们够幸运的话，也不会在他们自己的星球上见过），例如塑料制造过程中出现的多氯联苯。仅从肉眼判断，这个样本似乎跟一百年前的样本瓶里倒出来的泥土同样无害，然而在外星人的眼中，他们或许一眼就可以觉察到我们必须使用气相色谱仪或激光光谱仪才能看到的有害物质。

若是如此，他们可能也会看到芳烃碳氢化合物（多环芳烃）里的荧光标志。甚至对芳烃碳氢化合物与二噁英，这两种在火山爆发与森林火灾中会自然排放出来的物质，短短几十年间就在土壤与农作物的化学成分里，从默默无闻跑龙套的一跃成为舞台焦点的主角，感到十分惊讶。

如果他们跟我们一样是以碳为基础的生命形态，可能会整个人惊跳起来或至少退避三舍，因为芳烃碳氢化合物与二噁英对神经系统与其他器官都可能造成致命的伤害。芳烃碳氢化合物是在20世纪搭上了汽车与燃煤火力发电厂排放废气的便车才浮出面的，此外，在新鲜沥青的刺鼻气味中也可以找到它们的踪迹。至于在洛桑与其他地方的农场里，则是存在于刻意引进的除草剂与杀虫剂中。

不过二噁英就纯属意外了，它是碳氢化合物跟氯结合时所形成的副产品，却造成了桀骜顽强、难以收拾的大灾难。除了能导致性别错乱的内分泌干扰素之外，它们最恶名昭彰的运用就是现在已经禁用的 TCDD，又称为"橙剂"（Agent Orange），这种落叶剂让整片的越南雨林变成了光秃秃的焦土，也让叛军无所遁形。从1964年到1971年，美国在越南境内倾倒了四万五千立方米的橙剂。四十年后，中毒至深的森林依然无法恢复原貌，原有的林地都长满了一种叫作白茅的野草，堪称世界上最难对付的杂草品种。即使放火焚烧，它们还是会不断重生，不管试种竹子、菠萝、香蕉或柚木，都无法取而代之。

二噁英会集中在沉积物内，因此在洛桑的下水道淤泥样本里也可以找得到。（从1990年开始，都市废水就因为毒性太强而禁止排放到北海，于是洒到欧洲各地的农田里充当肥料，除了荷兰之外。荷兰从20世纪90年代开始，大力鼓吹有机农业等同爱国的观念，同时也极力游说其他的欧盟伙伴，说服他们相信不管在田里用了什么东西，最终还是会流到海洋里。）

　　未来的外星访客如果看到洛桑这些举世无双的样本档案，会不会以为我们在慢性自杀呢？或许他们可以从其中看到一丝希望，至少从20世纪70年代开始，土壤中的铅含量确实显著降低了。不过其他金属的含量却升高了，尤其是在淤泥样本里，可以找到各种难以处理的重金属，如铅、镉、铜、汞、镍、钴、钒、砷等，此外也有一些较轻的金属，如锌、铝。

3 化学
The Chemistry

　　史蒂芬·麦格拉斯博士伏在角落的计算机前，光秃秃的脑袋上，一对深陷的眼睛在长方形的老花眼镜片后面眯了起来，盯着一幅不列颠群岛的地图。地图上有一簇簇不同颜色的标志，标示着不同的物质。在完美的星球上，或有机会重生的星球上，这些物质都不该出现在动物嗜吃的植物身上。他指着其中的一个蓝色标志。

　　"比方说，这代表了从1843年以来，累积的锌金属净含量。其他人都看不到这样的趋势，因为我们的样本，"他微微吸了口气，前胸的衬衫稍稍膨胀起来，"是全世界记录时间最长的实验档案。"

　　这些土壤样本来自一个叫作博巴克的冬麦田，也是洛桑最古老的试验田圃之一。他们从密封的样本中发现，土壤中的锌含量从最初的百万分之三十五，到后来增加了近一倍。"这都是从大气中来的，因为对照组的田圃里什么添加物都没有，没有肥料，也没有堆肥或淤泥，可是锌含量也增加了百万分之二十五。"

　　然而，原本锌含量只有百万分之三十五的试验田圃里，现在却高达百万分之九十一。除了大气中散播了百万分之二十五的工业污染坠尘之外，还有别的东西导致另外增加的百万分之三十一。

"这些金属来源于农场堆肥。乳牛和绵羊所食用的饲料里都添加了锌和铜,好维持它们的健康。一百六十年来,堆肥让土壤里的锌含量倍增。"

如果人类消失了,就不会再有工厂排放出含锌的废气,也没有人用添加金属营养品的饲料喂养牲口。不过麦格拉斯预期,即使在没有人的世界里,已经加进土壤里的金属,也还会留存很久。雨水需要多少时间才会过滤掉这些金属,让土壤恢复到工业时代之前的状态呢?麦格拉斯说,这要依土壤的成分而定。

"黏土吸附金属物质的能力是沙质土壤的七倍,因为黏土无法让水分自由过滤。"麦格拉斯的地图显示,在英格兰与苏格兰荒原上盖满泥煤的山顶,都布满了密密麻麻的彩色标志。泥煤的滤水性差,吸附金属、硫和二噁英这一类有机氯化物的污染物的时间,比黏土更长。

就算是沙质土壤,如果被倾倒了都市淤泥,也会跟讨厌的重金属结合在一起。唯一能从土壤中清除金属的就是树根,因为树根会吸收金属。麦格拉斯研究了1942年以来,浇了西米德尔塞克斯都市污水的各种作物样本,其中包括胡萝卜、甜菜、马铃薯、韭葱与各种谷类,假设这些作物每年都有收成的话,据此推算土壤里的金属究竟会停留多久。

他从档案柜抽屉里拿出一份表格,然后宣布这个坏消息。"我推测锌会停留三千七百年。"正是人类从铜器时代进化到今天所需的时间。不过跟其他可能更耐久的金属污染相比,这还算是短的呢!他说,镉这种人工肥料中的杂质,停留的时间是锌的两倍——七千五百年,相当于从人类开始灌溉美索不达米亚与尼罗河谷到目前为止的时间。

更糟糕的还在后头。"像铅、铬这一类重金属,就没有那么容易被作物吸收,也不会被水分过滤掉。它们会紧紧黏附在土里。"以我们最不经意混入表土的铅为例,它要彻底从土壤中消失的时间几乎是锌的十倍,也就是三万五千年。三万五千年前已经是两个冰河期之前的事了!

至于铬,因为某种不明的化学因素,是所有金属中最顽强的一种,麦格拉斯预估会在土中停留七万年。接触到黏膜或不慎吞食都会让人中毒的铬，主要是经由制皮工业渗入我们生活的，还有少量是来自老旧的镀铬水龙头、制动衬面和催化式排气净化器。不过跟铅比较起来，铬还算是小问题。

人类发现铅的时间很早，不过直到最近才意识到铅会影响人类的神经系统、认知能力、听力，甚至基本的脑部功能，还会造成肾脏疾病与癌症。在英国，罗马人已会从山里的矿脉中提炼铅来制造管道和圣餐杯，有人怀疑这个剧毒的产品将导致很多人死亡或心智失常。一直到工业革命时期人类还在使用铅管，像洛桑庄园里历史悠久的雨水排泄管就是铅做的，上面还装饰有家族徽饰。

但是老旧铅管与冶炼业，不过增加了我们生态环境中百分之几的铅含量而已。在未来三万五千年间到地球来的外星访客会知道这种到处都可以侦测到的铅，其实是汽车燃料、工业废气和燃煤火力发电厂吐出来的吗？在我们消失之后，饱含金属的田地不管长出什么作物都没有人收割，麦格拉斯预测，这些作物会持续吸收金属，然后等作物死亡腐化之后，又将这些金属释放回土壤中，形成一个永远不会完结的循环。

经过基因改造之后，烟草和一种叫作鼠耳水芹的花，都能吸收土壤里最可怕的重金属毒物汞，然后再挥发出去。可惜植物无法将金属埋到地底深处，也就是我们最初将金属挖掘出来的地方。蒸发到大气里的汞，还是会随着雨水落到其他地方。麦格拉斯说，多氯联苯也是一样，它在1930年问世后，一度被广泛运用在塑料、杀虫剂、溶剂、影印纸与液压油上，一直到1977年才全面禁用，因为它会破坏人类的免疫系统、行动能力与记忆力，也会影响生物的性别发育。

一开始的时候，禁用多氯联苯的措施似乎奏效。洛桑的档案显示，整个20世纪的八九十年代，土壤中多氯联苯的含量明显下降，到了千禧年后，甚至还降到工业时代以前的水准。可惜事后发现，它们只不过是从使用多氯联苯的温带地区飘到了北极或南极上空，遇到大量冷空气，又变成化学颗粒落下来。

结果就是造成因纽特人与北欧拉普兰人的母乳，以及海豹和鱼体内脂肪组织里的多氯联苯含量增高。多氯联苯跟另外一种往南北极飘散的"持久性有机污染物"（简称为 PoPs）溴化阻燃剂，都可能是导致愈来愈多雌雄同体的北极熊出现的元凶。多氯联苯和多溴联苯醚都不是天然物质，在人类制造出来之前根本就不存在，它们是由碳氢化合物跟一些高度活性元素，如氯或溴，结合在一起组成的。

"持久性有机污染物"的英文缩写听起来好像很轻松悦耳，因为这些物质都是商业产品，如多氯联苯是润滑液，多溴联苯醚是预防塑料融化的绝缘体，而 DDT 是长效除虫剂，一直都有杀伤力。正因为它们是商业产品，所以原本的设计就极其稳定。但不幸的是，正因为如此，它们才会这么难以摧毁。有些物质，如多氯联苯，根本就没有生物降解的迹象。

未来几千年的花花草草，都会持续回收我们释放出来的金属与持久性有机污染物。有些植物会强忍下去，慢慢适应土壤中的金属风味，就像生长在黄石喷泉旁边的那些树木一样（不过得经过好几千年）。其他植物则跟我们人类一样，可能因为铅、硒或汞中毒而死亡。那些死亡的植物之中，有些是它们品种内体质较弱的族群，而体质较强的族群可能会经过自然选择，演化出新的特性，能够容忍汞或 DDT 之类的有毒物质。不过还有一些品种则完全遭到淘汰，彻底灭绝。

人类消失之后，从劳斯开始兜售肥料以来大量喷洒在农田里的各种肥料，会形成各种不同的长期后果。有些农田会因为长年使用的硝酸盐类化学肥料慢慢稀释成硝酸，导致土壤酸碱值节节下降，但终究会在几十年后复原。有些土壤可能什么都长不出来，例如那些铝含量自然累积到有害程度的土壤，除非腐化的树叶和微生物能让土壤重获新生。然而，磷肥与氮肥所造成的最严重冲击不是在农田，而是在它们最后的归宿。几千千米外的河川下游、湖泊、河口三角洲，都被营养过剩的疯狂生长的水生杂草压得喘不过气来。原来寥寥无几的池塘浮藻，突然密集滋生，重达数吨的藻类耗尽了淡水里的氧气，使得水里所有的生物都因此毙命。就算藻类死亡了，腐化的藻类也会加速这个进程。晶莹剔透的潟湖变成硫黄色的泥淖，营养过剩的河湾肿胀成一片巨大的死水。密西西比河注入墨西哥湾的出海口就成了这样一潭死水，面积比新泽西州还要大，水里满是饱浸肥料的沉积物，一路从明尼苏达州冲刷到这里。

在没有人的世界里，所有农田的人工施肥都戛然而止，对地球上物种最丰富的区域也就是挟带着丰富营养的巨河大川与海洋交汇之处而言，无疑立刻解除了庞大的化学压力。只要短短的一个生长周期，全球各地的河口三角洲，从密西西比河到萨克拉门托三角洲，从亚洲的湄公河到扬子江，从南美洲的奥里诺科河到非洲的尼罗河，没有生命的污水范围都会开始缩减。就像一个充满化学物质的马桶一再反复冲水，最后马桶里的水也会稳定地清澈起来。密西西比河三角洲若是在短短十年内起死回生，捕鱼的渔夫一定会对眼前的景象大吃一惊。

4 基因
The Genes

从20世纪90年代中期开始，人类在地球史上踏出了前所未有的一步。不只将外来的动植物从一个生态体系引进另外一个生态体系，也将外来的基因注入现有个别动植物的运作系统内，让它们在异体的系统内做完全一样的事：一再地自我复制。

最初，转基因作物的概念是为了让农作物能自行生产除虫剂或疫苗，或让农作物不受到某些化学药剂的毒害，这些药剂原本毒害的目标是那些跟农作物竞争土地的杂草，又或是让农作物(动物亦然)更有市场价值。这种农产品改良陆续运用在如番茄的保鲜期限，或从北冰洋鱼类采集一小段 DNA 注入人工养殖的大马哈鱼体内，让它们一年四季都分泌生长激素。或促使乳牛分泌更多的牛乳，或美化商用松木的树枝，或在斑马鱼体内加入水母的荧光基因，制造出在黑暗中闪闪发光的水族箱新宠。

我们的野心愈来愈大，后来还改造用作动物饲料的植物，让它们自行制造抗生素。黄豆、小麦、稻米、红花、油菜、紫花苜蓿和甘蔗等作物，经过基因改造后可以生产很多东西，从血液稀释剂、抗癌药物到塑料分子，不一而足。我们甚至还制造出用转基因手段强化的健康食品，生产胡萝卜素或银杏之类的营养补给品。我们可以种出抗盐的麦子、抗旱的树木，还可以依照我们的需求任意增强或减弱各种农作物的繁殖力。

反对基因改造的团体为之骇然，其中包括在美国的忧思科学家联盟（Union of Concerned Scientists）、西欧近半数的省份与郡县，以及英国大部分的地方政府。他们担心，万一出现某种像野葛这样的生命形态四处蔓延，会对未来造成什么样的冲击呢？他们坚称，孟山都农业生物技术公司所生产的一系列"抗农达"作物，包括玉米、大豆和油菜等，这些作物的分子都经过基因改造，配备了该公司的旗舰产品除草剂，生长在它们旁边的植物都必死无疑，这更是加倍危险。

这些科学家如此担忧的原因，首先是持续使用抗草甘膦除草剂"抗农达"来清除野草，只不过是让野草自然天择出对"抗农达"有抵抗力的新品种而已，结果是让农民必须使用额外的除草剂。其次，许多作物都会扩大传播花粉，向外蔓延繁殖。在墨西哥，有些研究显示基因改造过的玉米入侵附近农田，交叉污染了天然的品种，这给大学里的研究人员造成极大的压力，他们纷纷出面否认。这些压力来自食品工业，因为正是他们为昂贵的基因研究提供了大部分的资金支持。

在俄勒冈州的原生草种中，已经证实含有人工改造后的班特草的基因。班特草是一种用在高尔夫球场上的草皮，这里距离培育基地有数千米之远。水产业者一再保证，生育能力超强的转基因鲑鱼都会在笼子里长大，不会跟野生的北美品种交配，但智利港湾内鲑鱼数量激增的事实，拆穿了这个谎言。智利原本没有鲑鱼，是后来才从挪威输入的种鱼。

就连超级计算机恐怕也无法预测，已经散布在地球上的人造基因面对有无限可能的生态席次，会有什么样的反应。有些可能在漫长的演化中，因为激烈的竞争而遭到彻底击败。不过其他的人造基因会寻找时机，自我演化来适应环境。这样的推测应该八九不离十。

5 农田之外
Beyond the Farm

11月的小雨中，洛桑的研究科学家保罗·波尔顿站在及膝高的冬青树丛里，周围环绕的都是人类农耕中止之后保留下来的植物。身材瘦高的普登就出生在这条路往上几千米的地方，他跟这里的农作物一样，深深扎根在这块土地上。他一出校门，就在这里工作，到现在头发都已灰白了。三十多年来，他一直从事在自己出生之前就已经展开的实验，他也希望在自己白骨成灰、化作春泥之后，这些实验还能继续下去。不过他知道，有朝一日，这片在沾满泥泞的雨靴底下蔓生的野草，将会是洛桑研究中心里唯一还有意义的实验。

这也是唯一不需要人类管理的实验。1882年，劳斯与吉尔伯特突发奇想，在博巴克围起一块大约两千平方米的田地，这块冬麦田曾经接受过各种不同的无机肥料，如磷、氮、钾、镁、钠等，放任里面的作物自行生长而不去收割，看看结果为何。次年，一种新的作物出现了，那是自己播种长出来的麦。再隔一年之后，同样的事情又发生了，不过这时，已经有入侵的猪草与到处蔓爬的治伤草来抢地盘了。

到了1886年，只有三株发育不良、矮小到几乎看不见的麦秆勉强发了芽。大量入侵的班特草也出现了，还有一些零星的黄色野花，其中包括看似兰花的香豌豆。再过一年，麦子完全消失，这种强健的中东谷类在罗马人入侵之前就已在此生长，但它们已被这些返乡的原生植物征服了。

差不多就在那个时候，劳斯与吉尔伯特也弃耕吉斯克罗夫特，这是在大约八百米之外的一块田地，面积有一万两千平方米。19世纪40年代至19世纪70年代，这里曾经种过豆子，但三十年的试验证明，即使有化学肥料助阵，连续种植豆子而不轮耕，注定会失败。后来因为某些因素，在吉斯克罗夫特种了红花苜蓿，最后跟博巴克一样，只能靠围篱来保护。

在洛桑的实验开始之前，博巴克就已经开始施上本地的白垩土当作肥料，至少有两个世纪之久。但是地势较低的吉斯克罗夫特没有排水渠道，不太容易耕种，显然就没有施肥。在弃耕后的十年间，吉斯克罗夫特的土质愈变愈酸，而博巴克因为有多年的石灰作为缓冲，酸碱值几乎没有下降。一些形态较为复杂的植物，如繁缕、刺荨麻等，都在这里现身。十年之内，榛树、山楂、白蜡树、橡树的小树苗都已立地生根。

吉斯克罗夫特仍是一片草原，长满了鸭茅、紫羊茅、牛尾草、班特草和簇生的银须草等，直到三十年后，才开始有木本植物遮蔽这片空地。而此时的博巴克早已绿树成荫，树木长得又高又密，到了1915年，这里又多了十个树种，包括野槭枫、榆树，以及黑莓灌木和像深绿色地毯的英国常春藤。

进入20世纪，这两块地的形态持续不同的变化过程，从农田转成林地。随着树林成长，二者之间的差异也愈来愈大，反映出它们背后不同的农耕历史。这两块地后来分别被称为"博巴克荒原"与"吉斯克罗夫特荒原"，两块加起来还不到一万六千平方米的土地被称为荒原，似乎有点言过其实，不过考虑到这个国家的原始森林只剩下不到百分之一，这个称谓倒也不算太过分。

到了1983年，博巴克附近长出了柳树，后来被醋栗果和英国紫杉所取代。"在吉斯克罗夫特，就没有这种东西。"普登边说边伸手拨掉雨衣上一丛长满浆果的灌木树枝，"不过，四十年前，这里突然长出冬青树，现在到处都是，也不知道是什么原因。"

有些冬青树丛几乎长得跟树木一样高大。在博巴克，常春藤都是缠绕着山楂木的树干，爬满森林的地表，这里却不一样，除了刺藤之外，地表没有覆盖任何植物。最早在吉斯克罗夫特这块休耕地上殖民的野草和草本杂草，在性喜酸性土壤的橡木树荫遮蔽之下，已经彻底消失。因为过度种植仰赖氮肥才能生长的豆科植物，再加上大量的氮肥与几十年的酸雨，使得吉斯克罗夫特成为土地衰竭的典型范例，它的土壤酸化、土质流失，仅剩下几种植物主宰这块土地。

尽管如此，仅有橡木、刺藤与冬青树的森林，也不能算是不毛之地。假以时日，生命还是会在这里重新开始。

只有一棵橡木的博巴克跟吉斯克罗夫特的差别在于，两个世纪来累积的白垩石灰，保存了土壤中的磷酸盐。"不过到头来，"普登说，"它们还是会被冲刷掉。"如果到了这个地步，就再也无法复原，因为缓冲的钙质一旦流失，就无法自然恢复，除非有人拿着铲子再洒回去。"总有一天，"他以近乎耳语的声音说道，瘦长的脸庞来回巡视着他投注一生心血的工作，"这片农田都会变成树丛，所有的草也都会消失。"

没有人类干预，这个过程所需的时间不会超过一个世纪。洗掉石灰之后，博巴克会变成第二个吉斯克罗夫特。就像树木版的亚当与夏娃一样，它们的种子随风飘游，传宗接代，开枝散叶，直到最后两块硕果仅存的农田也合并在一起成了林地，然后继续向外扩散，吞并了洛桑的所有田地，回归它们在农耕之前的原始风貌。

在20世纪中期，商业生产的麦秆长度缩短了近乎一半，麦穗的谷粒数目却倍增。这些都是在所谓"绿色革命"中被改造过的作物，目的是消弭世界上的饥荒，这种惊人的收成让数百万原本无粮可食的饥民获得温饱，也促使像印度和墨西哥这些国家的人口激增。这种经由强迫交叉配种、与氨基酸随机结合、在基因改造问世之前的农业改良技巧所制造出来的产物，必须仰赖肥料、除草剂、杀虫剂的精密配方，才能成功生存下来。因为这种在实验室里培育出来的生命形态，无法自行应付外在世界里的重重危机。

劳斯与吉尔伯特弃耕博巴克荒原之后，麦子在这片荒芜的土地上苦撑了四年，不过在没有人的世界里，这些经过改造的作物连四年都撑不到。有些是没有繁殖能力的杂交品种，有些品种的后代缺陷太多，因此农民必须每年买新的种子播种，也让种子公司大捞一笔。这些注定要消亡的农田，也是目前世界上生产粮食的大部分农田，未来都会因为氮与硫而严重酸化，一直会维持土质流失与酸化的状态，直到新土覆盖上去为止。新土覆盖的过程，先要有耐酸树木在此扎根生长几十年，再经过几百年的落叶残枝腐化，还要有微生物能够容忍工业化农业留下的贫瘠遗产，将这些落叶化为腐土才行。

这些土壤会定期被野心勃勃的树根翻土挖掘。在土壤底下，则藏了三个世纪来的各种重金属与形形色色的持久性有机污染物，它们不论在阳光下或土壤里，都是全新的物质。有些人工合成的化合物，如芳烃碳氢化合物，因为分子太重无法被吹往北极，可能会跟土壤结合，而它们的分子气孔又太小，不足以让微生物进入分解，所以最后就永远留在了这里。

1996年，伦敦记者劳拉·史宾妮在《新科学家》(New Scientist)杂志上撰文，描述在二百五十年后，伦敦这座城市遭到遗弃、恢复原始沼泽的风貌。自由了的泰晤士河淹没了因地基进水而倒塌的建筑，金丝雀码头的摩天大楼也因为承受不了湿淋淋的常春藤重压而坍塌。来年，罗讷德·莱特出版了《科学传奇》(The Scientific Romance)一书，又向后跳跃了两百五十年。在他的想象中，泰晤士河是榆树绿荫夹岸，清澈的河水穿过肯维岛，来到河口一片湿热茂密的红树林，然后注入温暖的北海。

　　不列颠群岛在后人类时代的命运，跟整个地球一样，就在这两种观点之间来回摆荡，取得平衡。回归温带树林，或慢慢走进酷热的热带未来，又或者很反讽地回到类似我们在英格兰西南荒原最后看到的景象，也就是柯南·道尔笔下巴斯克维尔猎犬曾经在凄冷迷雾中哭号的地方。

　　英格兰南部的最高点达特摩尔是一片幅员两千三百平方千米的荒原，偶有几块龟裂的花岗岩巨石从地表凸起，周围点缀着一些农田以及从古老灌木树篱衍生出来的森林。这里的地形是在石炭纪末期成形的，当时的不列颠绝大部分都还在海里，海洋生物将贝壳遗弃在这里，成了后来埋在土里的白垩。在白垩层底下是巨硕的花岗岩层，三亿年前从地底岩浆里冒出来，形成圆顶状的岛屿。如果某些人的忧虑成真，海水继续上升的话，不列颠也许会再度沉入海里。

　　经过几次冰河期，这个星球上部分水冻结成固态，导致海洋水位下降，也让今日世界成形。最后一次冰河期让高达一点六千米的冰层沿着子午线往南延伸，冰层的终点就是达特摩尔荒原的起点。在花岗岩的山顶，也就是所谓的"石山"上，残存着那个时代所留下来的遗迹。如果事实证明，不列颠群岛最后的命运就是遭逢第三次气候剧变，那么山顶上的遗迹就是未来厄运的凶兆。

　　如果格陵兰岛上的冰盖融解，导致湾流上层的海洋环流系统停止流动或甚至逆转（正是因为这道湾流，不列颠群岛才会比同纬度的哈得逊湾暖和），那么这样的厄运确实可能发生。至于究竟会不会发生，这个问题曾经引起很大的争论，不过既然这是全球温度上升直接导致的后果，或许就不会有冰层产生，但可能形成永久冻土和苔原。

　　达特摩尔在一万两千七百年前就发生了同样的事。上一次，全球海洋环流系统缓慢到几乎完全静止，当时并没有形成冰层，地面却变得跟石头一样坚硬。接着发生的事情不但深具启发意义，因为这显示了英国在未来可能会变成什么样子；但也让人充满希望，因为这些事情终将成为过往。

当时深层冻土现象持续了一千三百年，在此期间，达特摩尔的花岗石岩床缝隙内的水分结冰，裂解了地表下的巨大岩块。接着更新世结束。永久冻土开始解冻，露出了龟裂的花岗岩，也就是达特摩尔的石山，荒原上繁花盛开。松树从连接不列颠与欧洲其他部分的陆桥渡海而来，这个陆桥要等到两千年后才会沉没，接着是桦树，然后是橡木。鹿、熊、水獭、獾、马、兔子、赤松鼠、欧洲野牛也都陆续走过陆桥，还有一些重要的掠食动物，如狐狸、狼以及许多现代英国人的祖先。

他们跟在美国和更早之前在澳大利亚的人一样，都会放火焚林，以便更容易找到猎物。因此，除了地势最高的石山之外，寸草不生的达特摩尔荒原虽然受到本地环保团体的吹捧珍爱，其实也是一个人为产物。这里原来是一片不断遭火焚烧的森林，后来又因为每年高达两千五百四十毫米的雨量浸泡，变成一片树木无法生存的泥煤地。现在只剩下泥煤矿坑里的煤灰残渣，见证它们曾经存在过。

接着人类将巨大的花岗岩块堆成圆圈，作为搭建屋舍的基地，更进一步形塑这个人为产物。他们将石块铺排成一长条低矮没有抹上灰泥的石墙，跨越地表，形成特殊的地形景观，至今还清晰可见。

这些石墙将土地划分为不同的牧地，放养乳牛、绵羊和达特摩尔最为著名的粗壮小马。最近有人尝试将牲口移走，仿效苏格兰种植如茵似画的石南花，结果徒劳无功，因为长出来的不是紫色的石南花，而是欧洲蕨与多刺的金雀花。不过，金雀花非常适合这种前身为苔原的地质，在冷冻的地表融解之后，变成像海绵一样的泥煤地。任何人只要到荒原上走过一遭，对此都不会陌生。未来不管人类还在不在，这里都可能会再度变成苔原。

至于地球上的其他地方，比如人类照料了几千年的农田，在气候变暖的趋势之下，未来可能会变成各种不同的亚马孙地区，参天巨木的庞大树荫会遮蔽所有的农田，不过土壤还会记得我们。以亚马孙流域为例，葡萄牙语中的"黑土"，即肥沃的黑色土壤中，到处可以发现木炭的踪迹，显示几千年前的古人类曾经在我们今天认为是原始丛林的地方，开辟出一条宽阔的农耕带。他们慢慢将树木烧焦，而不是一把大火烧光，这样才能确保营养丰富的碳不会排放到空气中，而是跟氮、磷、钙、硫等其他养分一起留在土壤里，全部保留在容易消化的有机物质内。

约翰尼斯·莱曼对这个过程有详细地描述。他是康奈尔大学一脉相传、专门研究黑土的土壤科学家中最新的一代，他们研究黑土的时间，几乎跟洛桑创办人劳斯代代相传的肥料实验一样长。含有丰富木炭的土壤虽然被连续使用，却不会衰竭。莱曼和其他人目睹繁茂的亚马孙地区，相信在哥伦布发现新大陆之前，这里绝对可以供养大量的人口，直到欧洲人带来了疾病，才导致原住民的人口锐减到现在零星的几个部落，靠着祖先种植的坚果树丛生活。我们今天看到的这片绵延不绝的亚马孙是世界上最大的林地，曾一度消失，尔后又迅速在肥沃的黑土上重生，速度之快，让殖民的欧洲人甚至没有发现它们曾经消失过。

"制造及利用树林炭灰，"莱曼写道，"不但显著改善了土壤，增加了作物产量，也提供了一个令大气中大量二氧化碳得以长期沉淀的新方法。"

20世纪60年代，英国的大气科学家、化学家及海洋生态学家詹姆斯·洛夫洛克（提出了盖亚理论），认为地球的行为就像是一个超级有机体，其土壤、空气和海洋共同组成了一个循环系统，并受到地球上生存的动植物的调节。如今他担心，一息尚存的地球正在发高烧，而我们正是病毒。他建议我们编写一本人类求生必备知识手册（他又加了一句，要写在可以持久的纸上），留给那些在下一个千禧年有可能蜷缩在北极地区、抱在一起取暖的幸存者们，因为那是异常炎热的地球上唯一还能住的地方。人们在那里可以活到海洋吸收足够的碳，重建自然的均衡状态为止。

若是我们真的这样做的话，那些无名无姓的亚马孙农民所留下来的智慧，应该要加以重视，如此一来，如果我们下次有机会再度尝试农耕时，或许会有不一样的耕作方法（也许真的还有这样的机会。挪威已经开始搜集全世界各种作物的种子，收藏在北极的一个岛上，希望将来在其他地方都遭遇劫难时，这些种子还能幸存下来）。

若不然，没有人类回来翻土犁地、照料动物，森林就会接收一切。雨水充沛的牧场会吸引新的物种来吃草，长鼻目动物和树懒会以新的品种重现，遍布整个地球。至于其他比较不幸的地方，可能会被烘干成新的撒哈拉沙漠。以美国西南部为例，原本到处都是及腰高的长草，到了1880年，牛群数目突然从二十五万头增加到一百五十万头，草的损耗也加倍。今日，新墨西哥州与亚利桑那州就是因为丧失了大半维持水分的能力，双双面临前所未有的干旱。

不过，撒哈拉沙漠也曾有河川、池塘。耐心等待，一切都会从头再来。

PART III

第三篇

十二 新旧世界奇景的命运

Ancient and Modern Wonders

　　有些研究模型指出，全球暖化与海洋环流冷却之间，如果哪个占主导地位，只要有一部分遭到另外一个抑制，全欧洲机械化打理的农田在没有人的世界里，就会长满雀麦草、牛尾草、羽扇豆、羽蓟草、开花的油菜与野生芥菜。在短短几十年间，橡树幼苗就会从原本种植小麦、黑麦、大麦的农田里萌芽，到处都可以看到野猪、刺猬、山猫、欧洲野牛和水獭的身影，还有狼从罗马尼亚北迁。如果欧洲变冷的话，驯鹿也会从挪威南下。

　　因为海水上升，进一步侵蚀已经节节后退的多佛港，使得英法两地之间那道三十多千米宽的鸿沟日益扩大，也让不列颠群岛上的生物被孤立起来。侏儒象与侏儒河马曾横渡海峡抵达塞浦路斯，这段距离几乎是英吉利海峡的两倍，因此在理论上，应该也有其他动物会如此尝试。北美驯鹿可以利用保暖的中空毛发浮在水上，横越加拿大北部的湖泊，所以它们在欧洲的驯鹿兄弟应该也可以游到英格兰。

　　如果有什么莽撞的动物要在人类交通中断之后，经由英法海底隧道过海，是有可能成功的。即使无人维修，英法海底隧道也不会像世界上的地铁系统那么容易淹水，因为整条隧道都在同一个岩层中，而这种泥灰土岩床的渗水性很差。

　　是否真有动物会尝试这个途径，那是另外一回事。英法海底隧道的三条通道，东西向火车各使用一条，另外一条中央走廊则是维修通道，紧紧包裹在混凝土里。隧道中有五十千米没有食物也没有水，漆黑一片，但是一些欧洲大陆的物种经由这个管道进入不列颠，仍然不无可能。有机物就是有能力在世界上最不适合居住的恶劣环境中生存，从南极冰原的苔藓，到海底火山口80℃环境中的海虫，或许这正象征了生命的真谛。当然，一旦有好奇的小动物，如田鼠和挪威鼠钻进了海底隧道，一些性急的野狼自然会循味而至。

英法海底隧道确实是我们这个时代的奇景，而高达两百一十亿美元的建造经费，也是历史上最昂贵的工程，一直到中国开始在好几条河川上同时建造水坝，才打破这个纪录。海底隧道深埋在岩床里，受到泥灰岩的保护，因此最有可能是人造建筑中得以维系数百万年不坠的一个，必须等到大陆漂移才可能撕裂隧道或将其挤压成手风琴的风箱。

然而，就算隧道结构完整，功能也无法维持。隧道两端入口距离各自的海岸都只有几千米远，不过在英格兰这一边的福克斯顿比现在的海平面高出将近六十米，就算英吉利海峡边缘的石灰岩峭壁受到严重侵蚀，也几乎不可能被海水攻陷。比较可能的情况是，上升的海水从法国那一端的科凯勒入口灌进隧道，因为那里位于加来平原，只比海平面高出四点九米。即便如此，海底隧道也不会完全被淹没，因为隧道跟着地底灰岩层的地势起伏走，而岩层的走势是在中间下陷然后又向上隆起，因此海水会流向地势最低处，而隧道部分空间并不会遭水淹没。

虽然不受水淹，却毫无用途，即使对最大胆的迁徙动物来说也是一样。不过话又说回来，当初人类花费两百一十亿美元创造这个工程界的奇迹时，完全没有想到海洋会跟我们作对。

同样的，在古代世界创造了七大奇迹而洋洋得意的建筑工程师，做梦也想不到他们心目中的永恒会如此短暂。在远比他们想象中要短的时间内，竟然只有一个得以幸存，即埃及的胡夫金字塔。就像老熟林高耸入云的树梢终究会垮下来一样，胡夫金字塔在过去的四千五百年间缩了近九米。起初还不是渐进式的损耗，在中世纪时，阿拉伯人入侵，拆除金字塔的大理石外壳建造开罗。现在，暴露在外的石灰岩跟任何一座山头一样渐渐溶解，再过一百万年，外形可能看起来就完全不像金字塔了。

其他六项奇迹的寿命更短。安置在象牙与黄金宝座上的巨大的宙斯木雕神像，在搬运过程中被摔碎。巴格达以南五十千米处的巴比伦神殿遗迹之中，完全找不到空中花园的痕迹。希腊罗得斯岛上巍然的太阳神铜像，在地震中被自己的重量压垮，后来被当作破铜烂铁出售。另外三个大理石建筑结构，希腊神庙在大火中焚毁，波斯摩索拉斯陵墓遭到十字军破坏，象征亚历山大港的灯塔也在地震中倒塌。

这些建筑堪称世界奇迹，有时候是因为它们具备让人心神荡漾的美感，如古希腊的阿耳忒弥斯神庙，不过更多时候纯粹就只是因为建筑规模庞大而已。过分夸大的人为创作，往往会令我们感到渺小而臣服，其中最壮观的一个，历史比不上前述奇迹那么悠久，不过却横跨两千多年、历经三个朝代、绵延六千多千米的建筑计划，形成一座高大而不朽的堡垒，其地位已经远远超越景观，而成为一种地貌：中国的长城。宏伟庞然的长城号称可以从太空看得到（虽然很多人信以为真，其实不然），仿佛警告着外星入侵者，告诉他们这里有坚实的防备。

就像地球上的任何一座山脉一样，长城也不是永垂不朽的，它甚至比大部分的山脉还要更短命。长城的结构体里混合了夯实的泥土、石块、烧结砖、木材，甚至还有替代灰泥的糯米糨糊。没有人类维修，这样的结构将不敌树根与水分，而且工业化中国制造的大量酸雨，更雪上加霜加速了长城的损毁过程。一旦没有了人类社会，长城终究会慢慢溶解，变成一堆乱石。

建造一堵土墙从黄海一路延伸到内蒙古固然令人叹为观止，不过以巨大的公共工程来说，有一项现代奇观至今还鲜有对手。这项工程始自

1903年，也是纽约市开始建造地铁的那一年，人类以人力对抗地壳板块构造，将三百万年前漂浮在一起的两块大陆硬生生拆开形成的巴拿马运河，堪称是前无古人、后无来者。

尽管苏伊士运河在巴拿马运河建造的三十年前就已经凿通运营，将非洲与亚洲一刀截断，不过跟巴拿马运河相比，这个工程简单得多。它只是在一片空旷、没有疾病也没有山丘的沙漠上，沿着海平面的高度划了一刀而已。开凿苏伊士运河的法国公司接着将目标转向南北美洲之间九十千米宽的地峡，志得意满地以为只要如法炮制即可，没想到却是一场浩劫。他们低估了充满疟疾及黄热病的茂密丛林、雨量充沛的河川，以及最低处都还高出海平面八十二米的大陆分水岭。结果工程进行不到三分之一，运河公司就宣告破产，并且施工过程中还造成了两万两千名工人死亡，这震惊了法国。

九年后，也就是1898年，一位野心勃勃的海军部副部长西奥多·罗斯福以一艘美国船只在哈瓦那港爆炸沉没为借口（其实可能只是锅炉故障），将西班牙势力逐出了加勒比海。美西战争原本意在解放古巴与波多黎各，但是出乎波多黎各人的意料之外，美国竟然吞并了他们的岛屿。对罗斯福来说，这个岛屿是替当时尚不存在的运河航线设置中途加煤站的最佳位置，有了这条航线，往来太平洋与大西洋之间的船只就不必绕道狭长的南美洲再北上。

罗斯福弃尼加拉瓜选择巴拿马的原因，在于尼加拉瓜境内虽然有与该国同名且可以航行的湖泊，会省下相当多的挖掘工作，但是湖泊却夹在活火山之间，挖掘运河可能会有危险。当时，巴拿马地峡的主权属于哥伦比亚，不过巴拿马人已经闹过三次革命，企图脱离波哥大政府的遥控。当哥伦比亚政府拒绝美国以一千万美元交换计划中的运河周边十千米宽的特区主权的提议之后，罗斯福总统派遣炮艇协助巴拿马叛军革命，最后成功独立建国。可是一天之后，他就背叛了巴拿马人，他任命那家开凿运河破产的法国公司中的一名工程师为巴拿马的第一任驻美大使。

因为收受了好处，这名工程师当下同意美国的条件，签署了协议。

这纸协议书不但奠定了美国人在拉丁美洲的形象——强取豪夺的帝国主义外国佬，同时也在历经十一年、牺牲五千多条人命之后，成就了人类历史上最惊人的工程。近一个世纪之后，这条运河仍然名列最伟大的人类工程之林。巴拿马运河除了重整大陆板块、连接两大洋之外，也将世界经济中心转移到美国。

这么庞大的工程建设震撼了整个地球，在设计时当然也想要历久弥新。然而，在没有人类的世界中，大自然要花多久的时间才能重新衔接被巴拿马运河拆散的大陆呢？

"巴拿马运河，"阿比迪·培瑞兹说，"就像人类在地球上划的一道伤口，大自然试图愈合的伤口。"

培瑞兹负责监督运河靠大西洋这一边的水闸，他跟全球百分之五的商业一样，都仰赖一群水利学家与工程师，不想让这个伤口愈合。培瑞兹是电力与机械工程师，下颌方正，说起话来轻声细语。自20世纪80年代还在巴拿马大学念书时，他就在这里担任实习技师。现在负责监督这个地球上最具革命性的机器，这让他每天都战战兢兢。

"水泥在那个时候还是新产品，在这里是第一次试用。强化混凝土甚至还没发明。水闸壁都是超大尺寸，跟金字塔一样。唯一的强化措施就是重量。"

他站在一个用混凝土做成的特大型容器（水闸）旁边，看着一艘开往美国东岸的橘红色中国货轮，在火车牵引下进入水闸里，船上堆了七层楼高的货柜。水闸宽三十三点五米，这艘长度相当于三个足球场的货轮两侧只保留了六十厘米的空间，由两辆被称为"骡子"的电气火车头拉着，进入这个紧密合身的水闸。

"当时，电力也是相当新的东西，连纽约都还没有设置第一座发电厂，不过运河的建造者决定使用电力，而不是蒸汽引擎。"

船只在水闸里就位之后，水闸里就会注满水，船身升高了八点五米，这个过程仅需十分钟。在水闸的另一边则是加通湖，半个世纪以来，一直是全世界最大的人造湖。为了建造这个湖泊，淹没了整座红木森林，却避免了重蹈法国人的覆辙。法国人试图仿效苏伊士运河，挖一条跟海平面一样高的运河，但这却是个注定要失败的残局。法国人的做法除了必须从大陆分水岭挖掉一大块陆地之外，还得解决查格雷斯河的问题。这条雨量充沛的河流从高地丛林一路奔流入海，正好撞进运河中段，在巴拿马长达八个月的雨季里，查格雷斯河挟带的淤沙，就算不是在几个钟头之内，也只要短短几天，就足以堵塞一条狭窄的人工运河。

美国人的解决方法就是在运河两端设置三座水闸，形成一道水梯，上升到在查格雷斯河中段筑坝拦截形成的湖泊，也就是替船只搭建一座水桥，让它们可以浮起来以漂过法国人无法凿穿的山脉。水闸必须用到约两百万立方米的水才能抬起每一艘经过的船只，这些都是由水坝拦截起来的河水，利用地心引力注入闸内，等船只出闸之后，再排放到海里。尽管地心引力永远都存在，开关水闸的闸门却要使用电力，这就需要有人来操作和维修位于查格雷斯水坝上的水力发电机了。

当然也需要辅助的蒸汽与柴油发电机，但是培瑞兹说："没有人类之后，电力维持不到一天，因为必须要由控制的人来决定电力从哪里来、要打开还是要关闭涡轮引擎，等等，这个系统没有人就无法运作。"

尤其是浮在水上的空心钢门，高二十四米、宽二十米、厚度达两米。每个水闸都有一套备用闸门以防万一。闸门的轴心在20世纪80年代改装成塑料机轴，取代原本每隔几年就会生锈的黄铜机轴。但如果电力中断，闸门一开就关不起来了呢？

"那就一切都完了。最高的水闸高出海平面四十二米，就算闸门是关着的，只要封条松脱，水就会漏出去。"闸门封条是指在每扇闸门前缘缝翼上的钢板，每隔十五到二十年就要更新。一只军舰鸟的影子倏忽掠过，培瑞兹抬起头来看了一眼，然后又继续看着两道闸门在中国货轮离开之后缓缓关上。

"整座湖泊的水都可能会从闸门中流光。"

加通湖占据了查格雷斯河注入加勒比海前的水路，若是从太平洋这一端过来，必须穿过二十千米宽、在库莱布拉将巴拿马横切为二的山脊，也就是大陆分水岭中地势最低的鞍部。要切穿那么多的泥土、氧化铁、黏土与玄武岩，无论哪个部位都很困难。然而，即使法国人在此惨遭滑铁卢之后，还是没有人真正了解含水量极高的巴拿马土壤究竟有多么不稳定。

库莱布拉切道原本只计划开凿九十米宽，但是一次又一次的严重山崩，每次都让好几个月的挖掘工作功亏一篑，有时候坍塌的土回填壕沟，连货车与蒸汽挖土机都一并埋了进去，因此工程师必须不断地加宽缓坡。最后，从阿拉斯加一路延伸到火地岛的山脉，终于在巴拿马被人造峡谷切断，缺口大约是谷底宽度的六倍。挖掘过程中，每天动用六千人，花费了七年。挖出来的土方有七千六百万立方米，如果将全部的土方聚集起来，可以挤压形成一个直径为五百米的小行星。即使运河完工已经一个多世纪了，库莱布拉切道的工程却从未停止，因为淤泥持续累积，再加上经常发生小规模的坍塌，因此每天当船只行经运河的一侧时，就会有配备抽水泵和挖土机的疏浚船在另一侧工作。

在库莱布拉切道东北三十二千米的绿色山脉里，两名巴拿马运河的水利工程师莫德斯托·艾切维斯与约翰尼·奎瓦斯站在阿拉胡埃拉湖的混凝土拱桥上。阿拉胡埃拉湖是在查格雷斯河上游，由水坝拦截出来的另一个人工湖。查格雷斯河流域是地球上雨量最丰富的地区之一，在巴拿马运河启用后的二十年间，发生过好几次洪涝灾害，充沛的水量涌入运河，导致船运中断了几个小时，因为他们必须打开水闸，以免河水冲力破坏了闸壁护岸。1923年的大洪水，将红木树干连根拔起，也在加通湖形成滔天巨浪，足以掀翻船只。

于是在1935年，运河管理当局在查格雷斯河上游兴建了马登水坝。这座混凝土墙不但拦截河水形成阿拉胡埃拉湖，同时也替巴拿马市提供电力与饮用水。为了防止水库里的水溢流，工程师必须在十四个斜坡地上填土，形成水库的围墙，在河流下游，巨大的加通湖也有鞍形水坝环绕在周围。有些坝堤完全被热带雨林遮蔽，未受过严格训练的眼睛甚至无法辨识出这是人工产物。这也是艾切维斯与奎瓦斯每天都要上来检查的原因，他们要比大自然早一步。

"这里的植物长得太快，"穿着蓝色雨衣、身材粗壮结实的艾切维斯说，"我刚开始做这份工作时，到这里来找第十号水坝，结果怎么找都找不到，因为它已经被大自然吞噬了。"

奎瓦斯点头称是，闭起眼睛，回想他们跟足以撕裂土坝的树根奋战多年的经验。他们还有另外一个敌人，就是困在水坝里的水。在暴雨季节，这些人经常在此彻夜守候，尽力在蓄水与泄洪之间取得平衡。一方面要拦截查格雷斯河的汹涌水势，另一方面又得适时从混凝土墙的四道水门中排出多余的水量，确保水库不会爆裂。

万一有朝一日没有人来做这些事情呢？

艾切维斯想到这里，忍不住打了个寒战，因为他见识过查格雷斯河在暴雨中的威力。"就像动物园里的猛兽永远都无法被栅栏束缚一样，河水也会失去控制，如果我们让水位持续上涨，一定会淹过整座水坝。"

他停下来看着一辆卡车从坝顶的高架道路呼啸而过："如果没有人来打开水闸，这座湖很快就会塞满树枝、树干和垃圾。这些东西总有一天会压垮水坝，连同通往大坝的道路都一并扯下来。"

他的同事奎瓦斯不爱说话，只是默默在心中估算："河水淹没坝顶时，浪头的力道会很惊人，就像瀑布一样，侵蚀掉水坝前面的河床。只要来一次大洪水，整座水坝就会坍塌。"

就算没有发生这种情况，两人也一致同意，漏水的水门最后也一定会完全锈蚀。"到了那个时候，"艾切维斯说，"六米高的浪头就能以猛烈的手段重获自由了。"

他们看着下面的湖水。在他们脚下六米的地方，一只身长六米的美洲短吻鳄一动不动地漂在水坝的阴影里，突然间一只倒霉的水龟刚探出头，鳄鱼立刻以迅雷不及掩耳的速度掠过湖蓝色的水面。马登水坝的混凝土墙看似坚不可摧，但哪一天下大雨时就会整个翻覆。

"就算水坝保存下来了，"艾切维斯说，"但是没人照顾，查格雷斯河很快就会让湖泊淤积。到那个时候，有没有水坝就一点儿也不重要了。"

在巴拿马市连接到运河特区的一个用铁丝网围起来的区域里，穿着牛仔裤与高尔夫球衫的驻埠船长比尔·霍夫面对着一整面墙的地图与监视器，指挥着运河的夜间交通。他是美国公民，却是在巴拿马出生长大的，他的祖父在20世纪20年代搬到这里，在运河特区开设船运公司。千禧年钟声敲响后的第一秒钟，运河主权由美国移交到巴拿马政府手中，他也返回佛罗里达州定居。不过三十年的工作经验还是很抢手，现在他受聘于巴拿马，每年回来工作几个月。

他将一个监视器转到加通湖的水坝。从水面上看，这不过是个三十米宽的矮丘，不过水底的坝基却要厚二十倍。对一般人来说，这实在没有什么好看的，却需要二十四小时监看。

"水坝底下有些涌泉，其中几个小的已经穿透了。如果涌上来的水是清澈的，那就没有关系。清澈的水表示那是从岩床中涌出来的。"霍夫坐在椅子上往后一退，伸手揉揉下颌的一圈黑胡须，说，"如果水里有泥土杂质，那么水坝就完蛋了。而且只要几个小时就会完蛋。"

实在很难想象。加通湖水坝的中央核心壁厚达三百六十五米，是由岩石沙砾以液态黏土巩固而成，这种液态黏土就是我们所知的碎石细粒，它们从底下疏通过的河道冲刷上来，再被填回到两座埋进土里的石墙之间。

"碎石细粒将沙砾与其他东西胶合在一起，也是第一个流失的东西。紧接着沙砾也会流失，整座坝体就会失去附着力。"

他打开老旧松木书桌的一个长抽屉，拿出一卷地图，摊开之后是一张塑封过的泛黄的地峡图。他指着离加勒比海只有九点六千米远的加通水坝，从地面上看，这是一座二点四千米长、令人叹为观止的巨大水坝。但是在地图上，跟水坝后方拦截下来的大片水域相比，这只是一个狭窄的缺口而已。

水利工程师艾切维斯与奎瓦斯说得对："就算不是第一个雨季，也用不了几年的工夫，马登水坝就会寿终正寝。然后，那个湖泊就会整个冲进加通湖里。"

这时候，加通湖就会溢流过两边的水闸，往大西洋与太平洋倾泻湖水。一般人可能还看不出什么端倪，"也许只注意到一些乏人清理的杂草吧"。运河的景观至今仍然整洁、一丝不苟，维持着美国军方看管时的标准，到了那个时候，可能就会乱草丛生。不过在棕榈树与无花果入侵之前，泛滥的洪水早就接管运河了。

"大浪会在水闸里来回冲刷，把道路都磨成沙土。一旦水闸里的某面墙壁开始倒塌，一切就结束了。加通湖的水会全部溢流出来。"他停了一下，"当然，前提是如果湖水还没有全部都流进加勒比海。如果二十年无人维护，就再也看不到任何水坝的痕迹了，尤其是加通水坝。"

到那个时候，让许多美、法工程师疯狂、让数千名劳工丧命的查格雷斯河，会找到原来的旧水道流入大海。水坝消失、湖泊清空之后，河水再度向东流，巴拿马运河在太平洋的这一侧会渐渐干涸，南北美洲也得以重聚。

1923年，雕塑家格曾·博格勒姆接受委托，替伟大的美国总统留下不朽的肖像，不管从哪一个角度来看，都跟早已消失的世界七大奇迹中的罗得斯岛巨像一样壮观。他的画布是南达科他州的一整座山，画中主角除了美国国父乔治·华盛顿之外，还有草拟《独立宣言》与《人权法案》的杰弗逊以及解放黑奴、统一南北的林肯，另外博格勒姆还坚持让连接两大洋的西奥多·罗斯福也列名其中。

博格勒姆选择了拉什莫尔山来创作这组堪称全国巨作的雕塑，这条山脉海拔一千七百多米，质地是细粒的前寒武纪花岗岩。1941年，博格勒姆因脑溢血过世时，还没有开始雕塑这些总统的身躯，但是他们的面容已经刻在石头上，不可磨灭了。而他也在1939年，亲眼看到个人心目中的英雄西奥多·罗斯福，正式将这个作品呈现给他。

博格勒姆甚至将西奥多·罗斯福的标志性特征——夹鼻眼镜，也刻在了石头上。这是在十五亿年前成形，也是这块大陆上最持久耐用的石头。根据地质学家的研究，拉什莫尔山的花岗岩每十万年仅侵蚀二点五厘米。以这个速度来计算，除非有行星撞击或在这个地质稳定的大陆中心发生剧烈的地震，否则十八米高、酷似西奥多·罗斯福的遗迹，至少还会留存七百二十万年，也算是替他一手创建的运河留下一个纪念。

大猩猩进化成人类的时间都比总统像留存的时间要短。如果在后人类时代，地球上再度出现像它们一样灵巧聪明、令人迷惑、感情洋溢又充满矛盾的物种，那么它们仍会看到老罗斯福凶狠锐利的眼神紧盯着它们不放。

十三 没有战争的世界

The World Without War

战争会使地球上的生态体系沦为炼狱，越南的毒化丛林就是最好的见证。可是说来奇怪，如果没有使用化学添加剂的话，有时候战争反而会成为自然的救赎。20世纪80年代尼加拉瓜内战期间，米斯基托海岸原本滥捕虾贝、滥砍森林的行为因战火瘫痪，反而使得枯竭的龙虾海床与加勒比海松木恢复了元气，重获新生。

这个过程花了不到十年的时间。假设地球上有五十年都没有人类……

山坡上布满了重重的诡雷陷阱，这正是马永云欣赏这里的原因，毋宁说他是欣赏这里因有地雷而人迹罕至，所以橚树、韩国柳树和稠李树的大片老熟林得以保存。

在韩国环保运动联盟中负责国际宣传协调工作的马永云，搭乘以丙烷为燃料的白色起亚货车，沿着山路盘旋向上，驶进一片白茫茫的11月浓雾中。同行的伙伴包括保育专家安昌熙、湿地生态学家金敬元、野生动物摄影师朴仁焕与陈一泰。他们刚刚通过韩国的军事检查哨，曲折地穿过由黄黑色混凝土障碍物所形成的迷宫，进入军事禁区。穿着冬季迷彩服、一脸疲惫的卫兵暂时放下M16步枪，迎接环保运动联盟的一行人。自从他们一年前来访之后，这里加挂了一个招牌，说明这个军事检查哨也是丹顶鹤保育检查站。

在等候办理文件手续时，金敬元就看到了好几只灰头啄木鸟、一对长尾山雀，还听到检查哨附近丛林里传出白头鹎有如钟鸣般的歌声。随着车子愈往山里走，他们又瞥见一对环颈雉和好几只灰喜鹊，这种美丽的鸟类在韩国其他地方已经不常见了。

他们走进距离韩国北方边界五千米远的狭长地带，即"平民管制区"。这里已经有半个世纪无人居住了，不过有些农民获准在此种植稻米和人参。再往前行经五千米的黄土路，道路两侧都是带刺的铁丝网，上面栖满了斑鸠，也挂满了红色的三角形警告标志，提醒他们前面有更多的地雷。接着，就看到一个以韩文与英文书写的标志，说明他们已经进入"非军事区"。

这个非军事区长二百四十千米，宽四千米，基本上，从1953年9月6日以后就是一个无人的世界。最后一次交换俘虏标志着朝鲜战争的结束，不过就跟塞浦路斯岛上的种族冲突一样，这场战争并未真正结束。朝鲜半岛的分裂，要从苏联在二战末期对日宣战说起，就在同一天，美国在广岛投下一枚核子弹头，一周之后，战争就结束了。然后，美苏之间签署了一项协议，将日本从1910年开始占领的韩国一分为二，由美、苏分别接管，这里也成了冷战期间最热的战场。

1953年，双方达成协议，在三十八度线两侧各划出两千米宽的土地，成为今日称之为非军事区的无人地带。

大部分的非军事区都经过山脉，所以真正的分界线还是跟着山底的河川与溪流走。五千年来，在仇视与敌意开始之前，这里一直有人耕耘栽种水稻。如今，被废弃的稻田里都布满了密密麻麻的地雷。1953年休兵之后，除了短暂的军事巡逻以及迫切逃难的朝鲜人民之外，几乎是人迹罕至。

在没有人烟的情况下，这里成了敌军幽灵出没的阴间冥府，收容了许多无处可去的生物。世界上最危险的地方，反倒成了野生动物最重要的庇护所。虽然是无心插柳，却让这些可能会完全消失的动物找到一线生机，亚洲黑熊、欧亚大山猫、麝香獐、中国鹿、黄喉貂以及濒临绝种的斑羚，还有近乎消失的远东豹也死守着这个暂时的栖身地。在这里，硕果仅存的动物们，勉强让自己这个品种繁殖出健康的基因。如果非军事区的南北两地也突然变成无人世界，它们或许还有机会向外扩张、加倍繁殖，甚至索回原本属于它们的地盘，瓜瓞绵延。

马永云及其保育同伴打有记忆以来，就知道这个分界线的地理矛盾。现年三十多岁的他们的成长岁月，也正是国家从贫穷走向繁荣的年代。经济腾飞的成就让数百万韩国人，正如先前的美国人、西欧人和日本人一样，相信他们也可以拥有一切。而对这群年轻人来说，其中也包括拥有他们国家的野生动物。

他们抵达了一个韩国偷盖的防御工事掩体。这里有两道长达两百四十多千米的铁丝网，上面缠着剃刀、利刺，铁丝网在此地突然向北急转弯，沿着一千米左右的突出岬角边缘绕过去，然后再转回来。这已经逼近停火协议中规定分界线南北两千米的范围了，在非军事区的正中央有一排木桩隐约标示出一条界线，双方都不可以靠近。

"对方也会这么做。"马永云解释说。双方似乎都有默契，只要遇到视界辽阔的平台地形、这种难以抗拒的诱惑，他们就会把握机会，把这里蚕食下来，睥睨对手。这个用煤渣块堆出来的炮台外面漆上了迷彩，但用意似乎不是伪装，反倒像示威，就像好战的公鸡怒发冲冠，鼓起鸡冠和全身羽毛威吓敌人。

在突出岬角的北端，往两侧望去，只见非军事区里绵延数千米的崎岖山地，空无一人。尽管双方在1953年停火，架设在韩国军事阵地上方的扩音喇叭仍然定时爆出咒骂、军事颂歌，甚至像《威廉泰尔序曲》（*William Tell Overture*）之类的不和谐乐曲，传到分界线的另一边。喧嚣的噪音在朝鲜山间回响，而这些山头因为几十年来砍伐树林作为柴火，已渐渐变成一片濯濯童山，接踵而至的是不可避免的侵蚀悲剧，最后导致洪水泛滥、农业灾难与饥荒。如果有朝一日这个半岛上完全没有人类，荒芜的北半边必须要花费更长时间才能恢复原有的生机，而南半边则有更多的人类建筑让大自然去拆解。

在山脚下，分隔两个极端的缓冲区，原本是一片有五千年历史的稻田，荒废了半个世纪，现在已经变成了湿地。当这群韩国的自然主义者忙着观察环境、架设相机与望远镜时，一个耀眼的白色飞行中队掠过芦苇草丛，十一个飞行员排列得整整齐齐，而且安静无声。

这些正是韩国的珍稀动物——丹顶鹤，它们是世界上体型最大的鹤，也是仅次于美洲鹤的最稀有品种。跟随在它们周围的，还有四只较小的白枕鹤，也是濒临灭绝的动物。它们刚刚从中国与西伯利亚飞来，大部分会在非军事区里过冬。如果非军事区不存在，它们也不会存在。

它们轻巧地落地，完全不受一触即发的地雷影响。在亚洲，丹顶鹤被视为神圣的鸟类，是吉祥与和平的象征，因此它们可以在两百万军队的紧张对峙中自在游走。在这个每隔几十米就有碉堡工事，每隔几步路就有机关枪、迫击炮，却意外成为野生动物的避难所里，它们幸福自由地进出，不受干扰。

"有幼鸟。"金敬元低声说道。他的镜头对准两只小鹤，它们在河床上涉水，长长的鸟喙伸入水底寻找块茎，棕色的鹤冠显示它们年纪尚轻。全世界仅存的丹顶鹤只剩下一千五百只左右，因此只要有幼鸟诞生都是大事。

在丹顶鹤的身后，是朝鲜足以媲美好莱坞的大型标志，几个泛白的韩文广告牌从山头上冒出来，宣示他们对"亲爱的领袖金正日"的无上尊崇以及对美国的厌恶鄙视。他们的敌人则以巨大的帐篷还击，帐篷上数以千计的闪光灯泡炫耀着南方资本主义的美好生活，远在几千米之外都看得到。在瞭望站之间，每隔几百米就冒出一个宣传品，那是另一个武装防御工事碉堡，一对对眼睛躲在碉堡后方，虎视眈眈地看着山谷对面的敌人。这样的对立冲突已经持续了三代，敌对的两边还有许多人是有血缘关系的亲戚。

这些丹顶鹤盈盈飞过这样的恐吓威胁，飘落在分界线两侧阳光普照的平原上，静谧地在芦苇丛里觅食。如此优雅、高贵、端庄的鸟类，让每个人都看得忘我出神。没有人会承认自己不祈求和平，然而摆在眼前的事实却是，如果没有仇恨与敌意保持这个区域净空，这些鸟类很可能就面临绝种的危机。就在非军事区的东边，首尔的市郊带着将近两千万人口的超级破坏力，不断向北方延伸，进逼平民管制区。地产开发商个个蓄势待发，只要带刺铁丝网一拆下来，他们就要入侵这个看得到却吃不到的房地产市场。朝鲜也会跟资本主义敌人携手合作，开发边界的庞大工业园区。充分利用他们最丰富的资源，即愿意领低薪工作的饥饿大众，而这些人也都需要房舍来安置。

这群生态学家花了一个小时观察这些将近一米五高的尊贵鸟类，看丹顶鹤自由自在地觅食。同时，他们也受到戍守边防、不苟言笑的士兵毫不眨眼的密切监督。一名士兵过来检查他们架在三脚架上一台四十倍的单筒望远镜，他们让这名士兵通过望远镜看丹顶鹤，他很快瞥了一眼，其手中的榴弹发射炮口朝向天空。这时候，微晕的午后阴影斜斜地投射在朝鲜光秃秃的山上。一道阳光穿透在战争中伤痕累累的白色山脊，那正是从朝韩对峙的平原上拔地而起的丁字山。

"除了告诉别人南北朝鲜之间的差异之外，你应该跟他们说说我们共享的生态体系。"马永云说道。他指着一只在草地斜坡向上爬的水羚。"有朝一日，两边会成为同一个国家，但需要其他理由保护这里。"

回程时，他们经过狭长平坦的平民管制区谷地，遍地都是稻谷的残茬。田里的土壤在翻耕后留下箭尾形的沟畦，畦间则是稍早融雪后形成的水坑，像是闪闪发亮的镜子，不过在入夜之前又会结冰。到了12月，气温会降到-11℃。天空上映照出稻田犁耕后留下的几何图形，只见一行鹤鸟划过天际，还有数以千计的野雁排列成人字形陪它们一起翱翔。

当鸟群飞下来享用稻米收成后留下来的米粒时，这群人也停下来照相，并且很快计算了一下。发亮的白色羽毛、樱桃红的鹤冠、漆黑的颈子，仿佛从日本绢画里直接转头看过来的丹顶鹤，有三十五只。拥有粉红色长腿的白枕鹤，占百分之九十五。还有三种雁，山地雁、豆雁，以及一些少见的雪雁。在韩国，这些全都是禁猎的野生动物，不过数量实在太多，他们也懒得去数了。

能够在非军事区里逐渐恢复生气的自然湿地上看到鹤群，当然令人兴奋。不过在彼此相连的耕地上，其实更容易看到它们的身影，因为这里有机械收割后残留的米粒，可以让它们饱餐一顿。如果人类真的消失了，这些鸟类究竟会获益还是受害呢？丹顶鹤在演化后主要以芦苇嫩芽为生，到现在，数千代的丹顶鹤都是在人造湿地，也就是水稻田里觅食。如果没有农民，如果平民管制区里丰富的稻田全都变成沼泽，鹤群与雁群的数目会减少吗？

"对这些鹤来说，稻田不是理想的生态体系，"金敬元从望远镜后方抬起头来说，"它们需要草根，而不只是米粒。有太多湿地变成了农田，让它们没有其他选择，只好吃米粒来储存过冬的能量。"

在非军事区的废弃稻田里并没有长出足够的芦苇，连数量锐减的鹤群都还养不活，这是因为两国都在河川上游兴建水坝。"即使在冬天大量降雪，地下含水层原本可以储存丰富的水分，但也都被抽到温室里种菜了。"金敬元说。

如果不需要农业来养活首尔的两千万居民，更别提朝鲜嗷嗷待哺的饥饿民众，那么不断抽水的水泵就可以停下来，让水留在地下水层，野生动物自然也会跟着回来。"对动植物来说，这可以让它们松一口气，"金敬元说，"这里会是它们的天堂。"

非军事区变成了天堂，庇护着近乎消失的亚洲生物。就连差不多已经灭绝的西伯利亚虎，也谣传藏身于此，不过那很可能只是一个奢求的梦想罢了。这群年轻的自然主义者心里想要的，正是他们在波兰与白俄罗斯的同僚所企望的，一个由战场转化而成的和平公园。一群国际科学家合作成立了一个"非军事区论坛"，试图说服政治人物。如果敌对的南北朝鲜能携手合作，奉献出他们共有的这个好地方，不但能够达成体面的和平，甚至还有实际的利益。

"试想这是朝鲜版的葛底斯堡约塞米蒂（Yosemite）。"非军事区论坛的共同创办人、哈佛生物学家威尔逊说。即使未来清除地雷得耗费巨资，但是威尔逊相信，观光收益一定可以胜过农业生产与地产开发。"一百年后，这里在过去一个世纪发生的事情当中，唯一还有意义的就只有这座和平公园了。不但全朝鲜人都会珍惜这个历史遗产，同时也为世界上其他地方树立未来可以依循的典范。"

这甜美的愿景却岌岌可危，随时都可能被房地产开发规划吞噬，而且这个危机现在已经逼近非军事区了。回到首尔之后的那个星期天，马永云到城北山上的华溪寺参拜礼佛，这是韩国最古老的佛教圣殿，他坐在雕龙画栋与饰有镀金菩萨的亭阁里，聆听信徒吟诵《金刚经》。佛祖在经文中教诲我们，人生如梦幻泡影，就像露水一般。

"世界无常，"穿着灰色僧袍的方丈玄觉法师事后跟他说，"就像身体，我们都必须放下。"可是玄觉也跟马永云说，保护地球跟佛教教义并不矛盾，"人得要有身体才能开悟，我们有义务保护我们的身体"。

可是有这么多人类的身体要照顾，使得保护地球成了一桩复杂的公案。就连韩国寺院过去神圣不可侵犯的宁静，现在也遭到破坏。为了缩短郊区到首尔市区的通车时间，一条八线车道的隧道此刻正在这座寺院底下开挖。

"在这个世纪里，"威尔逊坚称，"我们自然会发展出一种标准来让人口逐渐减少，直到人类对世界的冲击大幅降低为止。"他的话语中透露出一种科学家的无比坚定，他以这种坚定的信念致力探索生命的复原，包括他自己这个物种在内。如果为了吸引观光客而把这里的地雷清除，那么房地产商人也会觊觎这块精华之地。如果最后妥协的结果，是让他们开发这个具有象征意义的历史自然公园的周边土地，那么将来唯一可以在非军事区生存的物种，极可能只剩下人类自己。

至少这里的人可以生存到南北朝鲜被所有人口的重量压垮为止。在这个面积相当于美国犹他州的半岛上，南北朝鲜人口合计有一亿。如果人类先行消失，就算是非军事区还不足以维系西伯利亚虎的生存，"至少还会有一些，"威尔逊沉吟道，"在朝鲜和中国边界窥伺徘徊。"他想象着人类消失后，西伯利亚虎数量倍增，扩及全亚洲，而狮子也向北迁移到欧洲南部，语气不自觉地热切起来。

"要不了多久，仅存的大型动物就会大规模扩散出去，"他接着说，"尤其是肉食动物。它们会加紧脚步，吃掉我们饲养的牲口。几百年后，家畜就所剩无几了。家犬都会变成野狗，但是它们也撑不了多久，因为无法跟其他物种竞争。凡是人类干预引进的物种，最后都会遭到大幅淘汰。"

事实上，威尔逊打赌说，人类试图改造的物种，如费尽心血培育出来的马匹，都会回归原始。"如果马可以存活的话，会退化成普氏野马（Przewalski），那是生长在蒙古大草原上，世界仅存的真正野马品种。"

"人类经手的各种植物、农作物和动物物种，都会在一两百年间消灭殆尽。其他物种也有很多会消失，鸟类和哺乳类动物仍会存在，只是体形变得比较小。这个世界大部分看起来会是人类出现以前的模样，就像一片荒野。"

十四 没有我们的鸟类
Wings Without Us

1 食物
Food

　　在朝鲜半岛非军事区的西端，汉江河湾里一个淤泥堆积形成的小岛上，住着一种最罕见的大型鸟类：黑面琵鹭，目前在全世界只剩下一千只。朝鲜的鸟类学家曾经偷偷警告汉江对岸的同僚说，他们国内饥饿的同志会游过河去，偷黑面琵鹭的蛋来吃。韩国的禁猎令保护不了落在非军事区以北的野雁，那里的鹤群也无法大快朵颐机械收割后留在田地里的米粒，因为在朝鲜都是以人工收割稻谷，连最小的米粒也不丢弃，所以没有什么可供鸟类填饱肚子的食物。

　　在没有人类的世界里，人类会留下什么给鸟类？有什么鸟类会留下来呢？曾与人类共存的鸟类有一万多种，从重量不到一个铜板的蜂鸟到二百七十千克重、没有翅膀的恐鸟，其中大约有一百三十种已经消失了，算起来比例还不到百分之一，若不是当中有些物种太过引人注目，这个数字其实还蛮鼓舞人心的。恐鸟高达三米，重量是非洲鸵鸟的两倍。玻利尼西亚人在公元1300年左右，占据了人类发现的最后一块大型陆地新西兰之后，才短短两个世纪，岛上的恐鸟就绝迹了。三百五十年后，当欧洲人出现时，这里只剩下一堆大型鸟类的骨骼残骸与恐鸟的传奇故事。

190

还有其他不会飞的鸟类也遭到屠杀，其中最出名的就是生长在印度洋毛里求斯岛上的渡渡鸟。它们始终学不会怕人，在一百年内就被葡萄牙水手与荷兰拓荒者以棒棍打死，煮来吃得一干二净。还有一种像鸽子一样的大海雀，因为分布的范围遍及整个北半球，所以从北欧到加拿大的猎人花了比较长的时间才让它们灭绝。至于疣鼻鸭，它是一种不会飞的大型鸭类，以树叶为主食，很久以前就从夏威夷消失了，我们对这种动物所知有限，只知道是谁杀光了它们。

不过，最惊世骇俗的鸟类大屠杀却发生在一个世纪之前，规模之大，令人难以想象，就像聆听航天员解释宇宙如何运作一般令我们感到困惑，因为那超越了我们的理解范畴。在美洲候鸽的灭绝事件中充满了无数的恶兆，这些恶兆明显警告我们，事实上是尖声疾呼，我们以为取之不尽、用之不竭的东西，或许未必如此。

早在鸡肉加工厂大量生产出数十亿的鸡胸肉之前，大自然就已经做了同样的事情，以北美候鸽的形式出现。任何人都可以轻易估算出候鸽是全世界数量最多的鸟类，一群候鸽聚集起来飞行可以绵延五百千米、多达数十亿只，遍布整个地平线、遮蔽整片天空。过了几个小时，让人觉得它们根本就没有飞动，因为不断有鸟飞过。这种鸟类的体形较大，远比那些在我们的人行道和雕像头上拉屎的鸽子更惊人。它们身上的羽毛是深灰色，胸部则呈玫瑰红，非常可口。

它们吃掉的橡实、山毛榉坚果与莓果多得难以想象。我们屠杀候鸽的一种方法就是削减它们的食物，因为人类砍掉了美国东部平原上的森林，种植我们自己要吃的食物。另一种方法就是用猎枪，一发猎枪射出的铅弹足以射杀十几只候鸽。1850年之后，美国心脏地带的林地大部分都已变成农田，数百万只候鸽只好全部挤在仅存的树上，猎杀候鸽也变得更轻松。那时每天都有载满候鸽的货车送到纽约和波士顿。等到它们的数量好像真的开始锐减时，反而引起猎人想趁还有候鸽时加紧屠杀它们的疯狂热潮。到了1900年，什么都没有了，只剩下几只可怜兮兮的候鸽住在辛辛那提动物园的笼子里，等到动物园发现这个事实，一切都已经太迟了。1914年，最后一只候鸽就在他们眼前与世长辞。

在接下来的几年间，候鸽的寓言一再被传诵，但寓言中的教训只有一小部分受到重视。一个由猎人成立的保育团体"野鸭基金会"保存了几千万亩沼泽湿地，确保他们重视的猎物品种不至于没有地方落地繁殖。然而，由于人类在这个世纪所展现的发明才华，比智人历史上其他时间加起来还要多，因此在这个时代，保护鸟类的工作变得比较复杂，不只是让有翅膀的猎物可以永远持续下去而已。

2 电力
Power

北美人对拉普兰铁爪并不熟悉，因为它们的行为跟我们预期的候鸟不太一样。它们夏天在北极高地繁殖，所以当我们比较熟悉的雁雀飞往赤道，甚至赤道以南的地区时，它们则前往加拿大与美国的大草原过冬。

这种跟雀鸟差不多大小的黑面小鸟长得很漂亮，脸上像戴了半张白色的面具，翅膀及后颈有赤褐色的羽毛色块。不过我们多半只能远观，数百只难以分辨的小鸟在冬季草原的强风中，挤在一起到田地里觅食。然而，1998年1月23日的清晨，却可以在堪萨斯州的雪城近距离看到它们，因为地面上有将近一万只冻死的铁爪。前一天晚上，有一群铁爪在暴风雪中撞到了一片无线电发射塔。在浓雾与狂风暴雪之中，唯一看得见的东西就是闪闪发亮的红灯，而铁爪显然是冲那些红灯而去的。

从一夜之间骤死的数量来看，或许算是很高的数字，但无论就事件经过或整体数字来说，都还称不上是格外不寻常的事故。从20世纪50年代开始，电视发射塔附近经常发现成群鸟尸的报道，早已引起鸟类学家的关注。到了20世纪80年代，据估计每座发射塔附近每年都会出现两千五百只鸟尸。

2000年，美国渔猎暨野生动物管理局的报告指出，有七万七千座高于六十米的传输塔安装了飞航警示灯。也就是说，如果估计无误的话，光是在美国，一年就有将近两亿只鸟类会撞塔身亡。事实上，这个数字只是保守估计，因为移动电话信号传输塔正在快速兴建中，到2005年为止，已有十七万五千座信号传输塔。如果再加上这些塔，鸟类死亡的数目就会激增到每年五亿只，这还是在资料不足的情况下所做的预测，因为大部分的鸟尸在被人发现之前，已经先祭了食腐动物的五脏庙。

在密西西比州东西两侧的鸟类学实验室都会派研究生去执行可怕的夜间任务，即到电力传输塔去收拾各类鸟尸。红眼绿鹃、田纳西莺、康涅狄格莺、橙冠莺、黑白莺、灶鸟、画眉、黄喙杜鹃等，死亡名单像是愈来愈完整的北美鸟类名册，甚至还包括一些极罕见的品种，如红嘴啄木鸟。其中最显眼的是迁徙的候鸟，尤其是在夜间飞行的品种。

长翅歌雀就是其中之一。这种平原雀鸟的胸部呈黑色，背部是暗黄色，习惯飞到阿根廷过冬。鸟类生理学家劳伯·宾森研究它们的眼睛与脑部，发现一种演化特征，不幸的是在电子通信时代这成了它们的致命伤。长翅歌雀与其他候鸟都有感知磁场的结构，让它们可以根据地球磁场确定方位。而确定方位的机制牵涉到它们的眼睛，光谱中的短波端（紫色、蓝色、绿色）显然是启动导航设施的关键，如果只有长波的红光，它们就会迷航。

宾森发现候鸟演化出一种天性，就是在恶劣天候中会朝着光源飞行。在电力问世之前，唯一的夜间光源就是月亮，朝着光源飞行就可以远离有害的气候。因此，当浓雾或暴风雨阻绝了所有视线，有节奏地闪着红光的铁塔，就像希腊水手难以抵抗唱歌的女妖一样，对这些候鸟来说，这成了致命的诱感。发射塔的电磁场破坏了候鸟的导航系统，它们就会绕着铁塔打转，而整座铁塔会变成一个巨大的鸟类搅拌器，塔上的拉索钢缆就成了锐利的刀片。

在没有人类的世界里，电信信号传输中止，红灯也停止闪烁，每天数十亿移动电话传输中断，数十亿只鸟的生命也因此获救。但只要我们还在，发射塔不过是人类文明不小心造成鸟类大屠杀的开端而已，而且屠杀还将继续。

还有另外一种不同的塔，有格状钢骨结构，平均高度为四十五米，每隔三百米左右就有一座。这些塔不但纵横交错，有时还呈对角线排列，除了南极大陆之外，几乎每一块大陆上都有。在这些钢塔之间，悬挂着包铝的高压缆绳，承载着几百万瓦"吱吱"作响的电力，从发电厂传送到我们的高压电网。有些电线粗达八厘米，但是为了节省成本与重量，全都没有加装绝缘体。

光是在北美地区的供电网络，所有电线的长度总和就足以往返月球一趟半。随着森林砍伐殆尽，鸟类学会了栖息在电话线与电线上，只要它们不碰到另外一条电线或地面形成回路，就不会触电。不巧，鹰、雕、鹭、鹳、鹤等大型鸟类的翅膀张开来，往往会碰触到两条电线或打到没有绝缘的变压器，结果不只是触电而已，这些猛禽的鸟喙或鸟爪可能会立刻融化，或者是羽毛被点燃。有好几只人工饲养的加州兀鹫在野放时，就因为这样的意外死亡，数以千计的白头海雕与金雕也是如此。在墨西哥奇瓦瓦州所做的研究显示，新式的钢制电线杆就好像是一个巨大的地线，因此就算是小鸟，最后也会加入电线杆下老鹰与红头美洲鹫的鸟冢。

其他的研究则指出，鸟类撞电线死亡的数目远比触电而死的要多。就算没有电线网络，对候鸟来说，仍有更严重的陷阱在热带美洲与非洲等着它们。在这些地方，有太多土地清空作为农业用途，其中大部分农产品都是外销，因此旅途中可以栖息的树木、让水鸟可以安全歇脚的湿地也逐年缩减。这样的影响跟气候变化一样，难以量化估算。但在北美与欧洲，从1975年起，某些鸣禽品种的数量已经锐减了三分之二。

没有人类之后，只要几十年的光景，一些路边的森林就会重生。另外两个造成鸣禽锐减的凶手，即酸雨以及用在玉米、棉花与果树上的杀虫剂，也会在人类消失之后立刻消失。北美地区禁用DDT之后，白头海雕的数量激增，这似乎给其他生物带来了一丝希望，或许它们终能适应人类利用化学来改善生活所留下来的残存物质。然而，浓度百万分之几的DDT才会产生毒性，二噁英的浓度只要有万亿分之九十就会有危险，而且二噁英即使到生物生命终结，也不会消失。

两个美国联邦机构在不同的研究中估计，每年有六千万到八千万只鸟撞到公路上高速行驶车辆的水箱罩或挡风玻璃上而死，这些公路在一个世纪以前，不过是缓慢的马车通道。人类消失之后，自然也就没有高速行驶的车辆，但人类对鸟类生命所造成的严重威胁，却依然如故。

在人类建筑全部倒塌之前，大部分的窗户会先走一步，其中一个原因就是粗心大意的鸟类神风特攻队一再撞上这些玻璃窗。穆伦堡学院的鸟类学家丹尼尔·克兰在攻读博士的时候，招募了纽约郊区与伊利诺伊州南部的居民，记录鸟类撞击二战后典型居家建筑的数目与种类。这种建筑的特色就是大型玻璃观景窗。

"鸟类无法辨识出玻璃窗是一种障碍物。"克兰简单明了地说。就算他在空地上竖立起一扇玻璃窗，旁边都没有墙壁，鸟类还是要到死于非命的前一秒，才知道有东西挡路。

不管是大鸟小鸟、老鸟幼鸟、雄鸟雌鸟，也不管是白天或黑夜，都没有差别。这是克兰花了二十年所得到的结论，而且鸟类也无法区分透明玻璃与反射玻璃的差别。这实在不是好消息，因为在20世纪末，饰有反射玻璃帷幕墙的高楼大厦盛行，从市中心蔓延到城市远郊，而这些地方在候鸟的记忆中依旧是空旷的田野或森林。他说，就连自然公园的游客服务中心，很多都是"完全用玻璃覆盖，而这些房子常会杀死那些民众跑来观看的鸟类"。

克兰在1990年估计，每年有一亿只鸟因为撞上玻璃而扭断脖子，而他相信现在应该是当时的十倍，光在美国一地，一年就有十亿只鸟因此死亡，这还是保守估计。北美全部鸟类的总数大约有两百亿只，减掉这个数目，再扣除每年因打猎而死亡的一亿两千万只，这个数字还算合理，这种休闲活动已经使得长毛象和候鸽灭绝。而这个我们加诸鸟类的苦难，会在人类消失之后继续猎杀长羽毛的朋友，除非世界上鸟类已经灭绝了。

3 受宠的猎人
The Pampered Predator

威斯康星州的生物学家史坦利·邓波与约翰·柯曼根本不需要离开家乡，就可以从他们在20世纪90年代初期所做的田野研究中，得到放诸全球而皆准的结论。他们的研究主题是个公开的秘密，是个禁忌的题目，因为没有人愿意承认不管到哪里，都有三分之一的家庭里窝藏着一个或更多的连环杀手。这个坏蛋过去被视为吉祥物，慵懒尊贵地躺在埃及神庙里呼噜作响，如今则蜷伏在我们的家具上做同样的事情，只有在它们高兴时才勉强接受我们的感情。不论睡着或醒着（它们有一半的时间都在睡觉），都表现出一副莫测高深、冷漠矜持的样子，诱使我们去照顾喂食。

然而，只要一踏出家门，家猫立刻就抛弃亚种的身份，变成野猫，开始追踪猎物。毕竟它们在基因上跟现在仍可以看得到的小型原生野猫完全一样，只不过在欧洲、非洲和部分亚洲地区并不常见而已。邓波与柯曼发现，几千年来它们早就机灵地适应了人类赐予的安逸生活，从不外出探险的猫通常活得比较久，但是家猫从未丧失狩猎本能，甚至还更敏捷。

在欧洲殖民者引进家猫之前，美洲的鸟类从未见过这种安静无声、会爬树跳跃的掠食动物。这里固然有美洲山猫与加拿大山猫，但是这种繁殖力旺盛、侵略性强的猫科品种，体形只有山猫的四分之一，对庞大的鸣禽族群来说，这样的大小正合适，也最可怕。就像克洛维斯的闪电战大屠杀一样，猫捕杀猎物不全然是为了生存，似乎也可以纯粹为了好玩。"即使人类固定喂食，"邓波与柯曼写道，"猫还是会继续捕杀猎物。"

在过去半个世纪里，随着全球人口倍增，猫的数量也快速成长。从美国国家统计局所做的宠物普查中，邓波与柯曼发现，光是1970年到1990年，美国的宠物猫就从三千万只增加到六千万只。可是，实际的数字还必须加上野猫，它们在市区里建立生活圈，称霸农村谷仓及林地，相较于其他体型相当的掠食动物，如鼬鼠、浣熊、臭鼬、狐狸等，猫的密度要大得多，因为其他动物都无法接近人类的居所。

各种研究显示，城市巷道里的野猫每年平均杀死二十八只鸟。而根据邓波与柯曼的观察，农场里的猫所猎杀的鸟类更多。他们比对目前可以拿到的所有数据，估计在威斯康星州的乡间，大约有两百万只自由放养的猫，每年至少杀死七百八十万只鸟，最高可能到两亿一千九百万只。

这还只是威斯康星州的乡间而已。

如果统计全美国，被杀的鸟类可能逼近十亿只。姑且不论实际的数目为何，在人类消失之后，猫一定能活得很好，因为人类把猫带到各大洲与每一个小岛，即使是原来没有猫的地方，现在它们的族群数量与生存能力早就超过其他体形相当的掠食动物。在我们离开很久之后，鸣禽势必得应付这些投机分子的后代。猫训练人类给予它们食物庇护，但当我们乞怜般地呼唤它们时，它们却完全不予理会，只愿意施舍给人类最少的注意力，勉强应付我们，诱使我们再次喂食。

鸟类学家史蒂夫·赫尔地曾经出版过两本全世界最厚的赏鸟田野指南（分别是针对哥伦比亚与委内瑞拉的鸟类），在长达四十年的赏鸟经验中，他看过一些奇怪的鸟类行为是人类造成的。有一次是在阿根廷南部、接近智利边境的小镇巴里洛切。在冰河湖的岸边，原本来自阿根廷大西洋海岸的黑背鸥，现在已经遍及全国，它们只靠在垃圾场觅食，族群数量就已经增加了十倍。"我曾经看到它们跟着人类的垃圾飞越巴塔哥尼亚高原，就像家雀追逐人类掉落的谷粒一样。现在湖上的鹅少了很多，因为海鸥会猎杀它们。"

在没有人类垃圾、枪支与玻璃的世界里，赫尔地预期鸟类族群会重新洗牌，回归原始的平衡。有些事情可能要等得久一点，因为温度的变迁让鸟类的生长环境发生了一些有趣的变化。美国东南部有些棕色打谷鸟已经干脆不迁徙了，红翅黑鹂放弃了中美洲，到加拿大南部过冬，而且还在这里遇到典型的美国南方品种嘲鸫。

身为专业赏鸟向导的赫尔地，目睹鸣禽的数目一路下滑锐减，连非赏鸟人士也注意到它们的歌声在逐渐消逝。在他土生土长的密苏里州，就有一种鸟类慢慢消失了，美国唯一的蓝背白喉莺——蔚蓝莺。以往的每年秋天，蔚蓝莺会离开奥扎克，去委内瑞拉、哥伦比亚、厄瓜多尔等国家中的安第斯山区的森林过冬。可是愈来愈多的林地遭到砍伐改种咖啡或可可，使得数十万只飞来的候鸟必须挤在日渐萎缩的冬季栖息地，而且根本没有足够的食物供应。

至少还有一件事让他感到宽慰，"在南美洲，真正灭绝的鸟类品种很少"。这可是大事一桩，因为南美洲的鸟类品种比其他地方都要多。三百万年前，南北美洲大陆还连在一起时，在巴拿马地峡正下方的就是山峦起伏的哥伦比亚。这是一个巨大的物种集散地，从海岸丛林到高山荒原，各种生物都能在这里找到自己的生态席次。拥有一千七百多种鸟类的哥伦比亚，号称全球第一，有时会受到厄瓜多尔与秘鲁鸟类学家的质疑，因为重要的栖息地可能不止一个。经常有人提出这样的质疑，但是事实未必如此。厄瓜多尔的白翅毛雀现在只存活在安第斯一个谷地里；委内瑞拉东北部的灰头莺，也局限在一个山头；巴西的红喉唐纳雀只能在里约热内卢北方的一个牧场里才看得到。

在没有人的世界里，幸存下来的鸟类会替南美洲的树木重新播种，和当初取代本土树木的埃塞俄比亚移民"阿拉伯咖啡树"一起竞争。届时因为没有人除草，这些新生树苗可以获得喘息的机会。几十年后，它们的树荫遮蔽了阳光，减缓了外来树种的成长，然后它们的树根会慢慢缠住入侵的异种，直到对方窒息为止。

原生于秘鲁与玻利维亚高地，到其他地方却需要化学肥料的辅助才能生长的可可树，如果乏人照料，在哥伦比亚维持不到两季。不过枯死的可可园跟牧草地一样，就像一个留下许多空缺的棋盘，林地凋零。赫尔地心中有个极大的忧虑，一些亚马孙地区的小型鸟类已经太过适应浓密森林的遮阴，根本无法忍受太亮的光线，届时可能会有很多鸟类活不下去，因为它们无法飞越大片的空地。

这是一位名叫艾德温·韦尔斯的科学家在巴拿马运河完工之后观察到的现象。当加通湖灌满了水之后，许多山丘成了湖心的岛屿，其中最大的一个就是面积一万八千亩的巴洛科罗拉多岛，后来成为史密森学会所属的热带研究所的田野实验室。韦尔斯研究在这里觅食的蚁鸟和地鹃，直到它们突然消失为止。

"对于无法飞越湖水的鸟类来说，一万八千亩的土地还不足以维系它们整个族群的生存，"赫尔地说，"被牧草地分开的森林岛屿，也是一样。"

在岛屿上幸存的鸟类，就如同达尔文在加拉帕戈斯群岛观察雀鸟所得到的重大发现一样：鸟类会完全适应当地的环境，最后成为独一无二的品种，在其他地方都找不到。一旦人类带着猪、羊、狗、猫、老鼠走进了它们的生存空间，就会彻底改变它们的生存条件。

在夏威夷晚宴中被烤着吃掉的野猪数目，远远比不上在树林或沼泽地刨根挖土、造成严重破坏的野猪数量。为了保护外来的甘蔗不被外来的老鼠啃食殆尽，夏威夷农民在1883年引进一种外来的猫鼬。如今，老鼠依然猖獗，而老鼠和獴最喜欢吃的食物却是少数几种本土野雁，以及在夏威夷主要岛屿上筑巢繁殖的信天翁所产的卵。二战期间，因美军运输机的轮舱里夹带了偷渡的澳大利亚棕色树蛇到关岛，三十年间，岛上近半数的本土鸟类和好几种原生蜥蜴都纷纷灭绝，其他的也都被列为不常见或极为罕见的物种。

在人类本身绝迹之后，我们引进的掠食动物仍然会具体呈现人类所造成的余孽。这些掠食动物毫无忌惮地蔓延扩张，对大部分的原生动物来说，唯一的管束力量就是我们为了弥补这些伤害所做的某些扑灭计划，一旦我们走了，这些计划也跟着风吹云散，而啮齿动物及獴将会继承南太平洋上绝大部分的美丽岛屿。

尽管信天翁有大半生都是展开优雅的双翼在天空翱翔，可是它们仍需到地面上产卵、繁衍后代。不管未来我们是否消失，届时还有没有足够的安全地带让它们落地繁殖，恐怕还是未知数。

十五 烫手的遗产
Hot Legacy

1 风险
The Stakes

就像是连锁反应，一切都发生得太快。1938年，一位名为恩里科·费米的物理学家从法西斯当道的意大利来到斯德哥尔摩领取诺贝尔奖：表彰他在中子与原子核研究上的贡献。事后他并未返乡，而是跟他的犹太妻子一起逃到了美国。

同年，有消息走漏说两名德国化学家以中子爆裂了铀原子。他们的成果证实了费米先前的实验推论，当中子裂解原子核时，会释放出更多的中子。而每个中子都会像次原子的霰弹猎枪一样四处飞散，只要有足够的铀在旁边，它们就会找到足够的原子核来摧毁裂解。这是一个连锁反应，过程中会释放出很多能量。他怀疑，纳粹德国正在研究这项技术。

1942年12月2日，费米跟他的美国新同事在芝加哥大学体育馆地下室的壁球场，制造了一次受控的链式核反应。这个原始的反应堆是堆成蜂巢形的石墨砖，旁边加上一点铀。他们插入一根包着镉的棍子来吸收中子，借以缓和铀原子呈几何级数增加的爆裂速度，让铀原子的反应不至于失去控制。

不到三年，他们在新墨西哥沙漠里所做的实验却正好相反。这次的试验要让核子反应完全失控，释放出无限的能量。短短一个月间，同样的事又重复了两次，分别在两座日本城市的上空。十余万人当场死亡，而且在爆炸过了很久之后，死亡还在持续发生。此后，人类就对核分解的双重致命危机感到既恐惧又着迷，这代表了全面的毁灭再加上接踵而至的缓慢折磨。

如果人类明天就离开这个世界，而我们还没把自己炸得粉身碎骨的话，我们会留下大约三万个完整的核弹头。其中任何一个在我们离开之后会引爆的概率几乎等于零，因为普通铀弹里能够裂变的物质被分隔成好几个区块，这些区块必须在某个速度下精确地相互撞击，才会达到引爆所需的临界质量，而这在自然的情形下是不会发生的。不论是丢摔重击、抛进水里或在铀弹上面滚动大石头，都不会有事。就算是几乎不可能的情况发生，某个衰退的铀弹里浓缩铀的抛光面真的彼此接触了，除非当时是以子弹般的速度碰撞，否则它们也只是发出"嘶"的一声就没有下文了，不过还会有麻烦就是了。

至于钚武器，则包含一个可裂变球，必须以正好两倍以上的密度加压才会爆炸，否则它就只是个有毒的灯罩了。然而，真正可能发生的是核弹外壳会腐朽，使得核弹中的炙热核心暴露在外。因为钚-239的半衰期是两万四千一百一十年，即使洲际弹道导弹的外壳在五千年后彻底分解，核子弹头里大约四点五到九千克重的钚大部分都没有衰变。钚会散发出 α 粒子，这种由质子与中子组合而成的粒子质量很大，动物皮毛或较厚的皮肤就可以隔绝，不过若是有任何生物不幸吸入，后果就相当严重（以人体来说，只要吸入百万分之一克就可能导致肺癌）。过了十二万五千年之后，剩下来的钚或许不到四百五十克重，但仍含有大量的致命物质。可能要等到二十五万年后，它才会完全消失在地球自然环境里的辐射中，恢复正常的辐射值。

即使到了那个时候，不管地球上还有什么生物存活，它们还是得面对四百四十一座核能发电厂所遗留下来的致命残渣。

2 太阳过滤层
Sun Screen

像铀这种不稳定的大型原子在自然衰变或人工裂解时，都会释放出带电粒子或类似 X 光的电磁射线，二者都可能改变活细胞与 DNA。如果这些变形的细胞或基因进行再生或复制，就会产生另外一个连锁反应，称为癌症。

自然环境中本来就有辐射存在，因此有机体会经由天择、演化，甚至是屈服，来适应环境。每当我们提高自然环境里的辐射值，就等于是强迫活体组织予以反应。不过，人类利用核分裂来做炸弹，又用来发电的二十年前，就已经不小心纵放了一个电磁精灵，我们一直到六十年后才发现这个失误所造成的后果。那一次，我们并不是让辐射跑了出去，而是让辐射钻了进来。

这个辐射就是紫外线。跟原子核释放出来的伽马射线相比，紫外线的能量很低，却突然达到地球上出现生命以来前所未有的强度，而且还在持续增加。虽然我们希望在接下来的半个世纪中能够予以矫正，但人类如果提早下场的话，这种高强度的紫外线会维持很长一段时间。

紫外线形塑了我们现在所见的世界。不过说来也奇怪，紫外线自己也创造了臭氧层，也就是我们赖以避免曝晒过多紫外线的防护罩。回到盘古开天的年代，地球表面还是一片原始的湿黏物质，紫外线毫无阻拦地洒落在这片大地上。在某个关键时刻，也许是闪电点燃了星火，第一个具有生命特质的混合分子成形了。在紫外线的高能量照射下，这些有生命的细胞迅速突变，并不断将无机化合物代谢转换为有机化合物。最后，有一个细胞对原始空气中的二氧化碳与阳光产生反应，呼出一种新的物质——氧气。

这让紫外线找到了新的目标，专门攻击成双成对的氧原子，即氧分子，硬生生地将它们拆散。落单的氧原子会立刻黏附到周围的氧分子上，也就形成了臭氧（O_3）。不过，紫外线也很轻易地将臭氧里多出来的原子拆开，使之又回到氧气的形式，而失散的氧原子又会以同样快的速度黏上另外一个氧分子，再度形成臭氧，直到吸收了更多的紫外线，再度被甩出来为止。

慢慢地，大约在距离地球表面十六千米的高空，形成一种均衡状态。臭氧持续吸收紫外线，不断形成，然后又不断拆解重组，使得紫外线不会照射到地面上。随着臭氧层日益稳定，地球上受其保护的生命也开始稳定下来。最后演化出一些再也无法忍受原先紫外线轰炸强度的物种，人类就是其中之一。

可是到了20世纪30年代，人类开始破坏从生命肇始至今一直维持衡常不变的臭氧平衡，也就是我们开始使用氟利昂的时候。氟利昂是一种氟氯化碳，也是冰箱所需的一种人造氯化合物。这种物质看似稳定无害，于是我们就放进喷雾罐里或哮喘药物吸入器里，又或者加入聚苯乙烯来制造免洗咖啡杯或运动慢跑鞋。

1974年，加州大学欧文分校的化学家舍伍德·罗兰与马里奥·莫利纳产生怀疑，既然氟氯化碳这么安定，不跟其他任何东西结合在一起，那么在这些冰箱与合成物质分解之后，它们都跑到哪里去了呢？最后，他们认定到目前为止，所有牢不可破的氟氯化碳都飘到平流层，在那里找到旗鼓相当的克星，即强烈紫外线。这个分子杀手会释放出氟氯化碳里的纯氯，而纯氯又会恶意吞噬失散的氧原子，但地球就是靠这些氧原子形成的臭氧保护层才不受强烈紫外线侵害的。

当时没有人注意到罗兰与莫利纳的理论，直到1985年，在南极做研究的英国学者乔·法曼发现天空破了一个洞。原来这几十年来，我们一直让紫外线过滤层浸泡在纯氯之中，不停地融解这个防护罩。此后，全世界各国展开前所未有的合作，分段废止啃噬臭氧层的化学物质。这种跨国努力固然有其成效，不过未来仍是喜忧参半。臭氧层的破坏已经减缓，但氟氯化碳的黑市买卖却蓬勃发展，而且一些发展中国家，仍会合法生产氟氯化碳因应"基本家用需求"。就连我们目前使用的替代品，氢氯氟烃（HCFC），也不过是比较温和的臭氧杀手罢了，它仍然是一种要逐渐废止的产物。问题是，还有什么其他替代品吗？恐怕一时还难以回答。

除了破坏臭氧层的问题，无论是氟氯化碳或氢氯氟烃，还有最常见的无氯替代品氢氟烃（HFC），都会制造二氧化碳，让日益恶化的全球暖化加快好几倍。当然，如果人类的所有活动都停止，这些念起来佶屈聱牙的物质也会一并停用，可是我们对天空所造成的伤害会维持很久。目前最好的前景，就是希望这些破坏物质耗尽之后，南极上空的破洞以及其他地区变薄的臭氧层能在2060年之前复原。但前提是我们能找到安全的替代品来取代氟氯化碳，也能在现有的氟氯化碳还没有挥发到高空之前就先予以清除。然而，要摧毁一个本来就被设计成无可摧毁的东西，代价很高，需要精致耗能的工具，例如氩等离子弧（argon plasma arc）和旋转窑，这些都不是唾手可得的东西。

目前的情况是，仍有数百万吨的氟氯化碳在被使用，或在老旧的设备里阴魂不散，或暂时储存在罐子里，尤以发展中国家为盛。如果我们消失了，数亿台使用氟氯化碳或氢氯氟烃的汽车空调，以及比这个数字再多上数亿台的家用与商用冰箱、冷冻柜、冷冻车厢，还有家庭用与工业用的冷气设备，最后都会爆裂，释放出20世纪所犯下的大错——氯氟化碳，并会阴魂不散。

它们全会飘到平流层，于是渐有起色的臭氧层会再次发病。因为人类不会突然消失，所以运气好的话，这会是一种长期病，而不是来势汹汹、会出人命的急症。否则在我们身后幸存的动植物，又得选择能够忍受紫外线的基因特质，或是以突变来抵御辐射的炮火攻击。

3 策略面与现实面
Tactical and Practical

半衰期为七亿零四百万年的铀-235，在自然界的铀矿含量里只占了微不足道的一小部分，还不到百分之零点七，可是人类却集中（或称为"浓缩"）了几千吨用在反应堆和炸弹里。浓缩的方法通常是利用化学反应将铀转化成气体化合物，从铀矿中萃取出来，然后放到离心机里旋转，分离出不同的原子量。如此一来，就可以将效能较低（所谓的"贫化"）的铀-238分离出来，其半衰期为四十五亿年，光在美国一地就至少有五十万吨。

铀-238是一种密度极高的金属，最近几十年来，人类发现这个金属有一种用途。将它跟钢合成之后，可以用来制造穿透装甲（包括坦克在内）的子弹。

因为手边有这么多剩下的贫化铀，所以对美国和欧洲国家来说，这个选择远比购买非辐射性质的替代品钨（主要生产地在中国），要便宜得多。贫化铀弹的大小从二十五毫米的子弹，一直到九十厘米长、直径为一百二十毫米的导弹都有，还有内建的推进器与稳定翼。使用贫化铀弹激起了众怒，因为不论是施放或接受的一方，都会有损人体健康。贫化铀炮弹击中目标时会起火燃烧，留下一些灰烬，不管炮弹的组成物质是不是贫化铀，弹头内都还是有足够的浓缩铀-238，导致残骸内的辐射量比正常环境高出一千倍。在我们离开之后，后世的考古学家或许会从地底挖掘出好几百万个弹头，堪称克洛维斯石矛箭头的超级浓缩现代版。这些弹头不但外表看起来更吓人，而且持续发散辐射的时间恐怕比这个星球的生命还要长，只不过发现的人可能不知道罢了。

不管我们是明天就消失或等到二十五万年后，还有比贫化铀更烫手的东西会存留得比人类更久。这个问题很大，大到必须考虑把整座山都挖空来储存它。到目前为止，美国只有一个这样的储藏空间，位于新墨西哥州西南部地底六百米深的盐丘结构内，类似休斯敦地底储藏气体的岩洞。这个"废料隔离示范处置场"从1999年开始营运，专门存放核子武器与国防研究遗留下来的核废料，储藏的容量有十七点五万立方米，相当于十五万六千个容量二百〇八升的油桶。事实上，这里接收的钚废料有很多就是存在桶里的。

"废料隔离示范处置场"在设计时并不是用来储存核能发电厂的废料的，这种核废料光是美国，每年就会增加三千吨，它专门收集所谓中低剂量的辐射垃圾，像是组装武器时所用的手套、鞋套，以及核弹制造过程中浸了辐射污染清洁溶剂的毯子之类的东西。此外，这里也接收制造核弹的机器解体后的废铁，甚至还有制造核弹的房间所拆下来的墙壁。这些东西都放在包有收缩薄膜的集货架上送来，里面有大块大块烫手的管子、铝管、橡胶、塑料、纤维素和几千米长的铁丝。营运迄今才五年，"废料隔离示范处置场"的容量就用掉了百分之二十以上。

里面的废料来自全美各地二十几个高度警戒的地区，如华盛顿州的汉福德原子能保留区，用来制造轰炸长崎的原子弹采用的就是这里生产的钚；新墨西哥州的洛斯阿拉莫斯国家实验室，那颗原子弹就是在这里组装完成的。2000年，一场野火波及这两个地方，官方报告宣称，没有埋在地底的辐射废料都受到了完好地保护。可是在一个没有消防队的世界里，就没人来保护它们了。除了"废料隔离示范处置场"之外，美国所有的核废料储存场都是临时的。如果这种情况不变，总有一天储存场会遭大火攻陷，辐射尘云会吹遍整个美洲大陆，甚至将漂洋过海。

第一个开始将核废料运往"废料隔离示范处置场"的是洛基核工厂，这个国防武器生产设施位于丹佛西北方约二十六千米的丘陵高原上。在1989年之前，美国一直在这里生产核武器钚引爆装置，但是各项安全措施都不合法。多年来，几千桶饱含钚与铀的削切油就任意堆放在空地上，后来终于有人发现这些桶子会渗漏，于是厂方在上面倾倒沥青以便湮没证据。从洛基核工厂外泄的辐射渗入当地的河川。更荒谬的是，厂方还把水泥倒入有辐射污染的沉积淤泥中，企图减缓这些淤泥从龟裂的蒸发池渗漏的情况。此外，辐射也会定期散播到空气中。1989年，美国联邦调查局的一次突袭行动，终于迫使这个工厂关闭。到了千禧年，经过了花费几十亿美元的清理工作与公共关系重建，洛基核工厂转型成为野生动物庇护中心。

类似的治理工作也用在改造丹佛国际机场旁边的老旧洛基山兵工厂。这里是化学武器工厂，过去曾经生产芥子毒气、神经毒气、燃烧弹、汽油弹，在和平时期，便制造杀虫剂。工厂的核心地带一度被称为全球污染最严重的二点六平方千米。不过，自从有人在安全缓冲区里看到几十只来这里过冬的白头海雕猎捕体形硕大的草原犬鼠维生之后，这里也成了全国野生动物庇护所。这样的转变并不容易，必须将整个兵工厂的湖抽干关闭，因为里面的湖水曾经让野鸭一降落就立刻死亡，而派出去打捞鸭尸的铝船船底也在一个月内腐蚀穿孔。虽然原本的计划是再花一百年的时间来整治并观察有毒的地下水污染群，直到毒性安全稀释为止，但现在已经有跟驼鹿一样大的骡鹿出没在这个人类不敢涉足的地方寻求庇护。

一百年对铀和钚的残渣来说，只是一眨眼的工夫，因为它们的半衰期从两万四千年起跳，一路攀升。洛基核工厂里用来制造武器的钚，装船运往南卡罗来纳州存放，结果连州长都出面躺在卡车前抗议阻止。因为当地在萨瓦纳河畔的国防废弃物处置场已经有两栋大型建筑物（称为"后处理峡谷"），辐射污染程度之高已经不知道要如何让它们恢复自然状态。目前，高辐射量核废料在这里跟玻璃珠一起放进大熔炉里熔化，然后再倒入不锈钢容器里，做成坚硬的辐射玻璃块。

这个称为玻璃化的过程，也在欧洲各国盛行。玻璃是最简单，也最持久的人造物，这些炙热的巨型玻璃块也可能会是人类创作中维持最久的一个。然而，在英格兰的温斯盖核电厂，它在关厂前曾发生过两次核能意外事故，玻璃化的核废料储存在冷房设备里。有朝一日，如果电力永远中断，一屋子处于衰变中的玻璃化辐射物质会愈来愈热，最后毁天灭地。

在洛基核工厂，用来掩埋辐射油料渗漏的沥青全都被挖了起来，连同底下九十厘米厚的泥土，一起送到南卡罗来纳州。工厂内八百多栋建筑有半数遭到拆除，包括最恶名昭彰的"无限污染室"，里面的辐射量高到没有任何仪器可以测量。有些建筑本来就在地底下，在搬走室内的一些东西之后，如一盒盒用来搬运闪闪发亮、可以引爆原子弹的钚盘片的手套，整个地下室被就地掩埋。

在掩埋的土壤上，则种植了原生的须芒长草与侧穗葛兰马草，替住在这里的驼鹿、水貂、山狮和濒临灭绝的普里勃草原跳鼠等野生动物开辟一块栖息地。尽管地底中心蕴藏着邪恶，但是这些动物在这座工厂三万六千亩的安全缓冲区里茁壮繁殖的情况仍令人惊艳。无论过去有多么阴森恐怖，这些动物似乎都活得好好的。虽然这里有计划监控野生动物管理员摄入的辐射量，但是一位保护区的官员坦承，他们并没有替野生动物进行基因检测。

"我们观察的是辐射对人体的危害，而不是对物种的伤害。可接受的辐射量是根据在此地工作三十年的人所接触的剂量而定，而大部分动物根本活不了那么久。"

也许不能活那么久，可是它们的基因会一直传下去。

在洛基核工厂内，若是有任何东西太硬或太烫不能搬走的话，就用六米厚的混凝土填充物覆盖起来，不让进入野生动物保护区的登山客靠近。可是要如何阻止他们接近，迄今还没有定论。至于"废料隔离示范处置场"，也就是大部分洛基核工厂的最终归宿，美国能源部已经立法在未来一万年内禁止任何人靠近。他们甚至还讨论到人类语言的变化太快，再过五六百年之后，可能没人看得懂警告标语，于是他们决定设立七种语言的警告标语，还要加上图片说明。这些标语全都会雕刻在高七点六米、重达二十吨的花岗岩纪念碑上，也会刻在二十三厘米厚的陶土与氧化铝盘片上，随机埋在场址内的各个角落。此外，还会建造三个一模一样的房间，在墙壁上注记更多有关地底危害的详尽资料，其中有两个房间深埋在土里。这些房间的面积将会有一点三平方千米，周围有十米高的土墙环绕，并且跟磁铁与雷达反射器一起埋在地底，竭尽所能地对未来的人传出信息，警告他们有东西潜伏在脚下。

有朝一日，不管是谁或是什么东西发现了这些警告标语，他们究竟看不看得懂或有没有注意到这些警讯里蕴藏的危机，也许还有待讨论。毕竟还要等好几十年，也就是等到"废料隔离示范处置场"客满之后，才会开始兴建这些留给后代子孙的复杂警告设施。"废料隔离示范处置场"启用不过五年，就发现有钚-239从排气管渗漏出来。还有，若是盐水渗透过盐岩结构，或辐射衰变导致温度上升，地底下这些经辐射线照射的塑料、纤维素与放射性核素会有什么反应呢？这只是众多无法预期的变量之一而已。因为这个缘故，这里不准存有任何辐射液体，以免挥发，可是许多掩埋的瓶瓶罐罐里都装着遭污染的残渣，只要温度上升，还是可能会蒸发。于是他们也替可能累积的氢气与甲烷预留了空间，但是这些空间够不够？"废料隔离示范处置场"的排气管会正常运作或是堵塞，都还是一个谜。

4 廉价能源
Too Cheap to Meter

位于凤凰城郊外的沙漠里，发电量达三十八亿瓦的帕洛维德核电厂是美国最大的核能发电厂，它以受控制的原子反应将水加热后变成蒸汽，转动美国通用电器公司制造的三座最大的涡轮机。全世界大部分的核反应堆运作都大同小异，而且跟费米最初的原子堆一样，所有的核能电厂还是用一支移动式的镉棒吸收中子，借以减缓或强化原子反应。

在帕洛维德的三座反应堆内，这些调节风门就散置在将近十七万支铅笔粗细、四点二米长的锆合金中空棒子之间，棒子里塞满了铀粒子，每一颗所含的动力相当于一吨的燃煤。这些燃料棒形成几百个像花束一样的燃料组，冷却水流经其间，蒸发之后就可以推动蒸气涡轮机。

这些几乎呈正方形的反应堆芯，放在十三点七米深的湛蓝水池之中，加起来的重量有五百多吨。每年有三十吨的燃料变成核废料，这些核废料仍然留在锆合金棒内，用起重机移到圆顶安全防护掩体旁边的平顶建筑内，暂时浸泡在一个像是大型游泳池的保存池里，水深也是十三点七米。

自从帕洛维德1986年营运以来，使用过的核燃料一直堆积在厂里，因为没有其他地方可以放。在其他核电厂内，许多核废料保存池都不断重新排列组合，以便多挤进几千个燃料组。全球总计四百四十一座营运中的核电厂，每年制造将近一万三千吨的高辐射量放射性垃圾。在美国，大部分核电厂内的保存池都已经没有多余的空间，因此在找到永久掩埋场地之前，废弃燃料棒都在"干筒"里干燥成木乃伊，这些干筒就是外层裹覆混凝土的钢罐，然后抽掉罐内的空气与水分。帕洛维德核电厂从2002年开始使用干筒，以垂直方式存放，看起来像是一个巨大的保温瓶。

每个国家都有计划要永久埋葬核废料，但每个国家的国民都担心像地震等意外会让掩埋的废弃物重见天日，或是在送到掩埋场的途中发生如卡车失事或遭到劫持等意外。

使用过的核燃料，有些已经放了几十年，也会在保存罐里衰变。说来也奇怪，这些核废料的辐射量竟然比原本还要高上一百万倍。在反应堆里，核燃料会变成比浓缩铀更重的元素，例如钚与镅的同位素。这样的过程在核废料堆积场内仍在持续进行，使用过的热燃料棒也在进行中子交换，排放出 α 与 β 粒子，以及伽马射线与热能。

如果人类突然远离，不久之后，冷却池里的水就会沸腾蒸发，尤其是在亚利桑那州的沙漠里，蒸发的速度很快。然后储存架上使用过的核燃料就会接触到空气，热能引燃核燃料棒的外包装，于是引发辐射火灾。无论在帕洛维德或其他核电厂，堆积核废物的地方都只是临时性的建筑，不是永久埋葬的坟墓，因此它们的砖瓦屋顶比较像是廉价仓储店的铁皮屋顶，而不像安置反应堆的圆顶安全防护掩体一样是用预应力混凝土做成的。一旦屋顶下有辐射火灾闷烧，这种屋顶撑不了多久，辐射污染就会外泄。这还不是最严重的问题。

帕洛维德核电厂的大蒸气管，就像巨大的金针菇一样，从一片低矮的沙漠灌木丛里冒出来，高达六点四千米。每根管里每分钟都有一百七十升的水蒸发出来，冷却帕洛维德核电厂里的三座核裂反应堆（帕洛维德是美国唯一不靠近河流、港湾或海边的核电厂，因此厂内的冷却水是用凤凰城内回收再利用的废水）。厂内有两千名员工二十四小时工作，确保泵没有停摆、管线垫圈没有漏水、过滤网背面已彻底清洗，等等。核电厂就像一座小镇，有自己的警察局和消防队。

假设镇民必须撤离，假设他们事先接获警报，有足够的时间关厂，将调节棒插入反应堆炉心，中止连锁反应，停止发电，那么当帕洛维德核电厂里的人类消失时，电力网络会自动切断，有七天柴油用量的紧急发电机会立刻启动，保持冷却水循环。即使炉心的核分裂停止，反应堆内的铀还是会继续衰变，产生的热能虽然只有正常运作时的百分之七，压力却足以让冷却水继续绕着反应堆核心打转。到了某个时候，释压阀会打开，释放出过热的水分，等压力消失之后，再关起来。但是热气与压力会持续升高，于是释压阀必须一直重复同样的循环。

接下来的问题，就要看是冷却水最先耗尽，或水阀先卡住无法打开，或柴油泵的燃料先用完。无论哪一种情况发生，冷却水都无法再补充。同时，要七亿四百万年才能耗损一半辐射量的铀还是炙热的，而反应堆周围十三点七米深的水也持续沸腾。最多只要几个星期，反应堆炉心的顶端就会暴露在外，炉心开始熔毁。

如果人类逃离或消失的时候，核电厂还在发电，那么核电厂会继续运作下去，直到每天都有维修人员监控照顾的数千个零件之中，有故障发生为止。零件如果发生故障，发电机应该会自动关闭，万一没有关闭，炉心熔毁的意外可能会更早发生。1979年，在宾州三哩岛核电厂内有个进水阀无法关闭，就发生了类似的情况，结果在两个小时又十五分钟之后，炉心顶端已经露出来，变成了熔浆。当熔浆流到反应堆容器底部之后，就开始烧穿只有十五厘米厚的碳钢板。

直到三分之一的炉心熔化，才有人发现这个意外。如果当时没人发现这个紧急事故，反应堆会整个掉进地下室，高达2778℃的熔浆会遇到因为水阀卡住而溢流出来将近一米深的水，然后爆炸。

核子反应堆内浓缩的可裂解物质远比核子弹要少，即使爆炸也只是蒸汽爆炸，而非核爆。但保护反应堆的圆顶安全防护掩护并不能承受蒸汽爆炸的压力，因此所有的门窗、接缝都会爆裂，从外面灌进来的空气会立刻引燃所有东西。

如果这时反应堆刚好到了十八个月更新燃料周期的末期，炉心就很可能会变成熔浆，因为十几个月的衰变累积了相当高的热能。若是炉内的燃料比较新，后果或许没有这么惨重，因为温度较低，可能引起的是火灾，而不是炉心熔毁，不过最后也是死路一条。如果燃料棒在变成液态之前就已经被自燃的气体炸得粉碎，棒子里的铀粒子就会洒出来，释放辐射线，让圆顶安全防护掩体内充满遭到辐射污染的浓烟。

圆顶安全防护掩体也不是完全零泄漏。如果电力中断、冷却系统停摆，火灾和燃料衰变所形成的热能会迫使辐射从接缝与通风口旁边的裂缝中泄漏出来。而建材经过风吹日晒雨淋之后，掩体会出现更多的裂缝，毒气也慢慢渗透出来，直到整个混凝土结构坍塌，辐射就会一涌而出。

如果地球上的人类全部消失，四百四十一座核电厂，其中几个厂内都不只一座反应堆，会暂时自动操作，直到反应堆一一过热为止。由于反应堆更新燃料的时程多半彼此错开（这样在关闭一个反应堆重装燃料时，另一个还可以持续发电），因此可能有一半会起火，另一半则会熔解。无论如何，外泄到空气中或附近水域里的辐射量将十分惊人，而且辐射污染不会消散，以浓缩铀来说，会一直持续到地质年代。

熔解的炉心流到反应堆下的地面之后，并不会像某些人相信的那样，会穿透地心，流到地球的另外一边，然后像个充满毒气与岩浆的火山，从那里爆发出来。辐射熔浆接触到附近的钢铁与混凝土，最终会"冷却"下来。虽说是冷却，事实上，这块矿渣的温度还是高得吓人。

这个结果实在很不幸，因为这些东西若是能深深地自我埋葬，对于地球表面上幸存的任何生命来说，才会是一种福分。相反，这个曾短暂成为精致机械科技的盛大演出，到头来却凝结成一个死气沉沉的金属块，像是一块墓碑，埋葬了创造出这场表演的智慧生物。几千年后，可能还会连累人类以外的无辜受害者，只因为它们太靠近这种金属块了。

5 辐射下的生命
Hot Living

不到一年，这种境况就开始向我们逼近了。那年4月，在四号反应堆爆炸引发的大火之中，切尔诺贝利核电站的鸟都消失了，它们甚至还没开始筑巢。在意外发生之前，切尔诺贝利核电站几乎已经完成了一半，即将成为全世界最大的核电厂区，有十几座发电量高达十亿瓦的反应堆。然而，1986年的一个晚上，操作员的疏失加上设计错误，促成了一桩重大的人为失误。这次爆炸虽然不是核爆，也只有一栋建筑受损，却将一座核反应堆的内部全都炸了出来，散落地面，还有蒸发冷却水所形成的辐射蒸汽云飞上天空。那一整个星期，俄罗斯与乌克兰的科学家疯狂采集样本，追踪土壤与蓄水层内的污染群。对他们来说，这个安静的无鸟世界令人不安。

可是次年春天，鸟类又回来了，而且还停留在这里。看着家燕大刺刺地停在炙热反应堆的尸体旁边，让人触目惊心。尤其人类还包得密不透风，身上裹着一层又一层的羊毛与帆布的连帽防护衣，好阻绝 α 粒子穿透，头上戴着手术帽与面罩防止钚尘飞进头发和肺部。真想叫它们赶快飞走，飞得愈快愈好、愈远愈好。可是，看到它们在这里，又让人感到迷惑，似乎一切都恢复了正常，就好像在世界末日过后发现其实没那么糟糕。最坏的情况已经过去，生命依然在继续前行。

生命仍然向前行，但基准已改变。有几只燕子身上有白化的羽毛，它们正常觅食昆虫，羽翼丰满之后也正常迁徙，可是来年春天，有白色斑点的鸟却没有回来。它们的基因是否有太多缺陷，导致无法撑过到南非过冬的循环？还是它们怪异的颜色在求偶时不能吸引异性？又或者颜色太过鲜明而轻易遭到掠食动物的锁定？

切尔诺贝利核电站爆炸之后，煤矿工人与地铁员工在四号反应堆底下挖掘地道，灌进第二道混凝土墙，防止熔解的炉心渗入地下水。这个做法也许根本就没有必要，因为熔毁的过程已经结束，在反应堆底下形成了一摊两百吨重的冷冻毒泥沼。在挖掘地道的两个星期当中，这些工人每个人都分到一瓶伏特加，因为上级跟他们说，伏特加可以让他们对辐射疾病免疫。然而，事实并非如此。

同时，也开始兴建安全防护掩体。当时在苏联像切尔诺贝利核电站这样的压力管式石墨慢化沸水反应堆都没有掩体的设计，因为这样在更换燃料时比较快，可是数百吨的炙热燃料被震爆到邻近反应堆的头顶上，也释放出比1945年广岛原子弹爆炸还要高出一百到三百倍的辐射量。短短五年之间，辐射已经在这些仓促兴建的灰色五层楼高的巨大混凝土外壳上侵蚀出许多洞穴，外表有填补的痕迹，看起来像是一艘大型生锈的平底船船身，还有鸟类、啮齿动物、昆虫在里面筑巢定居。雨水也渗透进去，没有人知道浸泡了动物粪便与被辐射污染的温水泥沼，究竟会酝酿出什么恶心的东西。

事发后，电厂方圆三十千米的地方全都紧急疏散，称为"疏散区域"，这里成了全世界最大的核废料垃圾场。埋在地下的数百万吨放射性垃圾，包括整座在爆炸后几天内就全数死亡的松木林，这些树木不能放火焚烧，因为会释放出致命的毒烟。爆炸点周围十千米的地区则是"钚区"，这里的限制更严格，所有曾经在这里执行清理工作的车辆与机具，如高耸的巨型起重机等，全都因为辐射量太高而不准离开。

然而，云雀依然栖息在炙热的钢架上唱歌。在毁损的反应堆北方，也有松树以不规律的周期冒出枝丫，长出长短参差不齐的松针，尽管如此，它们都还活着，也是一片绿意盎然。再过去一点，还有一些幸存的森林，到了20世纪90年代初，森林里已经出现受到辐射污染的狍子与野猪，然后驼鹿也来了，接着就是山猫与野狼。

混凝土堤减缓了辐射污染的水流速度，却无法阻止其流入附近的普里皮亚特河，这条河的下游就是基辅市的饮用水源。通往普里皮亚特城的火车铁桥，温度还是太高，无法通行。这个工厂小镇疏散了五千人，有些人离开得不够快，导致放射性碘进入他们的甲状腺。可是往南六千米，你却可以在现今欧洲最佳的鸟类观赏区，站在河上观赏沼泽鹰、黑燕鸥、鹡鸰、金雕与白尾雕，还有罕见的黑鹳飞过已经废弃的冷却塔。

在原本挤满了20世纪70年代丑陋混凝土高楼的普里皮亚特，白杨、紫色的紫苑草和紫丁香都回来了，它们撕裂人行道，侵入建筑物。在没有人经过的沥青路面上，也长了一层青苔。邻近的村落完全净空，只剩下几名老农获准在这里度过他们缩短的残年。没有人修剪的灌木丛吞噬了砖房，砖墙上的灰泥也纷纷剥落，砍树搭建的木屋屋顶上，砖瓦已不见踪影，取而代之的是野生葡萄藤，甚至是桦树幼苗。

过了河就是白俄罗斯，不过辐射没有国界之分。在反应堆起火燃烧的那五天，苏联政府在往东飘的云层中人工降雨，以免遭到污染的雨水落到莫斯科，但却淹没了苏联最丰富的谷仓，即距离切尔诺贝利核电站一百六十千米，位于乌克兰、白俄罗斯与俄罗斯西部交界的新济布科夫地区。除了反应堆方圆十公里的区域之外，没有任何地区比新济布科夫承受的辐射更多，不过当时的苏联政府为了避免全国性的粮食恐慌，掩盖了真相。三年后，当研究人员发现这个事实时，新济布科夫已经疏散得差不多了，只留下大片耕耘过的麦田与马铃薯田。

新济布科夫的土壤与食物链都遭到辐射落尘的污染，主要是铯-137与锶-90，二者都是铀分裂的副产品，半衰期为三十年，至少会持续到公元2135年。在此之前，不管对人类或动物来说，这里的食物都不安全、不能吃。而所谓的"安全"是指什么？也有一番激烈地争辩。受到切尔诺贝利核电站灾变影响而感染癌症或血液及呼吸道疾病死亡的人数预估为四千至十万，较低的数字来自国际原子能机构，这个机构因为同时扮演世界原子能监督单位以及核能发电工业同业协会的双重角色，可信度受到质疑。而较高的数字是由公共卫生及癌症研究人员或国际绿色和平组织之类的环保团体所提出的，他们都坚称现在评估还太早，因为辐射影响会随时间增长而累积。

不管哪一个数字是对死亡人数的正确估计，同样的估计方法也可以应用在其他生命形态上。而且在没有人类的世界里，动植物还要继续应付我们所留下来的切尔诺贝利核电站。这次的灾变对基因的伤害究竟到什么程度，我们所知仍然有限。基因受到伤害的突变品种通常在科学家发现之前，就已经成了掠食动物的猎物。然而研究指出，切尔诺贝利的燕子存活率，远低于在欧洲其他地方迁徙的相同品种。

"最坏的情况，"经常到这里来做研究的南卡罗来纳大学生物学家蒂姆·穆索说，"我们可能会看到某个物种的灭绝，一种突变的熔毁。"

得克萨斯州科技大学的辐射生态学家罗伯特·贝克与佐治亚大学萨凡纳河生态实验室的唐纳德·切瑟，在另一项研究中严词指出："平常的人类活动对本地动植物的多样性所造成的伤害，远比核电厂灾变更厉害。"贝克与切瑟记录了切尔诺贝利热区内田鼠细胞的突变状况，而另一项针对切尔诺贝利田鼠所做的研究也显示，这里的啮齿动物跟燕子一样，跟其他地方的相同品种相比，寿命都比较短。不过它们似乎在另一方面得到了补偿，它们的性成熟变得比较早，提前繁殖后代，所以整体族群数目并没有减少。

若是如此，大自然已经加快了天择的脚步，在未来新世代的年轻田鼠之中，很可能会出现能容忍较高辐射量的个体，也就是突变成较强的品种，演化后更能适应高压的变迁环境。

切尔诺贝利这片受到辐射污染的大地呈现出一种令人意想不到的美，让人类折服，甚至还吸引来了好几个世纪都不曾在这里出现过的传奇野兽，欧洲野牛，试图为大自然的努力助长声势。它们来自白俄罗斯的比亚沃维耶扎国家保留区，也就是跟波兰的比亚沃维耶扎原始森林一起的欧洲传奇森林。到目前为止，它们仍在这里安详地吃草，甚至还嚼食一种跟本地同名的苦艾草，在乌克兰语中的发音竟也是"切尔诺贝利草"。

它们的基因是否能经得起辐射的挑战，还要等几个世代之后才会知道。它们可能还要面临其他挑战，用来覆盖旧坟墓的新石棺也无法保证能永久留存。当这些石棺的屋顶被掀飞，在里面以及附近冷却池里的辐射雨水终究还是会蒸发，散出一批新的辐射落尘，让新生的切尔诺贝利的动物吸入体内。

切尔诺贝利核电站爆炸发生后，北欧的放射性总量太高，连驯鹿都死于非命。土耳其的茶园也同样受到污染，因此在乌克兰的土耳其茶包都被用来校定辐射量检测仪。如果我们离开后，在世界各地留下四百四十一座核电厂的冷却池任其干涸，放任它们的反应堆芯熔毁燃烧，那么笼罩这个星球的云层会变得更诡谲，潜藏更多凶机。

我们现在仍在这里。不只是动物，也有人类回到了切尔诺贝利和新济布科夫遭到污染的地区。严格说来，他们都是非法占用，但是当局并没有积极驱离这些有迫切需要的人，不让他们受到这些空屋的引诱，毕竟这些空房子闻起是如此新鲜、看起来又是如此干净，只要不去看辐射量检测仪就好了。这些人大部分不是想找一个免费的住处，而是比较像回乡的燕子，因为他们很早之前就住在这里，想要归巢。不管有没有受到玷污，这里仍然是他们心目中无可取代的宝贝，甚至冒着缩短寿命的危险也在所不辞。

这里是他们的家。

十 六 我们的地质记录
Our Geologic Record

1 洞穴
Holes

　　在我们消失之后，人类留给后世最大、可能也是最久的遗产，或许正是最年轻的一个。矛隼翱翔在加拿大西北耶洛奈夫东北方约二百九十千米的地方，如果你飞越这里的上空，会看到一个宽八百米、深三百米的巨大圆洞。这里有很多大洞，只有这一个是干涸的。

　　但再过一个世纪，其他洞穴可能也会干涸。加拿大在北纬六十度线以北的所有湖泊，比全世界其他地方的湖泊加起来还要多，加拿大西北领地几乎有一半是水域。冰河期时这里被削凿出洞穴，当冰河撤退时，冰山碎块就掉落洞中。等冰块融解之后，这些土穴就积满了冰河水，产生了无数的镜面，像是苔原大衣上缀饰的亮片。然而，若将这里比喻成一块巨大的海绵似乎有误导之嫌，因为在寒带气候区蒸发作用减缓，这里的降雨量只比撒哈拉沙漠多一点点而已。现在，这些洞穴周围的永冻土开始融化，在冻土中涵养了几千年的冰河水也慢慢渗漏出来。

　　就算加拿大北部的"海绵"干涸了，也是人类留下的遗产。到目前为止，上述洞穴跟附近两个较小的洞穴，共同形成了艾卡提，即加拿大的第一个钻石矿。自1998年以来，必和必拓钻石公司拥有的两百四十吨大卡车，滚动着三点四米高的轮胎，总共载出了九千吨的矿石，送到全年无休的工厂。尽管这里的气温是−33℃，但每天都可以生产一大把宝石等级的钻石，价值超过一百万美元。

这些钻石是在火山熔岩通道里发现的。五千万年前，当岩浆挟带着结晶碳从地底深处的花岗岩周围冒出来时，形成了这些熔岩通道。然而，比钻石更稀罕的，应该是熔岩通过后遗留在这些洞穴中的东西。在始新世的中期，如今披满苔藓的苔原仍是一片针叶林，第一棵倒塌的树一定是被火焚毁的，等到一切都冷却了之后，其他树木全埋在一片灰烬之中。这些冷杉与红木树干被密封在灰烬里，接触不到空气，紧接着又保存在寒冷北极的干燥气候中，因此当钻石矿工将它们挖出来的时候，这些树甚至还没变成化石，依然是完整的木材。五千两百万岁的木质素与纤维素，可以追溯到哺乳类动物才刚开始扩张地盘，准备填补恐龙留下的生态席次的年代。

还有一种最古老的哺乳类动物仍然存活着。这种更新世的遗迹得以幸存，原因在于它们有异常的装备可以应付人类避之唯恐不及的冰河酷寒。麝牛的栗色皮毛是目前所知最暖和的有机纤维，比羊毛的保暖效果高出八倍。这种被因纽特族爱斯基摩人称为"北极金羊毛"的麝牛底毛，不但寒冷的空气完全无法穿透，甚至连追踪驯鹿族群的红外线卫星摄影机都能抵挡，这让它们成了真正的隐形动物。然而，在20世纪初"北极金羊毛"的称号导致它们几乎灭亡，猎人大量捕杀麝牛，把皮毛卖到欧洲做成马车上使用的盖腿毯。

现在，硕果仅存的几千只麝牛都受到保护，因此唯一能合法采集的野生"北极金羊毛"是黏附在苔原植物上的小缕纤维，必须经过非常辛苦的采收过程，才能获得一件以超软麝牛绒毛制成的价值四百美元毛衣。如果北极持续暖化，"北极金羊毛"很可能再度成为毁灭这个物种的原因，不过，若是人类消失(或至少排放二氧化碳、制造喧嚣噪音的车辆消失)，麝牛还是有机会逃过暖化这一劫的。

如果永冻土融解过多，可能会连深埋在地底的冰也一起融化。这些冰层形成一个结晶牢笼，紧紧包覆在甲烷的周围。据估计，在苔原冻土下近千米深的地底，蕴藏着四千亿吨的甲烷冰，甲烷水合物在海洋底下的蕴藏量更丰富。这种深藏地底的冷冻天然气体量，据估计至少相当于所有已知天然气与石油蕴藏量的总和，让人既恐惧又渴望。由于这种气体很容易消散，没人能想出一种经济实惠的方式来探勘采集，也因为蕴藏量太大，万一冰冻牢笼融解之后会一股脑儿地飘出来，可能会让地球剧烈暖化，气温飙升到两亿五千万年前二叠纪大灭绝之后从未见过的程度。

除非能找到更便宜、更干净的方法，否则这种我们唯一还能指望、蕴藏量还很丰富的替代石化燃料，可能会在地球表面留下一个更大的洞，它留下的会远大于露天的钻石矿、铜矿、铁矿，甚至是铀矿。在其他洞穴装满水或装满了被风吹来的矿渣之后，这个洞穴还会好端端地留存个几百万年。

2 高地
Heights

"只有从天上才能好好欣赏这个景观，如果非得说是欣赏的话。"拥有一头红发、意气风发的苏珊·赖匹丝说。她是一名飞行员，在北卡罗来纳州的非营利性环保团体"南翼"（South Wings）担任义工。她驾着一架红白蓝相间的单引擎西斯纳–182型飞机，从窗口看下去，眼中所见的世界就像被削至几千米高的平原一样平整。只不过这一次的始作俑者是人类，而这个平坦的世界是西弗吉尼亚州。

除了西弗吉尼亚州以外，弗吉尼亚州、肯塔基州、田纳西州，其实都一样。因为横跨这几个州、占地近万平方千米的阿帕拉契山脉，看起来都是一副惨兮兮的模样，被煤矿公司削成了大平头。他们在20世纪

70年代发现了一个比挖掘坑道或露天开采更便宜的方式采矿，干脆将山头的三分之一整个炸碎，用数百万升的清水将煤屑冲刷出来，将剩余的矿渣扫至一旁，然后再炸一次。

即便将亚马孙河流域整个清空，也比不上这一大片平坦的空白更令人咋舌，不论从哪一个方向望去，都是一片空空如也。这片高原地表仅存的纹理是几排白色的斑点，都是下一回合要使用的火药。而光秃秃的高原，原本是翠绿的高山，因为山下急需用煤，每两秒钟就要挖出一百吨的煤，因此常连砍树的时间都没有。橡木、山胡桃、木兰树、黑莓硬木等木材，干脆用推土机整个扫进山坑里，用石炭世晚期的粗砾碎石掩埋，这就是所谓的"覆盖层"。

光是在西弗吉尼亚州，就已经有一千六百千米流经这些山坑的河川一并被掩埋。当然，河水会自己寻找出路，但是未来几千年河水都要流经这些矿渣，水里的重金属浓度肯定会比正常值高出许多。就算将全世界的能量需求都计算在内，煤矿业的地质学家，还有反对煤矿业的人都相信，在美国、中国和澳大利亚的煤矿存量，还足以供应六百年。用这种方式开采，他们可以用更快的速度、获得更多的煤。

如果耗能成瘾的人类明天就彻底消失，所有煤矿都可以留在地底，直到地球末日。如果我们至少再多留个几十年，就会有很多煤矿继续消失，因为我们会把燃煤挖掘出来烧掉。但如果一个不太可行的计划顺利进行，燃煤发电中问题最严重的一个副产品，最后很可能再度被封到地表之下，为遥远的将来创造另一个人类的遗产。

这个副产品正是二氧化碳。人类最近达成的一个共识，就是这个东西或许不应该被释放到大气中。这个计划引起愈来愈多人的瞩目，有一些热心人士尤其关心这个计划的进展，他们大力鼓吹一个为了重建公共关系而产生的矛盾说词："干净煤炭"。计划趁二氧化碳离开火力发电厂的烟囱之前就将其捕捉起来，塞进地底下并永远存放在那里。

详细的过程是将加压过的二氧化碳注入含盐的地下水层。在世界上的大部分地区，含盐的地下水层都位于不透水的冠岩之下，大约在地底三百米到两千五百米深的地方。据说，二氧化碳会渗入水层中，形成温和的碳酸，像是有点咸味的法国毕雷矿泉水。一般来说，碳酸会跟周遭的岩石发生反应，导致岩石融解，慢慢沉淀变成白云石或石灰岩，将二氧化碳锁在岩块里。

从1996年开始，挪威的国营石油公司每年都将一百万吨重的二氧化碳隔绝在北海底下的地下水层里。在加拿大的阿尔伯塔省，二氧化碳则被隔绝在废弃的天然气井里。早在20世纪70年代，当时担任美国联邦政府检察官的戴维·霍金斯就已经跟符号学者商讨，要如何让一万年后的人类提高警觉，提醒他们留意那些埋在现今新墨西哥州"废料隔离示范处置场"地底下的核废料。如今，他担任自然资源保护协会的中心主任，也在思索要如何告诉后代，不要去挖掘那些与世隔绝的地下储存槽，因为里面存放的是我们眼不见为净的无形气体，别让这些气体又跑到地面上来。

除了必须耗费巨资去钻孔、截获气体、加压、注射从地球上每一家工厂与发电厂排放出来的二氧化碳之外，这个计划还有另外一个隐忧。万一储存在地底的气体外泄的话，我们很难侦测出来，只要有千分之一外泄，就相当于我们现在排放到大气中的二氧化碳总量，后人甚至还不知道有这回事。话虽如此，若是有选择的话，霍金斯还是宁愿选择储藏二氧化碳，也不要储藏钚。

"我们知道大自然可以创造出零泄漏的气体储藏室，像甲烷就已经被储存了几百万年。现在的问题是，人类做得到吗？"

3 考古插曲
Archaeological Interlude

人类铲除了山头，却也意外创造了山丘。

从危地马拉北部佩滕伊察湖边的城镇弗洛里斯市向东北方走四十分

钟，有一条人工铺设的观光道路，通往蒂卡尔废墟。这是世界上最大的玛雅文明遗址，白色的神殿从丛林中拔起七十米高。

相反方向，则是一条完全没有铺设路面的道路。从弗洛里斯往西南方，经过三个钟头的痛苦颠簸，来到莎雅克奇外围寒酸破烂的军事哨站，一台机关枪架在玛雅金字塔顶上。

莎雅克奇位于帕幸河畔，帕幸河流经西部的佩滕省，跟乌苏马辛塔河与萨利纳斯河汇流，共同形成危地马拉与墨西哥的边界。帕幸河一度是玉石、精美陶器、绿咬鹃羽毛、美洲豹皮毛等货物的贸易路线，最近的商业贸易包括了走私的红木与杉木、危地马拉高地罂粟花提炼的鸦片和偷抢来的玛雅古董，等等。在20世纪90年代初期，在帕幸河的支流，流速缓慢的佩滕斯巴顿溪也有一些机动的木造船大量载运两种非常平凡的货物，但这两种货物在佩滕省却是货真价实的奢侈品：波浪形的锌板屋顶与罐头肉。

这两样货物都是送到美国范德堡大学考古学者阿瑟·德马瑞斯特在丛林空地上用红木搭建出来的基地中，这里是历史上规模最大的一个考古挖掘遗址，想要解开人类史上最大的谜题，即玛雅文明消失的原因。

我们要如何想象一个没有人类的世界呢？幻想外星生物携带致命的射线武器来毁灭人类，终究只是幻想而已。要想象我们这个力量庞大的文明真的彻底消失，埋在一层又一层的泥土与蚯蚓之下，完全遭到遗忘，这对我们来说，就跟要求我们描绘宇宙边缘一样困难。

不过玛雅文明真的彻底消失了。他们的世界好像注定要永远繁荣兴旺，在鼎盛时期，比我们现在的世界还要更稳固。至少在一千六百年间，六百万玛雅人居住在有点像是现在南加州的地方，就在现今危地马拉北部、伯利兹与墨西哥的尤卡坦半岛所构成的低地上，形成了城邦聚集的繁华都会，彼此的城郊紧密相连甚至重叠，中间没有什么空地。他们引人瞩目的建筑，以及天文学、数学与文学，都让当代欧洲的成就相形见绌。而同样令人感到震惊，却没人能理解的问题是，这么多人要如何同时生活在一片热带雨林之中？十几个世纪以来，他们在这里种植粮食、抚育后代，而今天不过是几个饥饿的居民霸占了雨林，这个同样脆弱的环境居然很快就被摧残殆尽。

让考古学家更迷惑的是玛雅文明以惊人的速度崩解。从8世纪开始，不过短短的一百年，玛雅文明就完全消失了。在尤卡坦半岛的大部分地区，只剩下零星几个有人居住过的遗迹，危地马拉北部的佩滕省根本就是一个无人世界。雨林植物很快就蔓生过球场与广场，遮掩住高大的金字塔，要等到一千年后，这个世界才知道他们曾经存在过。

但是大地把他们的灵魂甚至是整个国家的灵魂，保存了下来。身材矮胖、胡髭浓密的考古学家德马瑞斯特来自路易斯安那州，他婉拒了哈佛大学系主任的位子，只因为范德堡大学给他提供到这里挖掘考古遗址的机会。德马瑞斯特念研究生时在萨尔瓦多做田野研究，曾经从即将兴建水坝的地方抢救出一些古老的记录，这个水坝迫使数以千计的百姓远离家园，其中有好些人后来去了游击队。当时跟他一起工作的三名工人被指控为恐怖分子，经他向官员求情后获释，但最后仍遭到暗杀。

他刚到危地马拉的那几年，游击队与正规军就在他的挖掘遗址上，隔着几公里彼此追逐。两军交战，炮火波及无辜民众，而这些受害者嘴里所说的还是从古老的象形文字中衍生出来的语言，也是他的研究团队想要破译的文字。

"电影主角印第安纳·琼斯冒险犯难，深入某个不知名的神秘第三世界国家，遭到皮肤黝黑的原住民以晦涩难解的语言威胁，但琼斯还是会以美国英雄主义打败他们，夺得宝藏，"他说着伸手抚摸了一下浓密漆黑的头发，"他在这里大概只能撑五秒钟。考古不是为了挖掘金光闪闪的宝物，而是为了理解历史脉络。我们都是历史脉络的一部分。是我们的工人所拥有的土地在燃烧，是他们的小孩在感染疟疾。我们到这里来研究古老文明，结果却更了解现在。"

在潮湿的夜晚，他就着汽化灯写作，听着猴群彻夜嘶吼喧嚣，就这样拼凑出玛雅人在将近两千年间是如何演化出既解决两国纠纷，又不至于摧毁彼此社会的方法。不过，终究还是出了差错，饥荒、干旱、瘟疫、人口过剩、环境遭到破坏，这些因素都曾被认为是玛雅文明崩溃的原因，但每一种论点都无法解释如此大规模的灭亡，也没有任何遗迹显示有外星人入侵。玛雅人经常被誉为安定和平的典范，似乎最不可能因为扩张领土而为自己的贪婪反噬。

然而，在雾气蒸腾的佩滕省，这样的事情似乎真的发生了。而他们通往灾难的道路，在我们看来是如此熟悉。

从佩滕斯巴顿溪出发，有一条小径通往道斯皮拉斯，这里是德马瑞斯特的考古团队挖掘出来的七个主要遗址当中的第一个。沿途必须步行好几个钟头，经过蚊虫密布的林地，林子里长满了绞人颈项的蔓藤与棕榈树丛，最后还要爬上一个陡坡。在还没被山老鼠盗伐、剩余的森林里，巨大的杉木、吉贝树、长了树胶的人心果、红木、面包坚果树，从佩滕石灰岩上薄薄的一层热带土壤中长了出来。玛雅人就在这个陡坡的崎岖边缘建立了他们的城市。德马瑞斯特率领的考古学家认为，这些城市形成了一个结合彼此的王国，就叫作佩滕斯巴顿。如今，看起来像是山丘与棱线的地形，其实是玛雅人用黑燧石手斧，劈砍大块的石灰岩所搭建出来的金字塔与城墙，现在已经完全被土壤及成熟的雨林所掩盖。

围绕在道斯皮拉斯四周的丛林异常浓密，住满了喋喋不休的巨嘴鸟与鹦鹉，因此这个遗址在20世纪50年代出土之后，隔了十七年才有人注意到原来附近的山丘竟然是一座高达六十七米的金字塔。其实，对玛雅人来说，金字塔就是重新创造的山，而他们雕刻的盘石，即石碑，则是以石头重现的树木。在道斯皮拉斯附近出土的石碑上，雕刻着由点与线所组成的文字，诉说的是700年前，他们的"圣主"（k'uhul ajaw）打破了禁止冲突的限制，开始侵略邻近的佩滕斯巴顿城邦。

长满青苔的石碑上勾勒出"圣主"的模样，头戴完整的头饰，手持盾牌，站在一个捆绑的俘虏背上。传统玛雅人的战争通常是根据星象的循环进行，乍看之下，似乎恐怖异常。他们要从敌方逮捕一位男性的皇室成员，游街示众，极尽羞辱之能事，有时长达一年，最后要挖出他的心，或斩首或折磨凌迟至死。在道斯皮拉斯，受害者被绳索紧紧绑住，然后在举行典礼的球场上充当猎物，直到他的背部被撕裂为止。

"然而，"德马瑞斯特写道，"这种战争并没有造成什么社会上的创伤，没有摧毁田地与房舍，也没有占领对方的领土。传统玛雅战争的成本降到最低，也就是利用长期的低阶、小规模战事，减缓领导人之间的紧张关系来维持和平，完全不会危及地形景观。"

地形景观是荒野与人造物之间的动态平衡。玛雅人在山丘上用鹅卵石搭建的紧密石墙，留住了丰富的腐殖质，让表土雨水流进台地上的农田，如今这些古墙都已消失在一千年来的沉积土底下。他们沿着湖边河岸挖掘沟渠，让沼泽变成干土，挖出来的土壤则堆成肥沃的高地农田。不过，他们大多还是模仿雨林，为多元化的作物提供不同层次的遮阴。成排的玉米与豆子遮蔽了地面上的甜瓜与南瓜，更高的果树又替他们遮阴，而具有保护作用的林地则散落在农田之间。其实这只是大自然意外的恩赐，因为玛雅人没有链锯，只好留下大棵的树木。

这种情况，正是附近的现代村落所欠缺的。这些村落位于伐林道路两旁，目睹平板拖车载走一车车的杉木与红木。这些村民原本住在高地，使用的语言是古老的玛雅语和基切语。20世纪80年代，危地马拉政府出兵镇压叛军暴动，杀了好几千人，于是他们从高地逃难来到这里。他们把用在火山上的那套伐木焚林的周期移植到雨林，结果证明是这一场悲惨的灾难，这些村民很快就发现自己被日渐扩张的荒地所包围，只能种出一些发育不良的玉蜀黍穗。德马瑞斯特为了防止他们来抢劫考古遗址，特地筹措资金请医生替他们治病，还聘用当地人替他工作。

玛雅人的政治与农业体系在低地运作了好几个世纪都很顺畅，一直到了道斯皮拉斯，这个制度才开始崩溃。在8世纪时，出现新的石碑，统一的军事社会与实主义取代了雕刻家个人色彩的创意天赋。富丽堂皇的神殿两侧台阶上，精心雕饰着俗艳浮华的象形文字，记录他们征服蒂卡尔与其他城邦中心的辉煌战绩，而战败国的符号也完全被他们的标志所取代。这是玛雅人第一次真正征服了敌人的领土。

道斯皮拉斯与其他敌对的玛雅城邦战略结盟，蜕变成侵略野心旺盛的国际强权，影响力沿着帕幸河谷传播，直到今天的墨西哥边界。他们的工匠在石碑上描绘一名道斯皮拉斯的"圣主"，穿着光鲜亮丽的美洲豹皮靴，脚下踩着全身赤裸、打了败仗的敌国国王。道斯皮拉斯的统治者累积了惊人的财富，德马瑞斯特及其同僚在一个千年都无人进入的洞穴里，发现了皇室储存宝藏的地方。数百个装饰精美、色彩丰富的罐子，里面装满了玉石、燧石和献祭的人体残骸。在考古学家挖掘的坟墓里，皇室成员在埋葬时都含了满嘴的玉石。

到了760年，他们及其盟国所统治的领域，比正常的传统玛雅王国大了三倍以上。他们用栅栏围起自己的城市，在城墙后面行使统治权。一个令人瞩目的发现见证了道斯皮拉斯本身的灭亡。在一次意外的败仗之后，城里就再也没有自我吹嘘的纪念碑了，反而是住在城市周边的农民逃离了自己的房子，逃窜入城，霸占举办仪式典礼的广场，并在广场正中央搭建村舍。他们惊恐的程度可以从搭建保卫自己居所的围墙中看出一点儿端倪，这些围墙的材料是从一位"圣主"的墓碑和主殿中拆卸下来的，宫殿里饰有梁托的神庙也遭到拆除，变成碎石瓦砾。这就等于是拆掉华盛顿纪念碑和林肯纪念堂来巩固一个在国会大道上用帐篷临时搭建的城市一样。尤其是这些围墙就直接盖在原始结构上，当中包括雕饰着胜利文字的台阶，更进一步强化了他们亵渎"圣主"的意味。

这种粗糙的改建有没有可能是在"圣主"败亡很久以后才发生的呢？这个问题的答案就在他们所发现的正面石块上。这个石块直接接触台阶，中间没有泥土，是道斯皮拉斯的市民自己亲手做的，显示他们对于早年贪婪的统治者，若不是完全没有敬意，就是彻底的愤怒。他们将刻着象形文字、雕梁画栋般的台阶深埋到地底，直到一千两百年后，被一位范德堡大学的研究生挖掘出来为止。

是因为人口增加、土地资源耗尽，才诱使佩滕斯巴顿的统治者向外扩张，掠夺邻国的土地，引起冤冤相报的循环，最后导致毁天灭地的战争吗？德马瑞斯特认为，可能并非如此。毫无节制地渴望财富与权力，让他们变成贪婪的侵略者，结果引起了报复行动，迫使他们放弃了距离城市较远、易于受到攻击的田地，只能在靠近家门的地方加强生产，最后超出了土地所能承受的极限。

"社会演化造就了太多的精英，他们都想拥有异国玩物。"他所形容的文化在过多贵族的压力下摇摇欲坠。这些贵族精英，人人都想要有绿咬鹃的羽毛、玉石、黑曜石、精美的燧石、量身打造的五彩艺品、珍奇的梁托屋顶、动物皮毛等。贵族阶层十分奢华又没有生产力，只会像寄生虫一样毫无节制地吸取太多社会能量，来满足他们肤浅的欲求。

"太多的后裔子孙想争夺权位，或需要一些流血的仪式来证明他们的地位。于是就爆发了继承正统的战争。"他解释道，为了兴建更多的神庙，必须喂饱更多的工人，也就意味着必须生产更多的粮食。结果为了确保有足够的劳动力来生产粮食，最后导致人口增加。战争通常也会造成人口增长，这在阿兹特克、印加等古老帝国皆是如此，因为统治者需要更多的"炮灰"。

风险增加、贸易中断、人口集中，这些对雨林来说，都是致命的影响。人们不愿种植那些可以维持多元性的长期作物，住在城墙后面的难民只能在邻近区域耕种，生态灾难不请自来。他们的领袖一度看似无所不能，却执着于自私短视的目标，结果人民对他的信心随着生活质量下降而递减。人民失去了信仰，仪式活动停止了，那些神庙与宫殿也遭到遗弃。

在一个叫作奇米诺角的半岛上，佩滕斯巴顿湖畔有个考古遗址，正是道斯皮拉斯最后一位"圣主"的堡垒城市。这个半岛以三条壕沟与大陆切割分离，其中一条壕沟还深达岩床，估算起来，挖掘这条壕沟所耗费的能量大约是建造这座城市的三倍。"这就像是，"德马瑞斯特说，"一个国家的预算有百分之七十五都花在了国防上一样。"

这代表着一个绝望的社会已经完全失控了。考古学家在堡垒石墙旁发现的长矛箭矢，有些还在石墙内侧，见证了最后在奇米诺角做困兽之斗的人遭遇了怎样的命运。城内的纪念碑很快就被森林吞噬，在没有人类的世界里，人类想要造山的努力很快就会被夷为平地。

"当你看到跟我们一样充满自信的社会解体，最后被丛林吞没，"德马瑞斯特说，"就会发现自然生态与人类社会之间的平衡是多么微妙脆弱。一旦失去了这个平衡，一切就完了。"

他蹲下身子，从潮湿的地面拾起一块碎片。"两千年后，有人会眯起眼睛端详这些碎片，试图找出一些线索，看看究竟是什么地方出了差错。"

4 变形
Metamorphosis

在史密森学会所属的国立自然历史博物馆里负责古生物收藏的馆长道格·厄文，从办公室地板上的一只木箱里拿出一块二十厘米长的石灰岩，那是他在中国南方、介于南京与上海之间的一座磷矿坑里发现的东西。他让我细看了岩块黑色的下半部，里面是已经变成化石的原生物、浮游生物、单壳软体动物、双壳软体动物、头足纲动物与珊瑚。"这里的生物活得很好。"他又指着一条淡淡的白线说，那是一层灰烬，刚好分隔了黑色的下半部与深灰色的上半部。"这里的生物活得很糟糕。"他耸了耸肩，"然后花了很长的时间，它们的生命才又变好了。"

二十几名中国古生物学家花费了二十年的时间来检验这种石块，才终于认出这条白线代表二叠纪的大灭绝。厄文与麻省理工学院的地质学家山姆·鲍林分析了石块内融合了细碎玻璃与金属球的锆石结晶，精确地判定这条白线的年代为两亿五千两百万年前。白线之下的黑色石灰岩是一个定格影像，记录了围绕在单一巨大陆地上及其周围的丰富海岸生物。而这块大陆上孕育着树木、在地上爬或在空中飞的昆虫、两栖类动物和早期的肉食爬行类动物。

"然而，"他说着，点点头，"活在这个星球上的所有东西，有百分之九十五都被消灭了。其实未尝不是一件好事。"

拥有一头红黄色头发的厄文，看起来有种令人难以置信的孩子气，因为他是如此杰出的一位科学家。然而，当他提到地球生命与彻底灭绝擦身而过时，脸上的微笑却一点儿也不轻率，而是带着沉思。几十年来，他在西德州山上、古老的中国采石场、纳米比亚与南非的峡谷里钻勘探测，就是为了要找出到底发生了什么事。不过他仍不能确定。一次长达一百万年的火山爆发，从西伯利亚（当时还是泛大陆的一部分）蕴藏着庞大煤矿的地底冒了出来，让陆地上覆盖了厚厚的一层玄武岩浆，有些地方厚达五千米。从煤炭中发散出来的二氧化碳充斥大气，天空也降下了硫酸雨。最后的致命一击是一颗巨大的行星，可能比很久很久之后导致恐龙灭绝的行星还要大，这颗行星显然撞到一块我们现在称之为南极洲的泛大陆。

在接下来的数百万年间，最常见的脊椎动物就是一种呈锯齿状的小虫，要用显微镜才看得到，就连昆虫也彻底溃败了。这算是好事吗？"当然啰，因为这替中生代铺平了道路。古生代已经持续了将近四亿年，当然没有什么不好，不过时候到了，就该尝试一点儿新的东西。"

在二叠纪的火热终结之后，少数幸存的生物在这个世界上没有竞争对手。其中之一就是大约五角美元硬币大小、类似扇贝的贝类动物，叫作克氏蛤。它们的数量之多，留下来的化石几乎铺满了全中国、犹他州南部和意大利北部。可是，四百万年之后，它们跟其他多数在大灭绝之后大量繁殖的双壳软体动物及蜗牛，都纷纷绝迹。它们的机动性比不上一些可以活动的机会主义者，如螃蟹，因此自然就成了受害者。螃蟹在旧的生态体系内只是次要的角色，但转眼之间，从地质时间来看只是一瞬间的工夫，它们却有机会在全新的体系中创造一个生态席次。它们只不过是演化出一对钳子，以压碎软体动物的外壳罢了。

此后，整个世界朝着不同的方向进展，其特色是出现积极的掠食动物，从几乎一无所有的世界，变成盛大的恐龙王国。原来的超级大陆也开始分裂成小块陆地，渐渐漂散到全球各地。又过了一亿五千万年之后，另外一颗行星撞到了现在的墨西哥尤卡坦半岛，而恐龙因为体形太过笨重，来不及躲藏，也无法适应新环境，于是一切从头开始。这一次，又有另外一个灵活敏捷的小角色，一种名为哺乳类的脊椎动物，把握住这个机会，跃上舞台，成为主角。

对现行的物种灭绝潮的解释总是指向单一的原因，这个理论也不例外，但这次不是行星撞击。这可能意味着轮到某种居于主宰地位的哺乳类动物下台了吗？地质的历史是否又要重演？大灭绝专家厄文研究的时间坐标轴极大，我们人属物种短短几百万年的生命在他眼中短到几乎不值一提。他又耸了耸肩。

"人类终究会灭绝，到目前为止，所有的一切都会灭亡。就跟死亡一样，我们没有理由相信自己有什么不同。可是生命会继续，也许刚开始是微生物或到处乱爬的蜈蚣，但是生命总是会愈来愈好，不管有没有人类都会一直持续下去。我想，我们现在能在这里就已经够有趣了，"他说，"我不会为了以后的事情难过。"

华盛顿大学的古生物学家彼特·华德预期，如果人类还在的话，农耕地可能会变成最大的栖息地。他相信，我们现在驯养的这些动植物，不管是当作粮食、原料或替我们工作、陪伴我们，都会演化成未来世界的主宰。

如果人类明天就消失的话，有太多的野生掠食动物会跟我们饲养的家畜竞争，大部分的家畜都难以匹敌，甚至可能被吃掉。不过也有少数例外证明它们的韧性与潜力令人刮目相看。从美国大盆地与索诺兰沙漠逃走的野马与驴子，基本上已经完全取代在更新世末期消失的马类。消灭掉澳大利亚最后一只有袋肉食动物的澳洲野犬，这么多年来一直在这个国家的掠食动物排行榜中名列前茅，到现在还有很多人都不知道，这种犬科动物原来是东南亚行商的家畜。

除了宠物犬的后代之外，如果再也没有其他的掠食动物，那么猪与牛可能会主宰夏威夷。在其他地方，狗甚至还有助于牲口的生存，火地岛的牧羊人常信誓旦旦地说，他们的澳大利亚牧羊犬有如此根深蒂固的牧羊天性，有没有牧羊人在场都没关系了。

若是人类依然占据了这个星球上食物链的最顶端，还会牺牲更多的野生动植物加入我们的粮食生产行列，那么华德的设想就有可能，不过人类绝对不可能完全主宰自然。繁殖速度快的小型动物，如啮齿类动物和蛇，可以适应除了冰河以外的任何环境，所以二者都会继续由繁殖力也很惊人的野猫，选出适合存活者。华德在《未来进化》（*Future Evolution*）一书中，想象老鼠会演化成像袋鼠一样大，并且长出一对像军刀般的巨齿，到处跳来跳去，蛇则学会飞行。姑且不论这样的假设是可怕或可笑，至少在目前这都还只是一种幻想。史密森学会的厄文说，每一次灭绝的教训，就是我们永远无法根据幸存者来推测五百万年后的世界会是什么样子。

"一定会有很多意外。老实说，谁能想得到乌龟会存活下来？谁能想象到会有种有机体将自己的内部组织由内往外翻，将肩膀连肉带骨从肋骨里拉出来变成甲壳？要不是有乌龟存在，没有任何一位脊椎生物学家会相信有生物做得出这种事。唯一真正能预期的，就是生命一定会继续。光是这一点就很有趣了。"

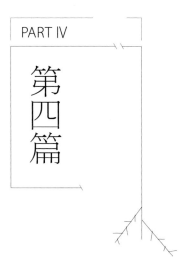

PART IV

第四篇

十七 现在何去何从
Where Do We GO From Here?

　　"如果人类消失了，"鸟类学家赫尔地说，"地球上的鸟类至少有三分之一都不会察觉到这件事。"他说的那些鸟类从不曾离开隐世独立的亚马孙盆地、间隔甚远的澳大利亚热带旱生林或云深不知处的印度尼西亚山区。至于其他可能会发现人类消失的动物，比方说，受到人类压迫、滥捕而濒临绝种的大角羊与黑犀牛，会不会庆祝人类灭亡，就不得而知了。我们只能看出极少数动物的情绪，大部分都是驯养的动物，如狗和马，它们可能会怀念固定的三餐和一些和善的主人，尽管这些人还是不免会用到马鞭与缰绳。那些我们认为最聪明的动物，像是海豚、象、猪、鹦鹉，还有我们的表亲黑猩猩与倭黑猩猩，或许根本就不会怀念我们。虽然我们花费了很大的工夫去保护它们，不过它们最大的威胁还是人类。

　　会哀悼我们的生物，主要还是那些没有我们就真的活不下去的物种，因为它们已经演化成只能靠我们为生。如头虱及体虱两兄弟，尤其是体虱，已经完全适性演化，不但靠我们为生，还跟时装设计师一样，靠我们的衣服为生。命运同样悲惨的还有毛囊螨虫，这种寄生虫的体形极小，一次能有好几百只一起寄住在人类的眼睫毛上，适时伸出援手帮我们吃掉身上不要的皮肤细胞，以免头皮屑多到无法控制。

　　还有两百多种细菌也以我们的身体为家，尤其是那些居住在大肠、鼻孔、口腔内部和牙齿上的细菌。我们每一寸的皮肤上都含有数百个葡萄球菌，在腋下、胯下与脚趾头上，更是高达数千种。这些细菌的基因演化几乎完全都是为了适应人类，因此我们消失了，它们也会跟着灭亡，只有极少数还赶得及参加在我们尸体上所举办的告别餐会，甚至连毛囊螨虫都来不及。虽然流传甚广的迷思说，头发在人死后还会继续生长，其实不然，这是因为人类组织失去水分之后收缩，导致发根外露，让挖掘出来的尸首看起来好像需要剪个头。

如果人类突然集体气绝身亡，几个月内，食腐动物就会清理掉我们的骨头，除非有些人的臭皮囊掉进冰河罅隙里结成冰棍，或陷入泥淖中，在氧气与生物分解大队还来不及进驻之前就被泥土掩埋。那些先走一步、去到未知世界的亲人会怎么样呢？我们慎终追远，以隆重仪式让他们入土为安的死者又会如何？人类的遗骸究竟能遗留多少？某个聪明人依照人类的形象创造出芭比娃娃和肯，但人类是否能像这些玩偶一样近乎不朽呢？我们不辞辛劳、不计花费地想要保存死者的努力，究竟能维持多久？

麦克·马修说，在大部分的现代世界里，保存死者的过程都是先从防腐处理开始，这个程序可以稍稍延迟无可避免地腐化。他在明尼苏达大学教授殡葬学课程，课程中不但要教授尸体防腐处理的过程，还包括化学、微生物学和殡葬史。

"防腐处理只是为了葬礼。人体组织只是稍微凝固，仍会再度开始分解。"因为我们不可能替尸体完全消毒，马修解释道，所以埃及制作木乃伊的师父必须移除体内的器官，也就是腐化开始之处。

留在肠道内的细菌很快就会得到天然的协助，它们会因为尸体的酸碱值改变而变得活跃。"其中一种就跟阿道夫牌嫩肉粉一样，会分解蛋白质，使其更容易消化。一旦我们的生命停止，它们就立刻开始作用，不管有没有经过防腐剂处理。"

防腐处理，直到南北战争期间，为了要运送阵亡士兵返乡才普遍起来。容易腐败的血液也要用手边不易腐败的东西替换掉，通常是威士忌。

后来发现砷（砒霜）的效果更好，也更便宜。在19世纪90年代被全面禁用之前，使用砷的情况很普遍。不过，高浓度的砷有时对考古学家探测一些美国古墓造成很大的困扰。他们发现，尸体还是腐烂了，砷却留了下来。

然后，又采用现在常用的甲醛（福尔马林），这种物质跟第一个人造塑料电木所制造出来的酚系出同源。近年来，绿色殡葬运动抗议要求禁用甲醛，因为甲醛氧化后会形成甲酸，毒性跟火蚁和蜂刺一样，这等于又多了一种有毒物质，它还会渗入地下水。粗心大意的人类甚至进了坟墓还会制造污染。他们也质疑，既然我们在吟诵尘归尘的神圣祈祷文之后，矛盾不舍地将尸体埋进土里，为什么又要花这么大的工夫把尸体封锁起来，不让它土归土呢？

封锁要从棺材开始说起。松木棺材已经不流行，取而代之的是各式精美的青铜棺、纯铜棺、不锈钢棺，还有硬木雕刻的棺材。据估计，每年有三十八万立方米的温带与热带硬木遭到砍伐，只是为了要埋进土里。不过，它们不是真的被埋进土里，因为将我们永远塞在里面的这只木箱子，还要被放进另外一个箱子里，通常是用灰色的混凝土所做的墓穴衬里。目的是为了支撑泥土的重量。这样一来，在一些老旧墓园里，当木棺腐朽之后，坟墓也不会下沉，墓碑也不会倾倒。由于坟墓的顶盖不防水，所以墓穴衬里的底部必须留一些小洞，让任何渗进墓穴的东西都可以流出来。

绿色殡葬人士反对使用墓穴衬里，也鼓吹大家使用可以快速分解的材料来制作棺材，例如纸板或柳条细枝。最好什么都不要用，将未经防腐处理、只裹上尸布的尸体直接放在土壤里，立刻就能让人类剩余的养分回归大地。在历史上，或许大部分的尸体都是用这种方法掩埋的，不过在西方世界，只有极少数的墓园允许这种做法。甚至还可以再精简一点，使用更环保的墓碑替代品，种一棵树吸收人体的养分，让人立刻化作春泥。

强调保存价值的殡葬业，提出了一种更坚固结实的选择——青铜墓窖。相形之下，连混凝土墓穴衬里都显得太粗糙了。青铜墓窖可以完全密封，连淹水时都能浮出水面，尽管其重量相当于一辆汽车。

芝加哥的威尔伯殡葬服务公司正是生产这种墓穴的最大厂商。该公司的副总裁麦可·帕查尔说，其最大的挑战在于"坟墓不像地下室，没有排水泵"。因此他们公司提出的解决之道是墓窖的三重防护装置，一是经过压力测试，可以承受一点八米深的水量，当地下水位上升，让墓园变成一座池塘时也不用担心。再来是混凝土核心，外层裹覆防锈青铜，内里和外部全都加衬 ABS 塑料，这是一种用丙烯腈、苯乙烯、丁二烯制造的合成橡胶，可能是世界上最坚不可摧又防震防热的塑料。

最后，墓窖盖采用特殊的丁基封条跟无接缝的塑料衬里黏合。帕查尔说，这个封条可能是所有用料中最坚固的。他提到一个位于俄亥俄州的著名私人测试实验室，这个实验室的测试报告相当专业。"他们将这些封条用高温加热、用紫外线照射，甚至浸到强酸里，结果测试报告指出，这东西可以维持好几百万年。我听了浑身不自在，不过这些家伙个个都是博士。想象一下，在未来某个时候，可能有考古学家挖出这些长方形的丁基塑料圈呢。"

但未来的考古学家绝对不会发现人体留下来的任何痕迹。尽管我们花了这么多钱，用尽各种化学手段、防辐射聚合物、濒临绝种的硬木和重金属来保存人体。尤其是红木与胡桃树，我们将这些树木从地球表面扭下来，只是为了再塞回地球而已。因为没有外来物可供处理，人体就只好将细菌没有吃完的任何组织都予以液化，然后在接下来的几十年间，将液化后的东西跟防腐剂炖煮出来的酸汤混合在一起。这会是丁基封条与 ABS 塑料衬里必须要做的另外一项测试，它们应该能轻松过关。如果这些考古学家在青铜、混凝土和其他材料还没分解之前就挖出这个墓窖，那么除了丁基封条之外，他们还会发现我们的残骸只剩下几厘米深的人体汤了。

在撒哈拉和智利的阿塔卡马等大型沙漠里，几乎可以达到完全干燥，有时候会出现天然的人体木乃伊，连衣服和头发都被完整保存。冰河与永久冻土的融解，有时候会让一些死了很久却神秘保留下来的人类祖先重见天日，像是1991年在意大利阿尔卑斯山上发现的那个穿着兽皮的青铜器时代的猎人。

然而，我们这些现在还活着的人，没什么机会可以留下长生不灭的记号。现在的人绝少有机会，被含有丰富矿物质的淤泥覆盖全身，直到这些泥土取代我们骨骼里的钙质，将我们变成一块骷髅形状的岩石。我们所做的许多傻事之一，就是用各种夸张的保护措施，不让我们自己和所爱的人有机会留下一个真正永久的纪念——化石。到头来，我们的所作所为只是保护地球不受我们的玷污罢了。

我们人类一起消失的概率非常小，更别说是在短时间内集体灭亡了，但并非不可能。至于只有人类灭亡而其他生物都能继续生存的概率，就更渺茫了，不过概率还是高于零。美国疾病管制中心特殊病原体分部主任托马斯·齐亚查博士的主要工作，就是预防有任何东西可以让数以百万计的人类一起消失。齐亚查原本是军方的动物微生物学家暨病毒学家，接受咨询的范围很广，从生化战的威胁到其他物种身上突发的各种危险，例如严重急性呼吸综合征（SARS）的冠状病毒就是他帮忙指认出来的。

情势看似不甚乐观，尤其在这个年代，大多数人都聚居在称为城市的超大尺寸细菌培养皿里，各种微生物在这里聚集滋长。不过他认为还不至于有任何一种致病因子足以消灭整个物种。"这在历史上从未发生过。我们研究的都是最厉害的病毒，即便感染了这些病毒，还是会有人活下来。"

在非洲，时不时就传出一些恐怖的病毒传染，如埃博拉病毒和马尔堡病毒等，大规模屠杀了村民、传教士与众多的医护人员，导致其他工作人员纷纷逃离医院。其实每次病毒爆发，最后切断链条感染的方法都很简单，无非就是要求工作人员穿戴防护衣，并在接触病患后用肥皂和水刷洗罢了。贫困地区就是缺乏这些物资，因此疾病也都是从这里开始蔓延的。

"卫生就是关键。即使有人蓄意带进埃博拉病毒，或许他的家人和医护人员会出现一些感染病例，但只要有足够的预防措施，病毒很快就会死亡，除非它们突变成某种生命力更强的东西。"

像埃博拉、马尔堡这一类高危险性的病毒，都是起源于动物，果蝠是最大的疑凶，然后经由体液传染给人类。由于埃博拉病毒最后会进入呼吸道，因此在马里兰州迪特里克的美军研究人员就想证实，恐怖分子能不能制造出埃博拉炸弹。他们制造出一种喷雾剂，可以将病毒传染回动物身上。"但是，"齐亚查说，"这些可经由呼吸系统来传递病毒的粒子做得不够小，因此无法直接经由咳嗽或打喷嚏传染给人类。"

但如果有一种雷斯顿型埃博拉病毒突变的话，我们可能就有麻烦了。目前，这种病毒只攻击人类以外的灵长类动物，跟其他埃博拉病毒不一样的地方就在于它是通过空气传播的。同样，如果高度传染性的艾滋病病毒从目前由血液与精液的传播途径，突变成经由空气传播，就有可能成为真正的物种杀手。不过齐亚查相信，这不太可能发生。

"病毒有可能会改变传播途径。可是目前的传播途径有助于艾滋病病毒的生存，因为受害者会存活好一阵子，继续传染给其他人。病毒会演化出这样的基因，必然有其道理。"

就连经由空气传染、有致命可能的流行性感冒病毒，都未能将人类全部抹杀，因为人类会产生抗体，流行性疾病自然就偃旗息鼓了。但如果出现了某个恐怖分子，既有偏执症的精神疾病，又有生化的专业训练，运用创意将病毒凑在一起，创造出某种演化速度比我们发展抗体更快的病毒，好比将部分病毒基因注入 SARS 病毒中，并在齐亚查侦测出来之前，就经由性行为与空气传染双管齐下，那我们该怎么办呢？

齐亚查承认，确实有可能设计出这种极度恶毒又有高度传染性的病毒，但这就跟转殖基因的杀虫方式一样，操纵基因的结果未必保证有效。

"这就像是他们培育出一批不太容易传染病毒的蚊子，这些实验室里培育出来的蚊子被放回大自然之后，却无法跟其他蚊子竞争。实际情况不像我们脑子里想的那么容易，在实验室里合成病毒是一回事，而病毒有没有用又是另外一回事。要让实验室里的病毒具有传染性，必须有合适的基因组合让它可以感染宿主的细胞，然后再制造出一批后代子孙。"

他略带忧思地笑了笑："这些人可能在试验的过程中就自食恶果。还有很多更简单的途径可以尝试，不用这么麻烦。"

至今还没有百分之百完美的避孕方法，所以我们暂时不必担心有什么反人类的阴谋能让整个人类种族绝育。牛津大学未来人类研究所所长尼克·博斯特罗姆时不时就会计算一下人类濒临灭绝的概率（他相信会愈来愈高），他特别感兴趣的是纳米科技出错的概率，以及超级智慧横行人间的可能性。然而他认为，不论是意外或故意，如果要以纳米科技毁灭人类，我们要先能造出跟原子一样大小的医疗机器在我们的血管里巡逻，并攻击各种病原体，直到有一天这些纳米机器对我们展开反扑。而超级智慧要发明能够自我复制的机器人，最后变得比人类还要聪明，将我们排挤出地球。此二者所需要的技术都"至少还要等上几十年"。

加拿大安大略省圭尔夫大学的宇宙学家约翰·莱斯利在1996年出版了一本沉闷的学术巨著《世界末日》（*The End of the World*），他在书中的看法跟博斯特罗姆所见略同。可是他提出警告，没有任何人能保证我们现在把玩的高能粒子加速器，不会打破银河系之所以能旋转运行的物理机制，甚至是触发另一次全新的宇宙大爆炸。（"是不小心的啦。"他又加了一句，不过没有任何安慰效果。）

在这个时代里，机器思考的速度比人类还要快，却经常被证明它们跟人类一样会出错。哲学家试图替这样的时代寻找一个道德标准，却一再碰到睿智的先贤从未遇到过的麻烦。到目前为止，人类显然逃过了大自然丢给我们的每一次瘟疫与流星撞击，但是我们却将科技丢回给自然，制造更大的危机。

"往好处想，至少科技还没杀死我们。"博斯特罗姆说。除了收集世界末日的资料，他还研究如何延长人类的寿命。"如果我们真的绝迹了，我想比较有可能是因为新科技，而不是环境。"

对这个星球上的其他生物来说，差别并不大，因为不管是科技或环境消灭了人类，有很多物种也会跟着我们一起灭亡。有人认为，来自外太空的动物园主管会如此大费周章地把人类全部抓走，留下其他一切生物，制造某种神秘难解的谜题，这种概率微乎其微，而且这样的想法也太过自恋，凭什么他们只对我们感兴趣？面对诱人的资源大餐，我们过去会贪婪地大口吞噬，他们又有什么理由不会垂涎三尺？我们的海洋、森林以及居住在里面的生物，或许很快就会发现人类其实没有那么坏，至少我们不像那些超级外星强权，会用什么星际吸管插入地球的海洋里吸光海水，就像我们把整条河流从河谷里抽走一样。

"严格说起来，我们也是外来入侵者，除了非洲之外。无论智人到了什么地方，那里就会有东西要倒大霉，准备绝迹了。"

雷斯·奈特是"人类自愿灭亡运动"的发起人，他的思想深奥，说起话来轻声细语，口才流利但不苟言笑。他不像其他类似的团体那样喧哗刺耳，鼓吹用极端的手段将人类赶出这个饱受摧残的星球。奈特并没有反人类倾向，也不会因为看到别人的战争、疾病和痛苦而感到欣喜。

他是学校老师，所以他只是不断计算各种数学问题，不过这些问题永远都只有一个相同的答案。

"没有任何病毒可以杀死六十亿人。即使是百分之九十九点九九的死亡率，也还是会留下六十五万个自然产生免疫的幸存者。事实上，瘟疫疾病会强化物种，再过五万年，我们又能轻而易举地恢复到现在的总人口数。"

"战争也没有用，"他说，"数百万人在战争中死亡，但人类的家庭数量还是在持续增加。在多数情况下，战争反而鼓励胜败双方都要'增产报国'，结果人口总数通常是不减反增。而且，杀人是不道德的事。大屠杀绝对不能视为改善地球生命的一种方式。"

虽然住在俄勒冈州，但他说，他的"人类自愿灭亡运动"在各处都有基地。他指的基地是互联网，他的网站已有十六种语言。在地球日的集会与环保研讨会上，他都会张贴图表呼应联合国的预测，到了2050年，全世界的人口增长率与新生儿出生率都会双双下降。可是重点在第三张图表，单纯就图表数字来说，人口总数还是向上飙升的。

"我们有太多积极生育的人口。中国的人口增长率已经降至百分之一点三，每年仍会增加一千万人。饥荒、疾病和战争减少人口的速度跟以前一样快，却怎么也赶不上我们的人口增长。"

这个运动的口号是"但愿人类长寿，然后慢慢灭亡"，鼓吹无痛的人类大规模灭绝方式。奈特预期，当人类认清了残酷的事实，我们不可能天真地以为所有人都可以共享这个星球并填饱肚子，这时候就会发生这样的大灭绝。"人类自愿灭亡运动"主张，与其面对这种恐怖的资源争夺战与饥饿，大规模杀戮人类和几乎所有生物，还不如让人类种族安详长眠。

"假设我们都同意停止繁殖后代，或某个真正有效的病毒终于来袭，导致所有人类的精虫都失去了生育能力，第一个发现的一定是怀孕危机处理中心，因为再也没有人上门求助。几个月之后，我们会很庆幸地发现所有堕胎诊所都关门大吉。对于一心想怀孕的人来说，这是一场悲剧。反过来看，五年之后，就再也没有五岁以下的幼儿不幸惨死了。"

至于还活着的孩子，他们的命运就明显改善了。他说，因为孩子们成了稀世宝贝，不再是随手可以丢弃的东西，再也不会出现有孤儿找不到人领养的情况。

"再过二十一年，因为人口结构的关系，就不会再有青少年犯罪问题。"到了那个时候，奈特预期，大家开始接受这个事实，精神上的觉醒会取代恐慌，因为大家终于大彻大悟，虽然人类的生命走到终点，生命质量却大幅改善。粮食不虞匮乏，包括水在内的资源变得充沛，海水再度满盈。因为不需要盖新房子，所以森林与湿地也会随之复苏。

"没有资源冲突之后，我怀疑是否还会有人浪费生命，彼此战斗。"就像退休的企业总裁突然在园艺中找到平静一样，在奈特的愿景中，我们会利用剩余的生命替这个愈来愈自然的世界，除掉那些碍眼而现在又没有用的废物。我们过去为了追求这些废物，还会拿生命这种美好的事物来交换呢。

"最后一批人类可以心安理得地享受最后的夕阳，因为他们知道，人类将一个尽可能贴近伊甸园的地球还诸天地。"

当然会有一些人不相信人类灭亡会带来更美好的生活，认为这样的想法太过疯狂。不过，在这个现实如日薄西山，而虚拟现实却像旭日东升的年代里，与"人类自愿灭亡运动"的观点持相反意见的并不只是这些人而已，还包括一批受到尊崇景仰的思想家与著名的发明家，他们将灭亡视为智人向前迈进的一大步。这些人自称为超人类主义者（transhumanist），他们希望开辟虚拟空间，经由发展软件将他们的思想上载到一个在各方面都超越人类大脑与身体的回路（正巧，其中一项优点是不会死亡）里，占据虚拟空间。借由计算机（也就是一大堆的硅芯片）自我增长的魔法巫术，再加上模块内存与机械附属品所提供的众多机会，人类灭亡所代表的意义，只不过是抛弃了容量有限且不大耐用的容器而已，因为我们的科技头脑终于超越了人类的这个臭皮囊。

在超人类主义（有时亦称为后人类主义）运动中，赫赫有名的人物包括牛津大学的哲学家尼克·博斯特罗姆；备受赞誉的发明家雷·库兹维尔，他发明了光学字符识别系统、平台式扫描仪，还有替盲人开发的印刷品阅读机；以及三一学院的生物伦理学家詹姆斯·休斯，他著有《电子公民：为什么民主社会必须回应崭新的未来人类》(Citizen Cyborg: Why Democratic Society Must Respond to the Redesigned Human of the Future)。姑且不论这些人有多么酷似出卖灵魂的浮士德，当他们讨论到不朽与超越自然力量时的诱惑时，还是非常引人入胜的，尤其是那种乌托邦式的信念——认为机器可以做得如此完美，甚至能够超越熵。

机器人与计算机要从无生命变成一种生命形态，还必须越过一道鸿沟，最大的障碍就是从来没人能创造出可以意识到自我的机器。一部超级计算机如果无法自觉，就算可以计算我们周围的各种几何环状结构，它也永远无法思索它在世界上的地位。更主要的缺陷在于，如果没有人类帮忙维修，就没有任何一部机器可以无休止地运转下去。即使没有零件的机器还是会发生故障，就连自我维修的程序也会当机。靠备份文件的形式寻求救赎，最后可能会形成一个所有机器人都急着要复制一份最新科技的世界，因为具有竞争力的知识都会转移到那里。这是狗追尾巴的翻版，不过狗无疑享受到了更多的乐趣。

即使有一天，后人类主义者真的可以将自己传送到计算机回路中，也不是短期内会发生的。至于其他人，依然恋旧地抓着这个以碳为本的人类肉体不放。鼓吹自愿灭亡的奈特提出一个预言，完全击中人心的脆弱之处：真正具有人性的人类在目睹了这么多的生物与美景崩溃之后，内心生发出的疲惫。想象少了人类这个重担的世界，所有的动植物都向四面八方疯狂而冶艳地绽放，乍想之下，的确很诱人。但接踵而来的却是有如丧失至亲的椎心刺痛，哀悼人类曾经创造的奇迹以及随之而生的各种伤害与暴行。如果人类生命中最神奇美妙的创造——孩子们，再也不能在绿色地球上翻滚嬉戏，那么我们真正留下的还有什么呢？我们的精神中又有什么是真的不朽？

暂且不论各种大小宗教所定义的"来生"。在我们都走了之后，什么是信者与不信者所共同关注的焦点？是说出灵魂深处的感受，因为这是我们无法压抑的灵魂本质的渴望。除此之外，人类感情表达中最伟大的创造形式，还会剩下什么呢？

十八 我们身后的艺术
Art Beyond Us

　　金属体雕塑工作室位于美国图森市一间改装过的工厂里。在工厂后方，两名铸造工人穿着粗皮外套与皮制的护腿套裤，手上戴着石棉与不锈钢的手套，头上则是安全头盔与护目镜。他们从耐火砖窑里取出预热过的陶制模型，分别是非洲白背兀鹫的身体与翅膀，经过灌浆铸造与焊接之后，就成为野生动物艺术家马克·罗西替费城动物园制作的实物大小的青铜雕像。模型的浇铸口朝上，放在一个装满沙子的转盘上，转盘底下有轨道可以滑行送到形状像鼓、外层覆钢的液态甲烷熔炉里。他们稍早前放进了一锭九千克重的金属铸块，现在已经熔化成1093℃的青铜汤，在隔热的陶瓷里沸腾飞溅。航天飞机的外壳也是使用同样的陶瓷材料。

　　熔炉安装在一个倾斜的轮轴上，所以不费什么力气就可以将熔化的金属倒入准备好的模型里。六千年前，波斯人也做过相同的事情，不过当时的燃料是木柴，而模型是山边的陶土洞穴，而不是陶瓷外壳。除了现代人喜欢使用铜硅合金，不像古人使用铜砷或铜锡合金之外，以青铜制作艺术品的过程，基本上是一样的。

　　背后的原理也完全相同，铜跟金、银一样，都是贵金属，不易腐蚀。我们的祖先最早是发现营火旁边有块孔雀石冒出像蜂蜜一样的物质，接着又发现这种物质冷却之后有良好的延展性与持久性，而且很漂原本保存完整，直到有一位主教为了驱赶异教，放了一把火烧掉为止。"

他在蓝色条纹的围裙上擦擦手："至少我们知道这些东西存在过。最令人伤心的，莫过于我们都不知道古代音乐听起来是什么样子。我们保存了一些古乐器，却没能保留这些乐器的声音。"

这两位受到尊重的修复师都认为，我们今天录下来的音乐，或是储存在数字媒体中的其他数据，存活率并不高，更不要说留到遥远的将来，给某种具有感知能力的生物去欣赏了。他们或许会看到一堆薄薄的塑料盘片，却不知道那些东西有什么用途。现在，有些博物馆已经使用激光将人类知识以显微镌刻的方式，雕刻在性质稳定的铜上面。这不失为一个好主意，如果阅读这种数据的机器也能跟着一起幸存下来的话。

话虽如此，在人类所有的创意表现中，音乐却可能是最有机会留到后世的艺术形式。

1977年，卡尔·沙岗询问多伦多的画家兼广播节目制作人乔恩·龙博格：艺术家要如何对从未见过的人类观众表现出人的本质？当时沙岗和他在康奈尔大学的同事、天体物理学家法兰克·德瑞克，才刚刚接受美国太空总署的邀约，设计一些有关人类的重要信息。这些信息将伴随两架无人宇宙飞船"旅行者号"一起去探访外太空的星球，继续穿越星际空间，也许直到永远。

稍早几年，沙岗与德瑞克也参与了另外两个飞离太阳系的太空探测计划，分别是1972年与1973年发射的"先锋十号"与"先锋十一号"无人宇宙飞船，目的是探测行星带是否可以航行，同时探访木星与土星。"先锋十号"在1973年遭遇木星磁场里高辐射离子带来的超高温，差一点儿就烧焦了，后来幸免于难，不仅传回了木星卫星的照片，而且还继续向前航行。2003年时，最后一次传回有声信号，当时距离地球将近一百三十亿千米。再过两百万年，"先锋十号"应该会经过红色恒星毕宿五，也就是金牛座的眼睛，不过仍会维持安全距离。"先锋十一号"追随

亮。他们试着熔解其他的石块，把不同的混合在一起，于是具有空前韧性的人造合金就诞生了。

他们试验的石块当中，有些含铁。铁是一种强韧的基本金属，但很快就会氧化。后来证明，如果铁跟炭灰混在一起，抗氧性就会变得比较高。如果多花几个钟头辛苦地摇动风箱，吹走多余的碳，那么做出来的铁就更坚固了。结果，他们做成的锻钢只够打造几把名贵的大马士革宝剑，一直到1855年，亨利·贝塞麦发明强力鼓风炉之后，钢才从奢侈品变成一种商品。

可是不要被骗了，科罗拉多矿业学校的首席材料科学家戴维·奥尔森说，那些巨大的钢铁建筑、蒸汽压路机、坦克车、火车铁轨，甚至闪闪发亮的不锈钢餐具，都不比青铜雕像的寿命长。

"任何用贵金属之类所做的东西都可以永久保存。任何来自矿物合成（如氧化铁）的金属，都会回到原来的矿物，毕竟它们已经在那里待了几百万年，我们不过是把它们从氧里面借出来，然后提炼到较高的能量状态而已。它们终究还是会回去的。"

连不锈钢也一样。"这是一种极棒的合金，专为特殊用途设计的。放在你家厨房的抽屉里，可以永保美丽，要是待在氧气与盐水中，就会逐渐锈蚀。"

青铜艺术品有两大优势。稀有昂贵的贵金属，如金、铂、钯等，几乎不会跟自然界的任何物质结合。产量丰富而没那么尊贵的铜，若是接触到氧或硫，就会跟它们结合，但是并不像铁在生锈之后会碎裂，而是形成一层千分之五到千分之八厘米厚的薄膜，保护铜避免进一步锈蚀。这种叫作铜绿锈的物质本身也很讨喜，让青铜雕像（至少含有百分之九十的铜）增添了一种吸引人的特质。合金除了增加韧性、让铜更容易焊接之外，就只是提高硬度而已。在奥尔森心目中，有一种会维持很久的西方文化象征，就是1982年以前的铜板（事实上，那是青铜，含有百分之五的锌）。不过现在美国流通的一分钱硬币几乎全部是锌，好让钱币的颜色跟以前的铜板一

样维持红铜色，也让我们得以怀念那个金属价值与硬币面额相等的时代。

这种百分之九十七点五都是锌做的新硬币，若是丢在海里，就会慢慢溶解，大约一个世纪之后，林肯总统的肖像也注定要被贝壳所磨蚀。然而，雕塑家菲德烈·克奥古斯塔·巴陶第以薄薄的铜片一手打造出来的自由女神像，会在纽约港的海底非常有尊严地氧化，如果冰河回到我们这个日渐暖化的世界，将她从基座上推挤下来的话。到最后，自由女神像身上的铜绿会不断增厚，直到将雕像变成石头为止，不过雕塑家的美学仍然可以完整保存，留待鱼虾去欣赏。到了那个时候，非洲白背兀鹫可能早已绝迹，只剩下罗西向它们致敬的青铜作品，还留在不知道会有什么东西幸存的费城。

即使比亚沃维耶扎原始森林又再度衍生到全欧洲，其创始人的纪念铜像，纽约中央公园内骑在马背上的雅盖沃大公，可能会比这座森林维持得更久远，直到遥远将来的某一天，太阳过热，导致地球上的生命全部消灭为止。在这座铜像的西北方，曼哈顿艺术品修复师芭芭拉·阿佩尔鲍姆与保罗·希蒙斯坦在他们位于中央公园西大道的工作室里，耐心地使那些精致的古老材料维持着艺术家当年使用时的状态。他们对于基本原料的持久力，知之甚详。

"我们对于中国古代织品的了解，"希蒙斯坦说，"都来自包裹青铜器的丝绢。"丝绢完全分解之后很久，它的纹理还是留在了铜绿所形成的铜盐里。"而我们对古希腊的了解，则来自火烧陶瓷瓶上的绘画。"

陶瓷本身是一种矿物，属于最低能状态的物质，阿佩尔鲍姆如是说。她有一对炯炯有神的黑眼珠，一头白发修剪得极短。她从架子上拿出一只三叶虫，栩栩如生地在二叠纪的泥土里矿石化，即使在两亿六千万年后，也依然清晰可辨。"除非是外力击碎，否则陶瓷几乎可以说是无法摧毁的。"

可惜外力损坏经常发生。历史上大部分的青铜雕像，很不幸地都被

熔解制作武器了，再也看不到了。"人类创作的艺术品当中，有百分之九十五都已经不存在，"希蒙斯坦说着，用指节轻抚他的山羊胡，"我们对希腊与罗马绘画几乎一无所知，唯一知道的大概就只有普林尼告诉过我们的那些。"

在梅斯奈纤维木桌上，摆了一幅20世纪20年代的大型油画人像，画中人物是一位留着浓密胡髭的奥匈帝国贵族，身上还挂着镶满珠宝的怀表短链。这是他们替一位私人收藏家修复的作品，这幅画曾经在阴湿的走廊上挂了好几年，画布不但松垂，甚至还开始发霉腐烂。"除非挂在有四千年历史的金字塔里，完全没有水分，否则只要几百年乏人照料，画布上的画就只有死路一条。"

水是生命的源头，却是艺术的杀手，除非艺术品完全泡在水里。

希蒙斯坦说："如果在我们走了之后，外星人来了，他们发现所有的博物馆屋顶都在漏水，而馆内的收藏品都已经腐化。这时候，他们应该去沙漠挖掘或潜入水底寻宝。"如果水的酸碱值不是太酸的话，水里缺氧的环境甚至可以保存浸水的纺织品。但将它们从水里拿出来可能会有危险，就连在海水的化学平衡里躺了几千年的铜，一旦离了水，也可能会感染"青铜病"，因为化学反应会将氯变成氢氯酸（盐酸）。

"不过话又说回来，"阿佩尔鲍姆说，"我们还是会建议那些想要收藏时间胶囊的人，使用高质量的中性纸，并储存在无酸性的箱子内，只要不弄湿，应该可以永久保存。就像埃及的纸莎草纸。"图片版权代理商柯比士拥有大量以无酸纸制作的档案，包括全世界最大规模的照片选集，全都封存在宾州西部地底六十米的一个石灰岩矿坑里，完全不受气候的影响。这个地窖里的除湿器以及0℃以下的冷藏设施，可以保证这些照片至少五千年不会损毁。

当然，除非停电。不管我们再怎么努力，总是会出差错。"即使在干燥的埃及，"希蒙斯坦说，"人类有史以来最有价值的图书馆，收藏有亚力山大大帝的五十万卷纸莎草纸，其中有些还是亚里士多德的真迹，

兄长，在一年之后扫过木星边缘，利用其强大的引力，像荡秋千一样甩出去，并在1979年经过土星。根据它离开时的抛物线轨道判断，应该是往人马座前进，在四百万年间都不会经过任何星球。

两架先锋号宇宙飞船上都有一张十五厘米乘二十三厘米的镀金铝板，用螺丝锁在宇宙飞船的船身上。这片镀金铝板上刻着沙岗前妻琳达·莎兹门的版画，描绘一男一女的裸体图像，旁边则以图画表示地球在太阳系以及太阳在银河系里的位置。另外还有一组相当于宇宙版的电话号码，这组数字以氢原子内电子自旋变化的长度为基础，显示我们能够接听的频道波长。

沙岗告诉龙博格，在"旅行者号"所载送的信息中，包含了更多关于人类的细节。德瑞克在数字媒体问世之前的年代，便设法在一张三十厘米大的镀金膜铜板上，同时记录声音与影像，还附带一支唱针和一份他们希望是明显易懂的图表，说明如何播放这张铜板唱片。沙岗希望替他的畅销书画插图的龙博格能够担任这张唱片的艺术总监。

这整个想法相当异想天开，设计编排一个本身就是艺术创作的展示橱窗，其内涵概括了人类美学表现中的破碎片段，唱片的封面也由龙博格负责设计。唱片完成后，将放入一个镀金的铝盒里，一旦随着宇宙飞船升空，这个铝盒会受到宇宙辐射与星际尘埃的侵袭，保守估计至少可以维持十亿年，甚至更久。到了那个时候，地壳结构变动与太阳膨胀或许早已将我们在地球上的痕迹都转化成分子，因此这个盒子极可能是所有人造物品之中最接近永恒的一个。

在宇宙飞船发射之前，龙博格只有六个星期的时间，于是他与同僚广泛征询世界知名人物、符号学者、思想家、艺术家、科学家、科幻小说作家等各界人士的意见，要用什么才能让太空中那无法揣测的观众与听众理解（多年后，龙博格也参与设计新墨西哥州"废料隔离示范处置场"的警告标志，提醒未来的闯入者小心他们脚下埋藏的辐射危机）。这张唱片录下了用五十四种人类语言所说的问候语，再加上数十种小至麻雀、大至鲸鱼的其他地球居民的声音，其他声音还包括心跳、冲浪、凿岩钢钻、"噼啪"作响的火焰、雷声与母亲的亲吻，等等。

至于图案，有人类的DNA与太阳系图表，还有自然景观、建筑设计、城镇风貌、妇女哺育幼儿、男性狩猎、小孩子端详地球仪、运动选手竞赛和人类饮食的照片，等等。考虑到发现宇宙飞船的外星生物未必了解照片只是抽象的涂鸦，因此龙博格还替一些照片画了黑色的轮廓，协助他们从背景中清楚地辨识出影像。例如，一张五代同堂的全家福照片，他就描绘出每一个人的轮廓，并加注他们的体型、重量与年纪。至于男女配偶的照片，则在女性的轮廓上画上子宫透视图，显示胚胎在里面成长。他希望在艺术家的理念与未知观众的想象力之间能彼此心领神会，穿越时间与空间上的巨大距离。"我的工作不只是搜集这些图像而已，还要以特殊的方式加以编排，表达出比个别照片总和相加更多的信息。"如今，他坐在夏威夷莫纳克亚火山双子座天文台附近的家中回忆当时的情形。他从太空旅客可以辨识的东西开始着手，例如太空中所看到的行星或恒星的光谱，然后按照演化流程编排图像，从地质时代到有生命的生物界，再到人类文化。

他也用类似的概念来编排音乐。虽然他是画家，但他认为音乐比图像更有机会触及，甚至感动外星人的心灵，一方面是因为旋律在物理界中不言自明，另一方面则是因为他觉得"除了大自然之外，音乐是最可靠的方式，让我们得以接近称之为灵魂的东西"。

这张唱片包含了二十六首曲目，有刚果俾格米人族和纳瓦霍族的音乐、阿塞拜疆的风笛、墨西哥街头音乐，以及吉他手恰克·贝瑞、巴赫和路易斯·阿姆斯特朗的爵士乐。龙博格自己最珍爱的曲目，则是莫扎特《魔笛》里的"夜后"咏叹调。在这首曲子里，女高音埃达·莫瑟在巴伐利亚国家歌剧院的衬托之下，展现了人类声音的最高极限，达到标准歌剧表演中的最高音F调。龙博格与唱片制作人、《滚石》杂志的前任编辑提摩西·费利斯，都向沙岗和德瑞克表达坚持，一定要收录这首曲子。

他们引用哲人克尔凯郭尔的话说："莫扎特跻身永垂不朽的小圈子，在这个圈子中，所有人的名字、他们的作品，都不会被时间遗忘，因为他们永远都活在记忆中。"

"旅行者号"的太空旅程，让这段话变得更具体真实，令他们感到与有荣焉。

两架"旅行者号"宇宙飞船在1977年升空，并在1979年，双双经过木星，两年后又到了土星。"旅行者一号"探测到木星卫星埃欧有火山活动，震惊世人之后，又钻到土星的南极底下，让我们第一次看到了土星的卫星泰坦，但是泰坦星的引力却将宇宙飞船甩出了太阳系的黄道面，飞往无垠的星际空间。这使得"旅行者一号"超越了"先锋十号"，成为到目前为止，距离地球最远的人造物。至于"旅行者二号"则把握难得的行星排列方式，并利用这些行星的引力来帮助它探访天王星与海王星，现在也已经离开了太阳系。

龙博格目睹了"旅行者号"第一次升空，船上载着唱片的镀金封套，封套上是他替唱片诞生地所绘制的图案，还有如何使用封套内唱片的说明符号。他、沙岗和德瑞克都希望未来能有在太空旅行的智慧生物可以解读这些符号，尽管这张唱片被发现的概率很小，而我们知道它被发现的概率更加渺茫。然而，不管是"旅行者号"或船上载运的唱片，都不是第一个曾穿越我们行星周围的人造物。就算经过几十亿年星际尘埃的无情磨损，将他们都研磨成粉末之后，还有另一个机会可以让这个世界以外的生物知道我们的存在。

19世纪90年代，一名美国的西伯利亚移民尼可拉·德斯拉与一名意大利人古利埃摩·马可尼，分别为他们传送无线电波的发明申请了专利。1897年，德斯拉示范从船上发射电波到岸上，横跨纽约港的水域，而几乎同时，马可尼也在不列颠群岛上做了相同的实验，到了1901年，甚至还做了一次跨越大西洋的示范。最后两人都互相指控对方抄袭，声称自己才是无线电的发明人，应该享有专利权。姑且不论他们谁是谁非，总之在那个时候，跨洋或跨洲传送电波已是司空见惯，甚至还可以传得更远。

无线电波是一种电磁波，波长比有害的伽马射线或紫外线都要长，以光速呈球体扩张。但随着电磁波往前走，强度与所行距离的平方呈反比，也就是说，距离地球一点六亿千米远的电磁波，其强度是距离地球八千万千米的四分之一。信号的强度虽然减弱，但依然存在。当电磁波所形成的扩张球体表面穿越银河系的时候，银河星尘会吸收部分的无线辐射，进一步减弱信号强度。不过无线电波仍会继续向前。

1974年，德瑞克利用地球上最大的无线电天线，即位于波多黎各，直径达三百米、功率达五十万瓦的阿雷西博射电望远镜，发射出三分钟的问候讯息。讯息内容是由一连串二进制的信号组成，如果有任何外星数学家能够解译这组信号，就会知道这是一组简单的图形，分别代表着从一到十的数字、氢原子、DNA、太阳系和一个人体图形。

德瑞克后来解释，这个信号的强度是正常电视信号的一百万倍，瞄准的目标是武仙星座里的一个星团，预计要两万两千八百年后才会抵达。由于后来有人大声疾呼，认为这种做法可能会让具侵略性的高级外星智能生物探查到地球的位置，因此射电天文学界的国际组织会员一致同意，不再单方面让地球暴露在这样的危险之中。最近，加拿大的科学家无视这纸合约，向天空发射激光束。然而，德瑞克的广播到现在都还没收到任何响应，更别提什么外星攻击了，因此无法估算刚好有东西经过加拿大科学家发射的强烈光束的概率，究竟有多大。

1955年，第一个带着电视节目《我爱露西》（*I Love Lucy*）声音与影像的信号经过了牧夫座的大角星，距离信号从好莱坞的电视摄影棚发出，刚好四年多一点。半个世纪之后，露西假扮成小丑溜进里基的热带夜总会的画面已经距离我们五十多光年，相当于四千七百亿千米远。银河的长度有十万光年，厚度也有一千光年，而我们的太阳系又刚好接近银河面的中间。换句话说，到了2450年，带有露西、瑞克及其邻居梅尔兹一家人的无线电波，会从我们银河系的上下两端冒出来，进入银河系之外的空间。

届时，会有数十亿个银河系在他们的眼前，横跨的距离固然可以量化，却是我们无法理解的天文数字。就算《我爱露西》最后到了这些银河系，在那里是否会有东西能了解这是什么，恐怕还是一大问题。从我们的角度来看，遥远的银河系都是往彼此相反的方向移动，而且距离愈远，移动的速度就愈快，这种天文上的怪癖正好凸显出宇宙的特质。无线电波传得愈远，信号就愈弱，波长也就愈长。在宇宙的边缘，距离现在一百多亿光年的地方，即使有某种超级智慧的外星种族能看到从我们银河传出去的光，可能已经是光谱仪上的红光端，也就是波长最长的那一端。

巨大的银河系会在自己的运转路径上进一步扭曲这些信息。1953年一则电视新闻的无线电波，内容是露西·鲍尔与戴斯·阿奈兹生下了一个小男孩。此外，这些电波还得跟愈来愈嘈杂的背景噪音竞争。这些噪音来自宇宙大爆炸，也就是宇宙呱呱坠地时的第一个哭声，科学家一致认为宇宙应该是在一百三十七亿年前诞生的。这些声音跟无线电波播送的露西闹剧一样，都是从一开始就以光速扩张，因此称得上是无所不在。而无线电波的信号到了一定时候，会变得比宇宙背景中的静电还要弱。

不管信号多么支离破碎，露西还是会在那里，甚至还会因为节目以超高频一再回放，使得信号比以前更强。在露西之前，是马可尼与德斯拉这两个信号最轻浮缥缈的电子幽灵；露西之后，则是德瑞克。无线电波跟光一样都会不断扩张，不论在宇宙或人类知识的边界，它们都是永恒不朽的存在，而我们这个世界、我们这个时代与记忆的影像，也会跟着无线电波长存。

随着"航海家号"与"先锋号"宇宙飞船逐渐耗损磨蚀成宇宙星尘，到最后整个宇宙所有关于人类的记录，就只剩下这些无线电波，仅仅记录了人类存在这短短一百多年的声音与影像。对人类来说，这不只是一瞬间的记录，而是有惊人成果的记录，虽然不免令人捧腹。不管是谁在时间的边缘等着接收这些新闻，绝对可以听个过瘾。也许他们看不懂《我爱露西》，但一定会听到我们的笑声。

十 九 海洋摇篮
The Sea Cradle

这里的鲨鱼过去从未见过人类，也少有人类见过这么多的鲨鱼。除了月光之外，鲨鱼所见的赤道夜晚永远是一片漆黑深邃，长相酷似一点五米长、长了鳍与尖嘴的银色缎带——鳗鱼，也是一样。直到它们掠过探测船"白冬青号"的船底，看到从甲板上打出来的探照灯，形成一道道五彩缤纷的光束钻进深夜的海水里，让它们一时为之目眩神驰。太迟了！等鳗鱼看到数十只白鳍礁鲨、黑鳍礁鲨、灰礁鲨在翻腾的海面上疯狂绕着圈子梭巡，个个都露出饥渴的神情时，一切都太迟了！

一阵狂暴喧嚣倏忽来去，在探测船下锚的礁湖里掀起一片温热的水花，淋湿了甲板旁铺在潜水教练桌上的帆布以及帆布上吃剩的鸡肉晚餐。可是科学家仍在船舷栏杆边流连不去，沉迷地看着眼前这数千吨重的鲨鱼，在午夜巡航的滚浪余波中跃起，攫杀鳗鱼，再一次证明它们主宰着这里的食物链金字塔。过去四天里，这些科学家每天跳进海里两次，在肌肤光滑的掠食动物之间巡游，清点它们的数量以及任何在水里的生物。从有如彩虹般翻旋游动的珊瑚礁鱼群，到忽绿忽紫、荧光闪烁的珊瑚礁林，从外壳有绒毛的巨型蚌蛤，到多彩缤纷的海藻，乃至于微生物与病毒。

这里是金曼礁，全世界最隐秘的地方之一。以肉眼观察，这个礁岩几乎不存在。它位于瓦胡岛西南方约一千六百千米，有一半沉没在太平洋海面下四点六米，是一条十千米长犹如回力标形状的珊瑚礁岩，主要色泽是从钴蓝变成深海蓝。在退潮时，只有两个小岛勉强露出海面约一米，这不过是暴雨巨浪将大型贝壳冲上珊瑚礁岸所形成的银色小丘罢了。二战期间，美军指定金曼礁作为夏威夷与萨摩亚群岛之间的中途停泊站，可是从来没有使用过。

"白冬青号"船上的二十多位科学家，以及他们的赞助单位斯克雷普斯海洋研究所特地到这个无人的海洋世界，一窥地球上在人类出现之前的珊瑚礁究竟是什么模样。没有这样的基准，就永远不可能有一致的见解，判定怎么样才是健康的珊瑚礁，当然更别提如何才能复育相当于海洋雨林的生物多样性，让它们恢复到原始的风貌。虽然还有要花好几个月爬梳的资料在等着他们，但是这些研究人员已经找到了一些证据，不但跟传统见解相悖，甚至也跟他们的直觉大相径庭。可是事实摆在眼前，就在右舷破浪前行。

除了这些鲨鱼之外，这里还有一种无所不在的大型鱼类：体重十一千克、拥有一对尖牙的笛鲷。其中一只还品尝了一名摄影师的耳朵。在这个海域，这两种大型肉食鱼类的质量总和显然远超其他任何生物。若是如此，那就表示在金曼礁，传统观念中的食物链金字塔是倒过来的。

生态学家保罗·科林沃克斯在1978年出版的那本影响深远的著作《为何大型猛兽这么少？》（*Why Big Fierce Animals Are Rare?*）中提到，大部分的动物都是靠体形比它们小、数目比它们多好几倍的动物为生，因为在动物消耗的能量当中，大约只有百分之十会转化成质量。数以百万计的小昆虫必须要吃掉它们总重量十倍的小虫子，而这些小昆虫则被相对数量较少的小鸟吃掉，而小鸟又被数量更少的狐狸、野猫和大型猛禽所吞噬。

科林沃克斯写道，不只是统计数目的比较，食物链金字塔的形状是由质量来决定的。"一片林地里所有昆虫的总重，会比所有的鸟要重好几倍。所有的鸣禽、松鼠和老鼠加起来，总重量也远远超过所有的狐狸、鹰和猫头鹰的总和。"

在2005年8月的这趟探测旅程中，从欧、美、亚、非和澳大利亚各地踊跃加入的科学家，没有人会否认这个结论。不过那是在陆地上，也许海洋比较特殊，又或者陆地才是例外。不管这个世界有人还是无人，地球表面有三分之二是"白冬青号"正在载浮载沉的善变水域，仿佛有自己的脉动似的拍打着这个星球。从金曼礁的地形，很难勾勒出我们空间的轮廓，因为大海无边无际。海洋一路延伸，直到海水跟印度洋与大西洋融合在一起，向北挤过白令海峡，进入北冰洋，而北冰洋又跟大西洋混在一起。地球的大海一度是所有会呼吸、繁殖的生命的起源，如果海洋不见了，未来的一切也会跟着消失。

"黏答答的。"杰若米·杰克森必须低着身子，躲到"白冬青号"上层甲板的遮雨篷底下。这艘船原来是海军的货轮，现在船尾已经改装成一间无脊椎动物实验室。杰克森是最早提议要进行这趟任务的人，他是斯克雷普斯海洋研究所的海洋古生态学家，四肢颀长，还扎了一个长长的马尾发辫，看起来活像是一只走快捷方式演化的帝王蟹，直接从海里跳出来变成人形。杰克森这一生的事业大部分都投注在加勒比海上，眼睁睁地看着捕鱼及暖化，将看似葛瑞尔奶酪的活珊瑚礁变成漂白过的海洋熔渣。珊瑚死亡崩塌之后，它们自身以及在珊瑚礁罅隙栖身的无数生命形态，还有以珊瑚为生的所有东西，都被黏滑的恶心物质取代。杰克森靠近一盘藻类，那是海草专家珍妮弗·史密斯在前往金曼礁途中的前一站所采集到的样本。

"就是这些东西让我们滑溜的斜坡变得黏答答的，"他又跟她说，"还有水母和细菌，它们相当于海洋里的老鼠和蟑螂。"

四年前，杰克森应邀前往莱恩群岛最北端的帕尔迈拉环礁。莱恩群岛是一个迷你型的太平洋群岛，被赤道一分为二，分别隶属两个国家，基里巴斯与美国。美国自然保育协会最近买下了帕尔迈拉环礁，作为研究珊瑚礁之用。二战期间，美国海军在帕尔迈拉盖了一座基地，开凿水道通往其中一个礁湖，并在另一个礁湖里丢弃了大批容量五十五加仑的柴油桶，数量之多，使得礁湖成了充满二噁英剧毒的水池，有黑色礁湖之称。除了美国渔猎暨野生动物管理局的极少数工作人员之外，帕尔迈拉环礁基本上无人居住，废弃的海军建筑也有一半在浪头里，一艘半沉的船，如今这里成了椰子棕榈树的生长箱。外来的椰子树几乎打败了本土的皮孙木树林，而老鼠取代了陆蟹，成了数量最多的掠食动物。

杰克森跳下海里之后，印象彻底改观。"我只能看到百分之十的海底，"他回到斯克雷普斯之后，告诉同事安里·克萨拉，"我的视线全被鲨鱼和大型鱼类给挡住了，你一定得去看看。"

来自巴塞罗那的克萨拉是年轻的保育海洋生物学家，在他土生土长的地中海，从没见过大型海鱼品种。他曾在古巴外海一个重重警卫戒护的生态保育区里，看到硕果仅存的一百四十千克重的石斑鱼。杰克森研究过西班牙的海洋历史记录，一路追溯到哥伦布时代，证实这种三百六十千克重的怪物曾在加勒比海珊瑚礁附近大量繁殖，还有四百五十千克重的海龟与其为伍。哥伦布第二次航行到新大陆时，大安的列斯群岛外海就挤满了绿海龟，他的甲板帆船几乎是行驶在它们搭起来的陆地上。

杰克森与克萨拉联名发表了几篇论文，描述我们受到这个时代的观点蒙蔽，误认为珊瑚礁的原始风貌就是住满了五彩缤纷、小巧瘦弱、像水族箱宠物一样的小鱼。其实，不过在短短两个世纪之前，这里还是一个船只会撞到整群鲸鱼的世界，里面的鲨鱼又大又多，甚至还会溯河而上，猎捕岸边的牛群。由于莱恩群岛北部人口有下降的趋势，因此他们怀疑动物体形增大的概率有可能随之提高。群岛中最靠近赤道的就是基里地马地岛，也就是全世界最大的珊瑚环礁圣诞岛，面积有五百多平方千米，人口只有五千一百人。接下来是塔布阿埃兰岛，即范宁岛，人口为两千五百人。再来是一个只有七点八平方千米的小黑点，叫作泰拉伊纳岛，又称为华盛顿岛，居民有九百人。帕尔迈拉更是只有十名研究人员进驻。再过去四十八千米，则是一个下沉的珊瑚礁岛，目前只剩下原来环绕岛屿的边缘礁岩还留着，也就是金曼礁。

除了椰干以及供当地人食用的几只猪之外，基里地马地岛上几乎完全没有农业可言。话虽如此，"白冬青号"船上的研究人员在探测旅程的头几天（这趟旅程克萨拉筹备了多年，最后终于在2005年成行），看到岛上四个村落里营养丰富的食材，仍不免吓了一跳。他们发现裹覆在珊瑚礁外面那种黏答答的东西旁，有很多前来啃食的鱼类，如鹦嘴鱼，都是当地居民捕获的主要美食。在塔布阿埃兰岛，一艘沉没的军舰上丰富的铁锈喂养了更多的藻类。以岛上面积来说，堪称人口过剩的、小小的泰拉伊纳岛，附近没有鲨鱼也没有笛鲷，因此当地居民拿着来复枪在拍岸的浪涛里猎捕海龟、黄鳍金枪鱼、红脚鲣鸟、瓜头鲸等动物，而且珊瑚礁也替绿色海草提供了十厘米厚的立足脚垫。

位于最北端、半沉入海中的金曼礁，面积一度逼近夏威夷的大岛，岛上也同样有座火山。如今，火山口已经沉入礁湖底下，只留下勉强可以目视的珊瑚环礁。因为跟珊瑚共生的细菌需要阳光，一旦金曼礁的珊瑚锥沉入海底，珊瑚礁也就会跟着死亡。其实现在金曼礁的西侧已经沉没，因此才形成回力标的形状，让"白冬青号"可以进入礁湖，暂泊于此。

"说来实在很讽刺，"探测队第一次潜水就受到七十只鲨鱼热烈欢迎之后，杰克森惊奇地说，"年纪最老、即将沉没入海的岛屿，就像只剩下三个月可活的九十三岁老头，结果却是最没有受人类破坏，也最健康的岛屿。"

穿上潜水衣的科学家团队配备了量尺、防水笔记板，还有一米长的塑料长矛，用来驱赶尖牙利齿的地中海居民。他们清点了金曼礁破碎环礁周围所有的珊瑚、鱼类和无脊椎动物，他们在清澈的太平洋海水底下设立了好几条二十五米长的穿越线，并在穿越线的每一侧都采样了四米左右的范围。此外，为了检验整个珊瑚礁社群的微生物基础，他们还吸取了珊瑚黏液、收集海草，连海水样本都装了好几百个一公升的扁酒瓶。

除了多半是好奇的鲨鱼、不友善的笛鲷、行踪鬼祟的海鳗以及一群群陆续游来的一点五米长的梭子鱼之外，研究人员也游过一整群绕着圈子转的乌尾、没事就探头探脑的孔雀石斑、鹰斑鲷、雀鲷、鹦鹉鱼、刺尾鱼。还有各种黄、蓝变化的神仙鱼，令人眼花缭乱，以及黑、黄、银三色相间，有条纹、网目和箭尾形等不同图案排列的蝴蝶鱼。丰富多样的品种以及珊瑚礁里无数的生态席次，让每一个品种都能找到不同的方式求生存，尽管它们的体形与生物蓝图如此相近。有些只吃某种珊瑚，有些只吃另外一种；有些则是珊瑚与无脊椎动物换着吃；有些品种的长喙可以深入珊瑚礁的缝隙，啄食藏在里面的软体动物。有些只在白天出来，到珊瑚礁觅食，其他的则在睡觉；到了晚上，就整群整群地换班。

"有点像是潜水艇里的热铺一样。"夏威夷海洋研究所的阿兰·弗里德兰德说道，他是这趟探测团队里的一位鱼类专家，"每个人轮班四到六个小时，轮流睡卧铺，所以卧铺始终保持温热。"

金曼礁虽然生气蓬勃，终究还是海洋沙漠里的一小片绿洲而已，方圆好几千米内，没有任何重要的大块陆地可以交换或补充种子。而且这里的三四百种鱼类，跟印度尼西亚、新几内亚和所罗门群岛所形成的三角地带里大太平洋珊瑚礁所展现的生物多样性相比，连一半都还不到。然而，海洋渔货贸易以及炸鱼、毒鱼的过度捕鱼手段，都对这些地区形成强大的压力，让这里几乎濒临生态瓦解的边缘，也使得大型鱼类在此绝迹。

"在海洋里已经找不到像东非的塞伦盖蒂这样物种很全面的地方了。"杰克森说。

可是金曼礁就像比亚沃维耶扎原始森林，是个回到过去的时光机器，好比是一个完整的片段，呈现出这个巨大的蓝色海洋里，每一个绿色的小岛周围原本应该是什么模样。在这里，珊瑚小组发现了六种未知的品种，无脊椎动物小组带回了陌生的软体动物，微生物小组则发现了数百种新的细菌与病毒，因为过去没有人替珊瑚礁的微生物世界制作完整的地图。

　　微生物学家佛瑞斯特·罗维照着他在加州州立大学圣地亚哥校区的实验室，具体而微地在甲板下闷热的货舱中复制了一个缩小版的实验室。他的研究小组利用直径只有一微米的氧气侦测管，连接到微传感器与笔记本电脑，示范他们稍早在帕尔迈拉采集的藻类如何排挤活珊瑚。他们制作了一个小型的玻璃箱，里面装满海水，然后放进一些珊瑚与海草藻类，用一种连病毒都无法穿透的玻璃薄膜隔开，不过藻类制造的糖类却可以穿过去，因为糖类会溶解在水里。当生活在珊瑚上的细菌开始吞噬这种特别丰富的养分时，它们会耗掉所有的氧气，导致珊瑚死亡。

　　为了证明这个发现，微生物小组在某些玻璃箱内加了盘尼西林，杀死这些过度呼吸的细菌，结果箱内的珊瑚就很健康。"毫无例外，"罗维从货舱中爬出来，回到相对凉爽的午后空气中，"从藻类溶解出来的东西都会杀死珊瑚。"

　　这些如杂草般丛生的藻类是打哪儿来的呢？"通常，"他解释道，边撩起及腰的黑色长发，让颈背也透透气，"珊瑚与藻类会形成一种皆大欢喜的平衡状态，因为有鱼类来啃食修剪这些藻类。但如果珊瑚礁附近的水质恶化，或是啃食藻类的鱼群离开了这个生态体系，那么藻类就占了上风。"

　　像金曼礁这样正常健康的海洋，每一毫升的海水里就有一百万个细菌，经由这个星球的消化系统，控制养分与碳的行动，服务这个世界。但是在人口过剩的莱恩群岛附近，细菌的数目是正常的十五倍。它们会耗尽氧气，导致珊瑚窒息，为更多藻类争取到更多的地盘，也就滋生了更多的细菌。这就是杰克森最担心的黏滑循环，而罗维也同意这种情况确实可能发生。

"微生物并不在乎这里有没有人类，或其他任何生物。对它们来说，人类只是一种跟它们不完全有利害冲突的生态席次而已。事实上，曾有一段很短暂的时间，这个星球上什么都有，就是没有微生物。但在地球数十亿年的生命中，就只有那么一次。等太阳开始膨胀，我们都会消失，届时就只剩下微生物可能还会多活几百万甚至几十亿年。"

他说，它们会一直活到阳光晒干了地球上的最后一滴水为止，因为细菌需要水分才能生存繁殖。"不过它们可以储存在冷冻干燥的环境中，不会死亡。我们发射到太空中的任何东西，上面都会有细菌，尽管我们尽力不让这种情况发生，可是一旦它们到了外太空，就没有任何理由阻止这些东西在太空中存活个几十亿年。"

微生物唯一做不到的事，就是像复杂的细胞结构后来所做的事，占据所有的土地，种植树木植物，邀请更复杂的生命形态进驻。微生物唯一能够创造的结构，就是一层黏糊糊的垫子，让一切回归到地球上最初的生命形态。不过就在金曼礁的所见所闻，这些科学家大大松了一口气，因为这种情况尚未发生。成群的宽吻海豚伴随着潜水船往来"白冬青号"之间，跳出海面，捕捉丰沛的飞鱼群。海面下的每一条穿越线都显示着这里有更富饶、更多样的物种，从身长不到一厘米的虾虎鱼，到体型近乎"派柏"轻型飞机的蝠鲼，还有数以百计的鲨鱼、笛鲷与巨大的鱼。

真是老天保佑，珊瑚礁本身也很干净，而且种类丰富，有桌珊瑚、盘珊瑚、圆珊瑚、脑珊瑚、花珊瑚等。有时候，整片珊瑚墙都隐身在小型啃食鱼类所形成的彩色云层后面。这次的探测旅程证实了一个矛盾的现象，小型鱼类的数量之所以这么庞大，完全是因为有一群饥饿的猎人在吞噬它们。在这种捕食压力下，导致小型的食草动物繁殖得比以前更快。

"就跟你在花园里除草一样，"弗里德兰德说，"你愈是常除草，草就长得愈快。如果你让它们长一会儿，不去理会，那么草的生长速度就会稳定下来。"

可是这种情况在金曼礁却不可能发生，因为有太多的鲨鱼虎视眈眈。比方说鹦鹉鱼，它们演化出像鸟喙一样的门牙，连最紧黏不放导致珊瑚窒息的藻类，都可以啃噬得一干二净，甚至还会自行改变性别，以确保它们的繁殖率不会下降。健康的珊瑚礁提供足够的角落与罅隙让小鱼得以藏匿，在沦为鲨鱼的美食佳肴之前，成长到足以繁殖下一代，借此维持生态体系的平衡。由于植物与藻类的养分不断转化成短命的小鱼，结果让在金字塔顶端的大型掠食动物累积了大部分的生物质量。

探测团队后来公布的数据显示，金曼礁的生物质量有百分之八十五集中在鲨鱼、笛鲷和其他肉食鱼类身上。至于有多少多氯联苯也因此在食物链中蹿升，渗透到它们的组织内，则是未来研究的好题材。

探测团队的科学家在离开金曼礁的两天之前，驾着潜水船来到珊瑚礁北端两个半月形的小岛。在这里的浅滩上，他们看到了令人振奋的景象，一大群数量可观的海胆，黑的、红的、绿的，全都是长满尖刺、壮硕强健的藻类食客。1998年的厄尔尼诺现象造成温度浮动，再加上全球暖化让气温节节上升，结果加勒比海的海胆有百分之九十暴毙。通常，海水的温度上升会导致珊瑚虫惊慌，吐出它们身上负责进行光合作用的共生藻类，这些微小植物平常会吸收珊瑚排泄出来的氮肥，换取糖分的平衡，并且维持珊瑚的多彩色泽。结果不到一个月，加勒比海的珊瑚礁有一半变成白色的珊瑚骨骼，如今全都裹上了一层黏稠物质。

金曼礁小岛边缘的珊瑚跟全世界的同类一样，都出现了白化的疤痕，但海胆剧烈的啃噬喝止了入侵藻类的嚣张气焰，让裹覆在外层的珊瑚藻可以慢慢修复受伤的珊瑚礁，再把它们黏合在一起。研究人员小心翼翼避开海胆的尖刺爬上岸，来到贝壳堆积的迎风面，但几米外的情况，却让他们大为震惊。

小岛从这一端到另一端，全都布满了压扁的塑料瓶、破碎的保丽龙、货运的尼龙绳、打火机、紫外线分解程度不一的各式塑料拖鞋、各种尺寸不一的塑料瓶盖、日本护手霜的软管，还有各种色彩、破碎到完全无法辨识的塑料碎片。

碎石堆中仅有的有机物是一只红脚鲣鸟的骨骸、几块木制的老旧舷外支架和六颗椰子。第二天，科学家最后一次潜水结束之后，又回到这里，装满了几十个大型垃圾袋。他们并没有自欺欺人，认为自己能够让金曼礁恢复到人类发现之前的原始状态。亚洲洋流会带来更多的塑料制品，上升的气温会造成更多的珊瑚白化，甚至可能全都无法幸免，除非珊瑚能够很快跟寄生的藻类伙伴达成某种共生的协议。

他们发现就连鲨鱼身上，也留下了人类干预的证据。他们在金曼礁的整个星期，只看到一只身长超过一点八米的巨兽，其他的显然都是青少年，这显示在过去的二十年间，捕鱼翅的渔夫一定到过这里。在香港，一碗鱼翅汤可以卖到一百美元。狩猎鱼翅的渔夫割掉鲨鱼的胸鳍与背鳍之后，会把截肢的鲨鱼又丢回海里，这些还活着的鲨鱼少了舵之后，就会沉到海底，活活窒息而死。虽然有人大力提倡禁止这种美食，但在那些不是很偏僻的海域里，估计每年仍有一亿只鲨鱼因此死亡。不过，有这么多精力充沛的年轻鲨鱼在此地出没，至少带来了一线希望，或许能有足够的鲨鱼逃过一劫，复兴它们的族群。姑且不论它们体内有没有多氯联苯，至少看起来族群很是兴旺。

"每一年，"那天晚上，克萨拉倚在"白冬青号"的船舷边，看着探照灯在海面上制造的一夜激情狂热，忍不住说，"人类杀死一亿只鲨鱼，但鲨鱼可能只攻击了十五个人。这真是一场不公平的比赛。"

克萨拉站在帕尔迈拉环礁的岸边，等待涡轮引擎推动的湾流型喷射机降落在上一次全世界陷入交战状态时所兴建的跑道，载他们回到檀香山，一共三个钟头的航程。到了那里，他们就要带着搜集来的资料分道扬镳，回到世界各地，下一次再见面会是在电子邮件里，然后就是在他们合作撰写、经过同行评鉴后发表的论文里。

在帕尔迈拉，柔和的绿礁湖清澈纯净，热带风光慢慢消弭了坍塌的混凝土石板，如今有数以千计的乌燕鸥在此筑巢。雷达天线原本是此地最高的人造建筑，现在已经锈掉了一半，再过几年，就会彻底消失在椰子棕榈树和杏仁树之间。如果所有的人类活动，也跟着一起骤然而止，克萨拉相信北莱恩群岛的珊瑚礁可能会变得跟几千年前一样繁盛兴旺，回到人类带着渔网和渔钩发现这块地方之前的模样，而且速度比我们预期的要快得多（当然人类还带来了老鼠，玻利尼西亚渔夫只凭着独木舟与勇气，就冒险横越无边无际的一片汪洋，而老鼠可能是船上会自行繁殖的食物来源）。

"即使全球暖化，我觉得珊瑚礁应该会在两个世纪之内复原，或许看起来有一点儿受损修补过的样子。在某些地方，还会有很多大型掠食动物。其他则裹着一层藻类。不过假以时日，海胆终究会回来，接着就是鱼群，然后就是珊瑚了。"

他抬起粗黑的眉毛，看着地平线之外，想象着那时的景象："五百年后，如果有人类回到这里，他可能会吓得不敢跳进海里，因为里面有太多张嘴在等着他。"

已经六十多岁的杰克森是这个探测团队中年纪最长的生态领袖，其他人，如克萨拉，都只有三十来岁，有些甚至是更年轻的研究生。他们这一代的生态学家与动物学家，有愈来愈多的人在自己的头衔加上"保育"两个字。他们研究的生物无可避免地会跟目前全世界位阶最高的掠食动物——人类，有所接触，甚至惨遭伤害。他们知道同样的情况再过五十年，珊瑚礁就会变得完全不一样。不论是科学家或现实主义者，看到了金曼礁的海洋生物在人类所演化出来的自然平衡中蓬勃生长，更强化了他们想要恢复自然均衡的决心。而且，还要有人类在一旁欣赏赞叹。

一只全世界体形最大的陆上无脊椎动物椰子蟹，摇摇摆摆地从一旁走过。在头顶上杏仁树叶的遮阴中，闪过一片纯白，那是乌燕鸥幼鸟新生的羽毛。克萨拉摘掉太阳眼镜，摇着头。

"我真的很讶异，"他说，"生命力这么强韧，可以紧紧抓着任何东西，只要一有机会，就往各处去发展。像我们这样的物种，既有创造力，而且又聪明，这点或许还有争议，应该可以想出什么方法来维持这样的平衡。我们还有很多需要学习的地方，但是我还没有放弃人类。"

在他脚下，数千个颤动的小贝壳仿佛起死回生，原来是寄居蟹躲在里面。"就算我们真的没有办法。这个星球既然可以从二叠纪的大灭绝中复原，当然也可以从人类的破坏中恢复元气。"

不管有没有人类幸存，这一次的灭绝终究还是会结束。虽然现在的物种流失像瀑布一样一泻千里，但这毕竟不是另一次二叠纪大灭绝，也不是红色行星撞击，地球上还有海洋，尽管受到围剿，却仍充满了无限的创意。虽然地球要花十万年的时间才能完全吸收，我们从地底下挖掘出来然后又释放到空气中的碳，但它们终究会变成贝壳、珊瑚和天知道是什么的东西。"从基因组合的角度来说，"微生物学家罗维说，"我们跟珊瑚之间的差异很小，在分子结构上有充分证据可以证明我们都来自相同的地方。"

在最近的历史上，这个星球的海洋里曾经有三四百千克重的石斑鱼簇拥着珊瑚礁，曾经只要放下篮子就可以捞起鳕鱼。在马里兰州的切萨皮克湾里，牡蛎曾经每三天就过滤一次海水。这个星球的海岸也曾挤满了数百万只的海牛、海豹、海象。然后，不到两个世纪，珊瑚礁就惨遭夷平，布满海草的海床也成了一片光秃秃的世界，密西西比河口出现了一片面积跟新泽西州一样大的死水，世界上的鳕鱼存量锐减。

就算有机械化的竭泽而渔、卫星追踪捕猎鱼群、硝酸盐泛滥，还有长期屠杀海洋哺乳类动物的行为，海洋的力量仍旧超越了人类的滥捕。由于史前人类无法入海追捕动物，因此地球上除了非洲之外，海洋就成了大型生物得以逃过巨兽灭亡的唯一所在。"海洋生物品种大多都严重锐减，"杰克森说，"但是它们仍然存在。如果人类真的离开了，大部分的物种都会恢复。"

即使全球暖化或紫外线导致金曼礁与澳大利亚大堡礁的珊瑚全都白化死亡，他又补上一句："它们也只不过存活了七千年而已。这些珊瑚礁曾一再遭到冰河的毁灭，但又复生。如果地球继续热下去，新的珊瑚礁可能会在更北或更南的地方出现。这个世界一直都在改变，本来就不是一个稳定的地方。"

在帕尔迈拉环礁西北方约一千五百米的地方，是下一个肉眼可以看见的陆地：约翰斯顿环礁。它像是一只土耳其玉的戒指，从太平洋的深蓝海水中冒出一个小点。这里跟帕尔迈拉一样，原本也是美军的海上飞机基地，可是在20世纪50年代，却被划进雷神导弹的核武器试爆区，有十二颗热核弹头在此爆炸，其中一颗试爆失败，将钚碎片撒在了岛上。后来，好几吨受到辐射的土壤、遭到污染的珊瑚与钚全都丢弃到掩埋场里。"结束任务"之后，约翰斯顿就成了后冷战时期的化学武器焚化场。

在2004年正式关闭之前，来自俄罗斯与东德的沙林毒气，连同美国的橘剂、多氯联苯、芳烃碳氢化合物和二噁英，都一起埋在这里。面积只有二点六平方千米的约翰斯顿环礁，成了海洋版的切尔诺贝利核电站加上落基山兵工厂的混合体。而且跟落基山兵工厂一样，它最近也转世投胎，成为美国的全国野生动物保护中心。

去过那里的潜水人员回报说，他们看到一种神仙鱼，鱼身有一侧是箭尾山形图案，另一侧却像是立体派艺术家的梦魇。虽然出现这种基因混乱的品种，但约翰斯顿环礁绝对不是荒地，这里的珊瑚看起来还算健康，到目前为止只有一些自然耗损，或许它们已经习惯了上升的温度。甚至连僧海豹也加入热带鸟类与鲣鸟的行列，在此定居。在约翰斯顿环礁，就跟切尔诺贝利一样，我们对大自然恶言相向，说出了最不堪入耳的粗话，这样的侮辱或许会让大自然一时脚步蹒跚，但绝对比不上我们过度放纵的生活形态对大自然所造成的伤害。

　　也许有朝一日，我们会学着控制自己的口腹之欲或繁殖速度。假设在我们觉悟之前，一些难以想象的事情突然降临，替我们进行控制，那么不消几十年，不再有氯或溴向空中散布，臭氧层就会复原，紫外线强度也开始减弱。再过几个世纪，我们释放的过量工业二氧化碳大部分都消散之后，空气与浅滩都会变得更凉爽宜人。重金属与有毒物质会逐渐稀释，退出自然体系。多氯联苯与塑料纤维被反复循环了几千、几百万次之后，任何棘手的物质也都会深埋地底，直到有一天幻化或溶入地壳。

　　不过这都是很久很久以后才会发生的事，远比我们捕尽鳕鱼、猎光候鸽的时间要长得多。在此之前，地球上的每一座水坝都会裂解坍塌，溢出积水。河川会再度挟带着丰富的养分奔流入海，而大部分的生命还会留在海洋里，我们脊椎动物要再等待很长的时间才会首度爬上海岸。

　　最后，我们人类将历经轮回，而世界也就从头再来一遍。

尾声 我们的地球，我们的灵魂

Coda Our Earth, Our Souls

诗云："人生自古谁无死？"地球亦然。再过五十亿年左右，太阳会膨胀成一个巨大的红色火球，把太阳系内所有行星都吸回火热的子宫。届时，土星的卫星泰坦星上的冰会消融，它现在的温度是–161℃，也许会有一些有趣的东西从甲烷湖里爬出来。也许其中之一会手脚并用地爬出有机物质所构成的泥沼，然后看到"惠更斯号"登陆车，那是2005年1月，在"卡西尼号"太空任务中以降落伞着陆的登陆车。"惠更斯号"在降落的过程中以及落地后电池耗尽前的九十分钟之内，送回了泰坦星上的照片，有看似河床的渠道切穿布满石块的橘色高地，一路延续到泰坦星上的沙丘海。

可惜不管是什么东西发现了"惠更斯号"，都不会知道这是从什么地方来的，更不会知道我们存在过。因为美国太空总署内的计划主持人之间发生龃龉，否决了在这次计划中纳入乔恩·龙博格所设计的图像解说。这一次的图像解说原是装在一颗钻石里，至少可以将我们的一点儿小故事，保存五十亿年，这足以演化出另一批读者。

不过眼前，地球上还有一件更关键的事情值得我们关注。人类能不能逃过许多科学家所说的"这个星球最近即将发生的一次大灭绝"？不但自己逃过一劫，而且还带着其他的生命一起幸存下来，而不是毁灭它们。我们在化石与活生生的记录中学到的自然史课都显示，如果只有人类独活，绝对撑不了多久。

不同的宗教提供我们不同的未来，通常这些未来都是在地球以外的地方，不过伊斯兰教、犹太教与基督教却不约而同提到一个由救世主统治的地球，根据不同的版本，这个地球可以维持七年到七千年不等。这显然是在地球上不公不义的人口大幅减少之后才会发生的事，倒也不无可能（除非死人会复活，这三个宗教都有提到复活，那可能就会引发资源与住房的争夺战）。

然而，这三种宗教对于"公义之人"却有不同的见解，因此要相信任何一种宗教，都必须接受他们的信仰或是皈依。而科学对于如何选择幸存者，只提出了两个标准，一是适者生存的演化，二是每个物种中，强者与弱者的比例都不相上下。

至于在我们消失（或地球被我们破坏殆尽）之后，这个星球以及星球上其他居民的命运，这些宗教若非漠不关心，就是预言会变得更糟。后人类的地球要不受到忽略，就是惨遭摧毁，不过在印度教里，这个世界倒是再度从无到有，佛教里所提到的宇宙亦然，类似宇宙大爆炸理论重新再来一次。（在这样的事情发生之前，这个世界如果没有人类还会不会继续下去呢？答案应该是："谁知道呢？"）

在基督教教义中，地球最后会融解，但是新的地球也会诞生。既然新的地球不需要太阳，因为上帝与耶稣的永恒之光会照亮黑夜，那显然是一个完全不同的星球。"世界存在是为了服务人类，因为人类是所有生物中最尊贵的一个，"土耳其苏菲教派长老阿布拉米·查慕特说，"生命总是在不断循环。从种子长成树木，从树木变成我们食用的水果，我们人类再以肉身奉还。天地万物都是为了要服务人类。如果这个循环里没有人类，自然本身也会终结。"

他所教诲的苏菲派伊斯兰教义，反映了这个教派的观点，从原子到银河的天地万物，都绕着循环打转，包括大自然的一再重生（至少到目前为止还是如此）。不过这跟其他宗教一样，如霍皮族信仰、印度教、犹太基督教、索罗亚斯德教，也提出警告说，时间会终止（在犹太教中，时间本身会走到终点，只有上帝才知道那是什么意思）。"我们看到了预兆，"查慕特说，"和谐受到破坏。恶大于善。有更多的不公不义、剥削腐败和污染。这就是我们现在所面临的问题。"

这景象听起来非常耳熟，善恶最终分家，分别来到天堂与地狱，其他一切都完全消失。查慕特又加了一句："除非我们可以减缓这个过程，让善良在努力重建和谐、加速自然重生的过程中浮现。"

"我们照顾自己的身体，期望活得更久，也应该同样照顾地球。如果我们珍惜地球，尽可能延长地球的生命，我们就可以拖延审判日的到来。"

可能吗？盖亚理论家詹姆斯·洛夫洛克预言，除非情况立即改善，否则我们最好将重要的人类知识记录在不需要电力的媒介上，藏到南北两极去。环保团体"地球优先"（Earth First!）的创办人戴维·佛曼领导一批环保游击队的基层干部，早已放弃了人类应该在生态体系内占有一席之位的想法，现在主持"野生再现机构"，这个智库单位的中心主旨深植于保育生物学以及一个义无反顾的希望上。

这个希望就是要让人类矢志促成所谓的"巨大联结"（mega-linkage），这是横跨整个大陆的生物走廊，让人类与野生动植物得以共存。光在北美一地，他就至少看到四条走廊：一条跨越北美大陆的分水岭，两条分别在大西洋与太平洋沿岸，一条在北冰洋的北方。在每一条生物走廊里，从更新世以降就消失的高阶掠食动物与大型动物都要予以复原，或尽可能找到最接近的替代品，利用非洲的代理孕母培育出美洲已经消失的骆驼、大象、猎豹与狮子。

危险吗？佛曼及其同伴相信，人类获得的报酬是在这个重获均衡的生态体系中，保有存活的一线生机。若非如此，我们替其他自然生物所挖掘的黑洞，最终会连我们一起吞噬。

就是这个计划让闪电战理论的作者马丁跟肯尼亚的韦斯顿取得联系，因为韦斯顿正在想方设法阻止象群推倒最后几棵为干旱所苦的黄皮洋槐。马丁大声疾呼，把这些长鼻子动物送些到美国去吧！让它们再次品尝一下桑橙、鳄梨和其他水果与种子的滋味！正是因为有大型动物摄食，这些植物才会演化出这么大的体形。

在这个跟星球一样大的房间里，最大的一头象其实就是人类这个巨大群体，就算我们再怎么努力想要遗忘，其庞大的阴影却始终横亘在眼前，令人难以忽视。全球人口每四天就增加一百万人，如果我们不遏制这个数字，最后就会愈来愈大，直到完全失去控制而自我崩溃，就跟这个房间里每一个族群因为数量巨大而无法容纳的物种一样。唯一能够改变这种趋势的方法，除了"人类自愿灭亡运动"之外，就是证明智慧真的让人类异于禽兽。

真正聪明的解决之道必须凭借勇气与智慧，唯有如此，人类的智识才有机会通过考验。这种做法就是限制地球上每一个女人都只能生育一个孩子，尽管这会让人悲痛伤心，却不会致命。

适度采用这种严酷的手段，并不容易精确地预测结果。举例来说，出生人口减少通常会降低婴儿死亡率，因为会有更多的资源投注在保护新生代的每一个宝贵成员。谢尔盖·谢尔波夫博士是奥地利科学研究院旗下维也纳人口研究所的研究小组主持人，同时兼任世界人口计划的分析研究员。他以联合国推估人类一直到2050年的平均寿命为基准，计算人类如果从现在开始，每一位有生育能力的女性都只生一个小孩的话（在2004年，每位妇女平均生育二点六个孩子，到了2050年的平均值，大约会降到两个左右），会对人口造成什么影响。

如果这个计划从明天开始实施，到了这个世纪中叶，我们现在的六十五亿人口就会减少十亿（如果我们什么都不做，根据预期，人口会增加到九十亿）。到了那个时候，维持每位人母只有一个孩子的计划，会彻底改变地球上所有物种的命运。因为自然消耗的关系，现在不断膨胀的人口不会再追寻过去的脚步进一步扩张。到了2075年，我们的人口将会减少近一半，降到三十四亿三千万人。而我们对自然界的冲击更会大幅减少，因为我们的所作所为都会在生态体系中触发连锁反应。

到了2100年，距离现在还不到一个世纪，我们的人口就只剩十六亿。回到19世纪的水平，也就是能源、医药与食物生产大跃进，导致人类的数量加倍再加倍之前的时代。在那个时候，所有的发明似乎都是奇迹。如今好东西太多了，我们像是被宠坏的孩子，愈是放纵沉溺，愈是增加自身的危险。

一旦减到这个数字，一切就更容易驾驭了。我们若能有智慧让人口受到控制，就可以享受进步所带来的好处。这样的智慧一部分来自觉悟太迟将会导致无法挽回的灭绝与损失，另一部分则来自看到这个世界，每天益发美丽所带来的喜悦与欢欣。证据并不是藏在统计数字里，而是在每一个人的窗前，新鲜的空气让每一个季节充满了悦耳的鸟鸣。

如果我们不这样做，任由人口如预期般增加一半，我们的科技能再一次像20世纪那样扩展有限的资源吗？微生物学家罗维躺在"白冬青号"甲板上休息，看着鲨鱼在四周来来去去时，提出了另外一个在理论上可行的尝试："我们可以试着用激光或其他类似的粒子光束，在其他行星或太阳系中，遥控这些光束来建造东西，那会比真的派什么东西过去要快得多。也许我们可以解开人类的密码，然后在太空中做一个人。也许生命科学能提供这样的能力，但在物理上是否可行，我就不知道了。不过反正都是生化，我们没有理由做不出来。"

"除非，"他斟酌道，"真的有什么叫作生命火花的东西。但是我们急需这么做，因为没有证据显示在合理的时间范围内，我们真的可以离开这里。"

如果我们可以在某处找到一个肥沃、足以容纳所有人类的星球，于是我们以全息摄影复制身体，然后将我们的思想上传，跨越光年，最后地球上就没有人类，不过地球仍会活得好好的。没有除草剂，杂草会侵入我们工业化的农田和单调的商业用松林种植地。不过在美国会有好一阵子，大部分地区就只有一种杂草——野葛。这种植物进入美国，也不过是1876年左右的事情，当时是为了庆祝美国建国百年，特地从日本带到费城来的礼物，不过终究会有动物学着怎么吃掉它。在此之前，因为没有园丁无休无止地连根拔除这种贪婪的植物，美国南方城市里的空屋与摩天大楼早在倒塌之前，就已经被一大片明亮光滑、可进行光合作用的绿色生物大毯子给包起来，完全消失了。

自19世纪末以来，人类从电子开始，学会了如何操纵宇宙间最基本的粒子，此后人类的生活就快速改变。速度之快，从其中一个指标可见一斑。仅仅一个世纪之前，在马可尼的无线电与爱迪生的留声机发明以前，地球上所有听得到的音乐都是现场演奏。如今现场演奏只占了微不足道的百分之一，其他都是电子信号或电视广播的形式，每天都有数兆的文字与影像跟着一起传送。

这些无线电波不会消亡，反而会跟光一样，一直旅行下去。人脑也以非常低的频率传送电波——类似用来联络潜水艇的无线电波，不过信号却微弱得多。但是超自然主义者坚信我们的心灵也是传送器，经过特殊地努力之后，就可以集中心神像激光一样跨越很大的距离，甚至用心灵操控外在事物。

听起来似乎有点儿胡扯，不过这正是祈祷的定义。

人脑发射出来的电波也跟无线电波一样会无限前进，最后到哪里去了呢？有人形容太空是一个膨胀的气球，当然这仍是个理论。星际之间既然有如此庞大的曲度，那么认为我们的脑电波有一天会回到这里，应该不算是完全不合理的推论。

甚至有朝一日，在我们走了很久之后，虽然我们很愚蠢地放弃了这个美丽的世界，但又觉得寂寞得难以忍受，或许我们（或我们的记忆）会乘着宇宙电磁波返乡，继续纠缠我们心爱的地球。

版贸核渝字（2014）第005号

图书在版编目（CIP）数据

没有我们的世界：如果人类消失，世界将会怎样？ /（美）韦斯曼著；刘泗翰译. --重庆：重庆出版社，2018.4

书名原文：The World without Us

ISBN 978-7-229-12840-1

Ⅰ.①没… Ⅱ.①韦… ②刘… Ⅲ.①人类活动影响—环境—普及读物 Ⅳ.①X24-49

中国版本图书馆CIP数据核字（2017）第279536号

没有我们的世界：如果人类消失，世界将会怎样？

MEIYOU WOMEN DE SHIJIE：RUGUO RENLEI XIAOSHI, SHIJIE JIANG HUI ZENYANG?

［美］艾伦·韦斯曼　著

刘泗翰　译

策　　划：华章同人

出版监制：徐宪江　伍　志

责任编辑：何彦彦

责任印制：杨　宁

营销编辑：张　宁　胡　刚

装帧设计：视觉共振设计工作室

重庆出版集团
重庆出版社　出版

（重庆市南岸区南滨路162号1幢）

投稿邮箱：bjhztr@vip.163.com

三 河 市 宏 盛 印 务 有 限 公 司　印刷

重庆出版集团图书发行有限公司　发行

邮购电话：010-85869375/76/77转810

重庆出版社天猫旗舰店
cqcbs.tmall.com

全国新华书店经销

开本：787mm×1092mm　1/16　印张：18.75　字数：243千

2018年4月第1版　2018年4月第1次印刷

定价：49.80元

如有印装质量问题，请致电023-61520678